Vechtaer Beiträge zur Gerontologie

Herausgegeben von
F. Frerichs
E. Kalbe
S. Kirchoff-Kestel
H. Künemund
H. Theobald
U. Fachinger

Vechta, Deutschland

Die Gerontologie ist eine noch junge Wissenschaft, die sich mit Themen des individuellen und gesellschaftlichen Alterns befasst. Die Beiträge in dieser Reihe dokumentieren den Stand und Perspektiven aus verschiedenen wissenschaftlichen Blickwinkeln. Zielgruppe sind nicht nur Forschende und Lehrende in der Gerontologie, sondern auch in den Bezugswissenschaften – insbesondere aus der Soziologie, Psychologie, Ökonomik, Demographie und den Politikwissenschaften – sowie Entscheidungsträger in Politik und Verwaltung.

Uwe Fachinger • Harald Künemund (Hrsg.)

Gerontologie und ländlicher Raum

Lebensbedingungen, Veränderungsprozesse und Gestaltungsmöglichkeiten

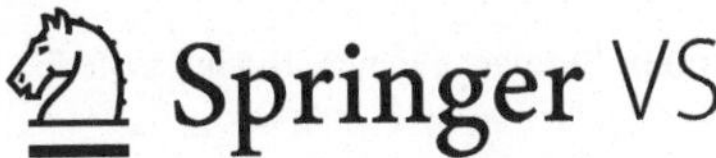

Herausgeber
Uwe Fachinger
Vechta, Deutschland

Harald Künemund
Vechta, Deutschland

Vechtaer Beiträge zur Gerontologie
ISBN 978-3-658-09004-3 ISBN 978-3-658-09005-0 (eBook)
DOI 10.1007/978-3-658-09005-0

Die Deutsche Nationalbibliothek verzeichnet diese Publikation in der Deutschen Nationalbibliografie; detaillierte bibliografische Daten sind im Internet über http://dnb.d-nb.de abrufbar.

Springer VS

Gedruckt auf säurefreiem und chlorfrei gebleichtem Papier

Springer Fachmedien Wiesbaden ist Teil der Fachverlagsgruppe Springer Science+Business Media (www.springer.com)

Inhaltsverzeichnis

III Exemplarische Analysen und Modelle

IV Folgerungen für Praxis und Politik

Vorwort

Uwe Fachinger und Harald Künemund

Hohes Alter und Altern im ländlichen Raum stehen seit Jahrzehnten immer wieder im Fokus wissenschaftlicher, wirtschaftlicher und politischer Diskussionen. War dabei in früheren Zeiten das Altern auf dem Land häufig positiv konnotiert – verglichen mit einem Altern in der Stadt –, wird heute Alter und Altern in ländlichen Raumen häufig mit negativen Aspekten und Entwicklungen in Verbindung gebracht. Dabei sind die komplexen Wirkungszusammenhänge der demographischen Veränderungen in ihren Auswirkungen auf die Lebensverhältnisse in ländlichen Räumen noch an vielen Stellen unklar, Chancen und Potentiale noch kaum ausgelotet.

Hier setzt der vorliegende Band an. Das Erkenntnisinteresse der Autorinnen und Autoren ist– neben einer Status quo Analyse – insbesondere auf die positiven Effekte gerichtet, die durch eine Veränderung der Bevölkerungsstruktur im ländlichen Raum ausgelöst werden können.

Die Publikation basiert auf den Vorträgen zur Tagung des Instituts für Gerontologie im Jahr 2012, die in der Gemeinde Essen (Oldb.) stattfand. Wir möchten an dieser Stelle allen Autorinnen und Autoren und Kolleginnen und Kollegen unseren Dank aussprechen, die unsere Tagung unterstützt und das Erscheinen dieses Bandes ermöglicht haben. Wir danken auch für deren Geduld – die Mehrzahl der Beiträge wurde im Frühjahr 2013 abgeschlossen. Großer Dank gebührt dem Bürgermeister der Gemeinde Essen (Oldb.), Herrn Georg Kettmann, für die großzügige Förderung der Jahrestagung 2012 des Instituts für Gerontologie sowie den Gemeindemitgliedern, die uns bei der Organisation und Durchführung der Tagung tatkräftig unterstützt haben. Wir danken zudem Sylvia Cebul, Janine Devers sowie Birte Steffen für die Unterstützung bei der Erstellung des druckfähigen Manuskripts. Den Lektorinnen Frau Dr. Elke Flatau und Frau Jennifer Ott danken wir für ihre sehr hilfreiche Unterstützung und ihre Geduld.

Vechta, im Dezember 2014.

Uwe Fachinger und Harald Künemund

Einleitung

Uwe Fachinger und Harald Künemund

Die Situation älterer Menschen in ländlichen Regionen – materielle Lebensbedingungen, soziale Beziehungen und Netzwerke wie auch kulturelle Praktiken – sind seit Jahrzehnten Gegenstand der sozialgerontologischen Forschung. Zwar wird zugleich auch fast immer betont, dass dieses Thema zu wenig Aufmerksamkeit erfahre (vgl. beispielsweise die Aufstellung bei Scherger et al. 2004, S. 174), und lange Zeit fehlte es auch tatsächlich – trotz vieler Einzeluntersuchungen – an repräsentativen und verlässlichen Daten, die ein Herausarbeiten von Unterschieden und Gemeinsamkeiten zwischen ruralen und urbanen Räumen bei gleichem Forschungsdesign ermöglicht hätten. Mit dem Alters-Survey von 1996 (Kohli und Künemund 2000) wurden dann systematische Stadt-Land-Vergleiche zu verschiedenen Lebensbereichen möglich (vgl. beispielsweise Motel et al. 2000, Brauer 2002, Brauer et al. 2004, Scherger et al. 2004). Die Fortführung dieser Studie – nunmehr Deutscher Alterssurvey (DEAS) – lässt nun auch Längsschnittanalysen auf repräsentativer Basis sowie – insbesondere nach der deutlichen Aufstockung der Fallzahl 2008 – prinzipiell auch Analysen einzelner Regionen bzw. Regionstypen zu (vgl. z. B. Motel-Klingebiel et al. 2010). Im Prinzip ließe sich daher beispielsweise nun auch eine der schon fast „klassischen" Fragen in diesem Bereich angehen, nämlich ein mögliches Aufholen ländlicher Räume im Vergleich zu urbanen Regionen einerseits, oder ein dauerhaftes Hinterherhinken und somit dauerhafte Benachteiligungen anderseits (vgl. etwa Schelsky 1953, sehr pointiert dann Tews 1987). Insgesamt jedoch muss konstatiert werden, dass die Erkenntnis- und Befundlage noch nicht überzeugen kann, gerade auch in Anbetracht der inzwischen verfügbaren Daten (vgl. Wahl in diesem Band).[1]

Zugleich stehen neben sozialwissenschaftlichen Umfragedaten auch zunehmend Daten der amtlichen Statistik und regional differenzierende Datenbanken zur Verfügung, etwa zu Gesundheitswesen, Bildung, Erwerbstätigkeit, Alterssicherung, Bevölkerungsentwicklung, aber auch zu Preisen oder Volkswirtschaftlichen Gesamtrechnungen der Länder mit Kreisergebnissen. Nicht zuletzt vor dem Hintergrund solcher Daten mehren sich Stimmen, die die Zukunft des Alterns in ländlichen Räumen ganz allgemein und generell mit neuen Benachteiligungen in Verbindung bringen: Es drohe beispielsweise eine

> „(...) Abwärtsspirale aus Bevölkerungsrückgang und Alterung, Verschlechterung der Infrastrukturausstattung und der Erwerbsmöglichkeiten sowie weiterer Abwanderung. (...)"; Küpper 2011, S. III sowie S. 40 ff., ähnlich auch z. B. Beetz 2007.

---

1 Auch im internationalen Kontext hat das Thema an Bedeutung gewonnen, ohne dass sich aber der Eindruck einstellen würde, man wisse schon viel in diesem Bereich (vgl. etwa die Stellungnahmen und Übersichten bei Wahl 2005, Keating 2008 oder Burholt und Dobbs 2012).

Beispielsweise veranlasst die Arbeitsmarktsituation Familien mit Kindern in ländlichen Regionen dazu, in Agglomerationsräume mit einer höheren Arbeitsnachfrage und besseren Erwerbsmöglichkeiten sowie mit einem qualitativ und quantitativ besseren Angebot an Betreuung und Schulen für ihre Kinder zu ziehen. Diese Mobilität führt zu einer Reduzierung und schnelleren Alterung der verbleibenden Bevölkerung mit potentiell gravierenden Folgen für die Versorgungsstrukturen: Der dadurch verursachte Nachfragerückgang bedingt prinzipiell eine quantitative wie qualitative Reduzierung des Angebots an Waren und Dienstleistungen, wodurch der Prozess der sukzessiven Verschlechterung der lokalen Versorgungssituation fortgesetzt und die Abwanderung noch verstärkt wird.

Aus kommunaler Sicht hat der beschriebene Prozess zudem erhebliche Auswirkungen auf die politischen Handlungsspielräume. Die Reduzierung des Erwerbspersonenpotentials sowie die regionalwirtschaftlichen strukturellen Änderungen können zu einer Verringerung der Steuereinnahmen beitragen und damit die Bereitstellung der Grundversorgung mit lokalen öffentlichen Gütern gefährden. Ferner werden die Gestaltungsmöglichkeiten der Kommunen eingeschränkt und eine nachhaltige Sicherung der Finanzierung für die Gemeinden gefährdet.[2]

Die Koinzidenz des Strukturwandels ländlicher Räume und des demographischen Wandels mit den damit verbundenen regionalen Wanderungen der Bevölkerung sowie den wirtschaftlichen Schrumpfungs- und Konzentrationsprozessen haben somit erhebliche Konsequenzen nicht nur für die Versorgung älterer Menschen, sondern grundsätzlich für die Lebenslagen aller Generationen in den jeweiligen Regionen.[3] Übersehen wird bei den häufigen Krisenszenarien oft, dass sich zugleich neue Chance und Potentiale ergeben können, die ein steigender Anteil älterer Menschen mit zunehmend besserer Gesundheit, durchschnittlich höherer Bildung und – im Vergleich zu früheren Zeitpunkten – materiell weitgehend gesicherten Lebenslagen mit sich bringt. In welchem Ausmaß dies in welcher Region mit welchen Entwicklungen zusammentrifft, bleibt freilich fallweise zu entscheiden: Streng genommen müssten regional spezifische Bedarfe sowie potentielle und faktische Unterstützungsnetzwerke und -strukturen erhoben und abgeglichen werden, so dass – im Fall einer Diskrepanz – spezielle Ansatzpunkte für Interventionen zur Stärkung existierender Potentiale und Strukturen wie auch zur Kompensation für wegbrechende Ressourcen abgeleitet werden können.

Vor diesem Hintergrund ist der Sammelband auch darauf ausgerichtet, das häufig vorzufindende „Defizitmodell ländlicher Raum“ zu relativieren und – basierend auf einer Bestandsaufnahme, aber auch auf pointierten Stellungnah-

2 Zu dieser Problematik siehe beispielsweise Wissenschaftlicher Beirat beim Bundesministerium der Finanzen 2010 sowie die Berichte, die im Zusammenhang mit den Arbeiten der Kommission zur Neuordnung der Gemeindefinanzen entstanden sind.

3 Vgl. als Überblick etwa die Stellungnahme des Beirat für Raumordnung 2009, Seitz 2009, Domhardt et al. 2010 sowie Inhetveen und Schmitt 2010.

men – entsprechende Optionen und Möglichkeiten der Nutzung der Potentiale ländlicher Räume aufzuzeigen. Freilich ohne den Anspruch, nun alle Fragen beantworten zu können – im Gegenteil werden an vielen Stellen neue Fragen aufgeworfen, viele Aspekte bleiben gänzlich unberücksichtigt. Dennoch sind wir zuversichtlich, dass dieser Überblick Anlass und bietet und Grundlagen bereitstellt, diese Fragen künftig wieder intensiver aufzugreifen.

Zur Einführung lässt *Hans-Werner Wahl* die bisher in diesem Themenbereich geleistete Forschung Revue passieren und hebt die Notwendigkeit einer stärkeren Beachtung der je spezifischen Regionen in der gerontologischen Forschung hervor. Insbesondere hinterfragt er die Dichotomie zwischen urbanen und ruralen Alterungsprozessen und charakterisiert diese als zu stark simplifizierend.

Claus Schlömers Beitrag bietet mit seiner Darstellung gewissermaßen eine Grundlage für die weiteren empirischen und anwendungsorientierten Beiträge. Ausgehend von methodischen Erörterungen, in denen die schwierige Abgrenzbarkeit des Begriffs ländliche Räume dargelegt wird, verdeutlicht er, dass die demographischen Aspekte der Alterung der Bevölkerung in ländlichen Räumen mittlerweile gut dokumentiert sind. Er betont insbesondere die Heterogenität der je spezifischen Situation und weist auf die Bedeutung sogenannter Regionalstrategien hin.

Kai Brauer argumentiert pointiert, dass neben den üblichen Dimensionen der Analysen quantifizierbarer sozio-demographische Strukturen dem sogenannten Sozialkapital mehr Aufmerksamkeit zuteilwerden sollte, und kritisiert gängige Diskurse in diesem Kontext. So sei der Fokus in der Diskussion über den Umgang mit der Alterung und Schrumpfung der Bevölkerung überwiegend auf die wirtschaftlichen Potentiale gerichtet, die es zu nutzen gelte. Durch diese recht einseitige Sichtweise werden andere Aspekte, die zumindest teilweise zu einer adäquaten Weiterentwicklung ländlicher Regionen beitragen könnten, vernachlässigt.

Die sich daran anschließenden Beiträge sind spezifischen Aspekten gewidmet, die insbesondere in ländlichen Regionen in Folge der Alterung und Schrumpfung häufig als Problembereiche betrachtet werden, allerdings durchaus auch Perspektiven zu einer positiven Entwicklung eröffnen. So geht *Maria Limbourg* in ihrem Beitrag auf die aktuellen Mobilitätsprobleme älterer Menschen insbesondere in ländlichen Regionen ein. Sie zeigt Ansätze zur Verbesserung der Mobilitätsbedingungen und zur Bewältigung der aus den alterstypischen Leistungsminderungen resultierenden Mobilitätseinschränkungen auf. Die Handlungsoptionen erfassen ein breites Spektrum, angefangen bei einer entsprechenden Ausgestaltung der Umgebung über individuelle Verhaltensweisen bis hin zum Einsatz assistierender Technologien.

Otto Rienhoff widmet sich in seinem Beitrag dem Problembereich der gesundheitlichen und pflegerischen Versorgung. Vor dem Hintergrund der spezifischen Ausgestaltung des Gesundheitssystems in Deutschland leitet er vier wesentliche Konsequenzen ab, die es bei der Diskussion über die weitere Entwicklung zu berücksichtigen gelte. Dabei weist er auf die Problematik der für eine adäquate Planung und Entwicklung von Konzepten erforderlichen Abschätzungen der zukünftigen Situation hin, die derzeit aufgrund der hohen Komplexität und der Vielzahl an Einflussfaktoren mit der erforderlichen Genauigkeit nur eingeschränkt möglich sei. Dies erschwere die Planung erheblich.

Die materielle Situation von privaten Haushalten in ländlichen Regionen und deren potentielle Entwicklung mit den sich daraus ergebenden Wirkungen sind Gegenstand des Beitrags von *Uwe Fachinger*. Er verweist auf die mit der Verschiebung der Altersstruktur einhergehenden Veränderungen der Einkommensstruktur mit einer prozentualen Zunahme von Einkünften aus Alterssicherungssystemen. Hierdurch verringert sich zwar prinzipiell die durchschnittliche Einkommenshöhe, prinzipiell erhöhen sich hierdurch aber zugleich die Sicherheit und Stetigkeit der materiellen Situation. Ferner verweist er auf die sich strukturell ändernde Nachfrage nach Gütern und Dienstleistungen, die sich u. a. durch die sich ändernde Einkommensstruktur und -höhe sowie durch die mit einer Alterung der Bevölkerung einhergehenden Veränderung der Bedarfe ergibt.

Die nachfolgenden Beiträge problematisieren exemplarisch anhand von qualitativen Studien einerseits die Versorgung im ländlichen Raum, andererseits weisen sie auf die vorhandenen Potentiale hin. In den Beiträgen wird besonders deutlich, dass das Defizitmodell mit seiner einseitigen Sichtweise den Blick auf Potentiale und Entwicklungsmöglichkeiten ländlicher Räume eher verstellt. *Barbara Zibell et al.* zeigen in ihrem Beitrag die Schwierigkeiten, aber auch die Möglichkeiten einer bedarfsgerechten Grundversorgung in ländlichen Räumen auf. Es werden einerseits die Potentiale einer dezentralen stationären Versorgung aufgezeigt, in denen beispielsweise in kleinen Filialen ein Lebensmittelangebot bzw. Güter des täglichen Bedarfs mit einem Treffpunktbereich kombiniert werden. Dies hebt die Relevanz einer Einkaufsarchitektur hervor, die auf die Bedürfnisse der (alternden) Bevölkerung abgestellt ist. Andererseits werden die Möglichkeiten einer mobilen Versorgung mit Gütern des Grundbedarfs diskutiert, die insbesondere für Personen geeignet sind, die aus unterschiedlichen Gründen nicht mehr mobil sind bzw. sein können. Dabei schließen sich diese beiden Konzepte nicht aus: So kann die dezentrale stationäre Versorgung beispielsweise mit einem Lieferservice kombiniert werden.

Stefan Gärtner behandelt in seinem Beitrag Aspekte des Raumkapitals, die in der bisherigen Diskussion über die Potenziale ländlicher Räume im Umgang mit den strukturellen Veränderungen noch kaum diskutiert wurden. Er weist beispielhaft auf Initiativen einzelner Akteure hin, die verdeutlichen, welche Relevanz dem Raumkapital zukommen kann. Er argumentiert, dass eine Aufwertung räumlicher Strukturen erreicht werden kann, die von Individuen ausgehend durch den Einbezug weiterer Akteure zu einer Stabilisierung oder gar Verbesserung der je spezifischen Situation beiträgt.

Claudia Neu und *Ljubica Nikolic* diskutieren auf der Basis der Ergebnisse qualitativer Studien die Probleme einer adäquaten Daseinsvorsorge in ländlichen Räumen und unterscheiden drei Ebenen, auf denen Lösungsansätze und Potentiale für eine positive Entwicklung zu finden seien – die kommunale, die kollektive sowie die individuelle Ebene. Dabei könnte der kommunalen Ebene die Grundversorgung mit z. B. Wasser und Energie zugewiesen werden, kollektive Handlungsansätze wären insbesondere im Bereich der Ernährungsversorgung denkbar, beides kombiniert mit einer Selbstversorgung auf der individuellen Ebene, für die gerade im ländlichen Bereich im Vergleich zu urbanen Regionen mehr Umsetzungspotentiale vorhanden seien.

In zwei abschließenden Beiträgen werden einige Folgerungen für die Praxis gezogen. *Stefan Beetz* und *Annegret Saal* widmen ihren Beitrag der Frage, ob und inwieweit vor dem Hintergrund der Probleme und Optionen ländlicher Räume spezifische Aufgaben auf die Soziale Arbeit zukommen könnten. Es wird ein weites Feld relevanter Aspekte im Bereich der Daseinsvorsorge aufgespannt. Resümierend wird – die Argumentation im Beitrag von Neu und Nikolic stärkend – auf die Relevanz der Selbststeuerung und Selbstverantwortung verwiesen. Diese gelte es, durch „Aktivierungshilfen" zu unterstützen.

Gerhard Naegele zeigt relevante sozialpolitische Handlungsfelder auf und hebt Perspektiven einer spezifischen Alterssozialpolitik hervor, die einen adäquater Umgang mit sozialen Risiken im Kontext ländlicher Räume ermöglich können. Dabei wird einmal mehr die Bedeutung einer ganzheitlichen Sichtweise deutlich, die im Bereich der Sozialpolitik häufig nicht die notwendige Berücksichtigung findet. Zusammenfassend verweist er auf vier Aspekte: die Konzeptualisierung von Altern und Alter als Querschnittsthema in der Kommunalpolitik, die Entwicklung neuer gemeinwesenorientierter Handlungskonzepte, die Berücksichtigung problemangemessener Lösungsansätze sowie die Einbeziehung der älteren Menschen in die Erarbeitung und Umsetzung von Lösungsansätzen als Experten in eigener Sache.

Literatur

Beetz, S. (Hrsg.) (2007). *Die Zukunft der Infrastrukturen in ländlichen Räumen* (Vol. 14, Materialien). Berlin: Berlin-Brandenburgische Akademie der Wissenschaften.

Beirat für Raumordnung (2009). Demografischer Wandel und Daseinsvorsorge in dünn besiedelten peripheren Räumen. Stellungnahme des Beirates für Raumordnung. Berlin: Beirat für Raumordnung.

Brauer, K. (2002). Ein Blick zurück nach vorn. Generationenbeziehungen im Stadt-Land-Vergleich. In G. Burkart, und J. Wolf (Hrsg.), *Lebenszeiten. Erkundungen zur Soziologie der Generationen* (S. 175-194). Opladen: Leske + Budrich.

Brauer, K., Künemund, H., und Scherger, S. (2004). Lebenszusammenhänge älterer Menschen im Stadt-Land-Vergleich. Empirische Befunde zu Familienstand, Wohnen, Einkommen und Gesundheit. In L. Laschewski, und C. Neu (Hrsg.), *Sozialer Wandel in ländlichen Räumen. Theorie - Empirie - Strategien* (S. 13-31). Aachen: Shaker.

Burholt, V., und Dobbs, C. (2012). Research on rural ageing: Where have we got to and where are we going in Europe? *Journal of Rural Studies, 28*(4), 432-446.

Domhardt, H.-J., Egger, T., Niederer, P., Oliveri, M., Rollando, A., Stephan, C., und Troeger-Weiß, G. (2010). Transnationale Vergleichsstudie der ACCESS Regionen und Testgebiete zur Erreichbarkeit der Grundversorgung im ländlichen Raum. *Arbeitspapiere zur Regionalentwicklung* 10. Kaiserslautern: Lehrstuhl Regionalentwicklung und Raumordnung, Technische Universität Kaiserslautern.

Inhetveen, H., und Schmitt, M. (2010). Prekarisierung auf Dauer? Die Überlebenskultur bäuerlicher Familienbetriebe. In A. D. Bührmann, und H. J. Pongratz (Hrsg.), *Prekäres Unternehmertum. Unsicherheiten von selbstständiger Erwerbstätigkeit und Unternehmensgründung* (S. 111-136, Wirtschaft und Gesellschaft). Wiesbaden: VS Verlag.

Keating, N. C. (Hrsg.). (2008). *Rural ageing: A good place to grow old?*. Bristol: Bristol Policy Press.

Kohli, M., und Künemund, H. (Hrsg.). (2000). *Die zweite Lebenshälfte - Gesellschaftliche Lage und Partizipation im Spiegel des Alters-Survey*. Opladen: Leske + Budrich.

Küpper, P. (2011). Regionale Handlungsansätze bei der Reaktion auf den Demografischen Wandel in dünn besiedelten, peripheren Räumen (Vol. 53, IÖR Schriften). Berlin: Rhombos Verlag.

Motel-Klingebiel, A., Wurm, S., und Tesch-Römer, C. (Hrsg.). (2010). *Altern im Wandel. Befunde des Deutschen Alterssurveys (DEAS)*. Stuttgart: Kohlhammer.

Motel, A., Künemund, H., und Bode, C. (2000). Wohnen und Wohnumfeld. In M. Kohli, und H. Künemund (Hrsg.), *Die zweite Lebenshälfte. Gesellschaftliche Lage und Partizipation im Spielgel des Alters-Survey* (S. 124-175). Opladen: Leske + Budrich.

Schelsky, H. (1953). Die Gestalt der Landfamilie im gegenwärtigem Wandel der Gesellschaft. In W. Abel (Hrsg.), *Die Landfamilie* (S. 40-58). Hannover: Schaper.

Scherger, S., Brauer, K., und Künemund, H. (2004). Partizipation und Engagement älterer Menschen – Elemente der Lebensführung im Stadt-Land-Vergleich. In G. Backes, W. Clemens, und H. Künemund (Hrsg.), *Lebensformen und Lebensführung im Alter* (Vol. 10, S. 173-192, Alter(n) und Gesellschaft). Wiesbaden: VS-Verlag für Sozialwissenschaften.

Seitz, H. (2009), Demographie und soziale Infrastruktur am Beispiel des Freistaates Thüringen. *ifo Dresden berichtet, 16*(1), S. 18-27.

Tews, H. P. (1987). Altern auf dem Lande. *Der Landkreis, 57*(8-9), 445-452.

Wahl, H.-W. (2005). Ageing research along the urban-rural distinction: Old questions and new potential. *European Journal of Aging, 2*(2), 131-136.

Wissenschaftlicher Beirat beim Bundesministerium der Finanzen (2010). Reform der Grundsteuer. Stellungnahme des Wissenschaftlichen Beirats beim Bundesministerium der Finanzen. Berlin: Wissenschaftlicher Beirat beim Bundesministerium der Finanzen.

I Grundlegende Perspektiven

Einführung: Beobachtungen und Überlegungen zur sozialgerontologischen Forschung in ländlichen Räumen

Hans-Werner Wahl

Gerontologie war und ist über sehr weite Strecken eine Gerontologie des urbanen Lebens im Alter. Diese Feststellung ist grundsätzlich bedauerlich, denn national, europaweit und weltweit gesehen sind die älteren Menschen in ländlichen Regionen in ihrer Zahl substanziell – und besonders großen Wandlungen unterworfen. Das allgemein als Globalisierung bezeichnete Phänomen trifft nicht zuletzt weltweit (auch in Deutschland) die ländlichen Räume, etwa in Gestalt bedeutsamer Zuwanderung von Personen mit Migrationshintergrund und gleichzeitiger Abwanderung jüngerer Menschen in die Städte (Phillipson und Scharf 2005). Vor allem die ländlichen Regionen in den neuen Bundesländern sind zu einem regelrechten „sozialen Labor" für die Beobachtung sehr schneller, raumbezogener Alterungsprozesse geworden. So stieg in den neuen Bundesländern zwischen 1990 und 2009 das Durchschnittsalter um 8,8 Jahre, in den Städten und Agglomerationsräumen „nur" um 7,6 bzw. 5,1 Jahre an. In den alten Bundesländern stieg demgegenüber das Durchschnittsalter in den ländlichen Regionen in diesem Zeitraum nur um 3,9 Jahre an (3,7 Jahre in Städten; 3,0 Jahre in Agglomerationsräumen; Maretzke 2012). Aber selbst diese offensichtlich gravierenden Entwicklungen in ländlichen Regionen der neuen Bundesländer, das signifikante Abwandern der Jüngeren und die „Überalterung" der zurückbleibenden Settings in einer einzigartigen und sonst in keinem Setting zu findenden Weise (praktisch wie wissenschaftlich höchst bedeutsam und intellektuell anregend), haben sowohl in der gerontologischen Transformationsforschung nach der Wende als auch in der sozialen Gerontologie insgesamt keine wesentliche Rolle gespielt.

Schnell kommt einem, auf der Suche nach Parallelen in anderen Feldern, bei der Konstatierung der starken Blindheit der Alternsforschung auf dem „ländlichen Auge" die lange Zeit vor allem auf das junge Alter fixierte Gerontologie in den Sinn. Diese Einseitigkeit ist heute durch konzeptionelle Anstrengungen und bedeutsame empirische Studien weitgehend wettgemacht geworden – die forschungsbezogene Beachtung der ländlichen Räume dagegen nicht. Immer wieder gegebene Impulse sind schnell versandet; das Interesse an ländlichem Altern scheint sich allgemein konstant auf einem eher niedrigen Niveau zu halten. Denkt man an landmarkierende Studien der Alternsforschung, so sind heute zum Thema Hochaltrigkeit nicht wenige zu nennen (z. B. Berliner Altersstudie, OCTO-Twin-Studie, Australian Longitudinal Study of Ageing; vgl. Wahl und

Schilling 2012), jedoch keine aus dem Bereich des ländlichen Alterns bzw. mit deutlichen Bezügen zu ländlichem Altern.

1 Geschichtlicher Abriss – und einige weitere Beobachtungen

Historisch gesehen lesen sich frühe Studien und Theorien der sozialen Gerontologie deutlich stärker im Sinne einer urbanen als einer ruralen Alternsperspektive. Frühe, für die Entwicklung der Alternsforschung markierende Längsschnittstudien wie die Baltimore Longitudinal Study of Aging waren (und blieben) urban verankert. Klassiker wie Townsend 1957 „The Family Life of Old People", prägend etwa für die spätere Erforschung zentraler Themen wie Einsamkeit und soziale Netzwerke im Alter, bezogen sich deutlich auf einen urbanen Alternskontext. Die „großen" Theorieentwürfe der Sozialen Gerontologie der 1960er und 1970er Jahre wie Disengagement- und Aktivitätstheorie beriefen sich ebenfalls, wenngleich meist nicht explizit, in ihren vorgestellten Anwendungen doch stark auf in urbanen Settings verankerte ältere Menschen, etwa wenn im Lebensverlauf deutlich abtrennbare nachberufliche Anpassungsleistungen oder kulturell-bildungsbezogene Aktivitäten Älterer in Erwägung gezogen wurden.

Vielleicht könnte man es wagen, die Geschichte der ländlichen Alternsforschung mit der weltberühmt gewordenen Studie „Die Arbeitslosen von Marienthal. Ein soziographischer Versuch über die Wirkungen langandauernder Arbeitslosigkeit" (Jahoda et al. 1933) beginnen zu lassen. Hier sind mit zum ersten Mal urban, vom „Roten Wien" geprägte Sozialforscher in ein ländliches Setting (Dorf), das allerdings wie gar nicht so selten in den ersten Jahrzehnten des 20. Jahrhunderts durch Industrialisierung (hier eine stillgelegte Textilfabrik) stark überlagert war, eingetreten und haben dieses in seiner Gesamtheit mittels eines, wie man heute sagen würde, multi-methodalen Vorgehens einschließlich der Auswirkungen von Arbeitslosigkeit für Familien und damit zumindest indirekt auch für ältere Menschen in den Blick genommen. Marie Jahoda selbst hatte in Wien bei Bühler 1933 („Der Lebenslauf als psychologisches Problem") zur Thematik der lebenslangen Entwicklung promoviert und war aus diesem Grunde auch mit späten Abschnitten des Lebensverlaufs gut vertraut. Interessant an Marienthal für das Thema dieser Einführung sind sicherlich auch die dabei überwundenen Berührungsängste der empirischen Sozialforschung mit dem ländlichen Raum, denn bis heute stammen die meisten sozialgerontologischen Forscherinnen und Forscher aus urbanen Räumen bzw. werden durch ihre wissenschaftliche und sonstige Sozialisation in diesen dem ländlichen Raum ein Stück entfremdet.

In den USA standen, gesellschaftlich gesehen, in den 1940er bis 1960er Jahren für die Gerontologie ältere Menschen in den Innenstädten der großen Metropolen wie Philadelphia oder Chicago – Stadtquartiere, die immer mehr verkamen und steigende Kriminalitätsraten aufwiesen – im Mittelpunkt und folglich konzentrierte sich auch die in den 1960er Jahren entstehende Ökologische Gerontologie (vgl. Wahl 1992, Wahl und Oswald 2010) auf den urbanen Raum, wenngleich es auch Abhandlungen zu ländlichem Altern in den USA spätestens seit den 1960er Jahren gab (Youmans 1967, Scheidt und Windley 1987). In England begründeten vor allem Claire Wengers Arbeiten zu sozialen Netzwerken im nördlichen Wales (Wenger 1984) eine gewisse Forschungstradition zu ländlichem Altern, die sich auch später in den Arbeiten von Vanessa Burholt (z. B. Burholt und Naylor 2005) und Thomas Scharf (z. B. Scharf et al. 2005) fortsetzte. In Österreich hat vor allem Leopold Rosenmayr das rurale Alternsthema relativ früh behandelt (Rosenmayr 1982).

In Bezug auf Deutschland war es Otto Blume, der Ende der 1960er Jahre das Altern auf dem Lande dezidiert aufgriff (Blume 1969), gefolgt von Lehr 1977 und Tews 1987, Tews 1992 und Garms-Homolová und Korte 1993. Die ländlich orientierte Alternsforschung schaffte es jedoch damals wie heute nie, sich dauerhaft und nachhaltig auf die wissenschaftliche Agenda der Sozialgerontologie zu setzen. Immer wieder allerdings „flackert" die „ländliche Forschungsflamme" in der Alternsforschung auf (z. B. Wahl et al. 1996 oder die Beiträge im Themenheft des European Journal of Ageing, 2005, Heft 2). In den USA geschah dies ab den 1980er Jahren sogar relativ intensiv in den Arbeiten von Rowles 1983, Krout 1986 und Coward und Lee 1985 und setzt sich später in Arbeiten zu extremen Veränderungen in manchen ländlichen Regionen der USA fort (vgl. z. B. die Forschung zu „Geisterstädten" im mittleren Westen; Norris-Baker und Scheidt 1994).

Immer wieder kam es auch zu für ländliches Altern bedeutenden internationalen Konferenzen wie jene im Jahre 2000 in Charleston, West Virginia, USA (Hermanova und Richardson 2001) oder auf nationaler Ebene in Celle im Jahre 1999 (Walter und Altgeld 2000), jedoch bleibt der Eindruck, dass „die" Gerontologie letztlich nicht wirklich ernsthaft an ländlichem Altern interessiert ist. Dabei bietet die heute in Deutschland verfügbare empirische Datengrundlage in Bezug auf Altern, etwa das Sozio-ökonomische Panel und der Deutsche Alterssurvey (Brauer 2002) durchaus viele Möglichkeiten und „Power", die man auch für Studien zu ländlichem Altern nutzbar machen könnte (vgl. z. B. Schilling und Wahl 2002). Aktuell finden sich in den wichtigsten Hand- und Lehrbüchern nur wenige Bezüge zu ländlichem Altern: In der neuesten (7.) Auflage des „Handbook of Aging and the Social Sciences" (Binstock und George 2011) taucht "rural aging" im Stichwortverzeichnis ebenso wenig auf, wie in Settersten und Angel 2011 „Handbook of Sociology of Aging" oder in Dannefer und Phillipson 2010 „The Sage Handbook of Social Gerontology". Interessant ist demgegenüber, dass in all diesen Werken Kapitel zu „Gobal Aging" enthalten sind, in Dannefer und Phillipson 2010 sogar ganz explizit auch ein Beitrag zu „Ageing and Urban Society: Growing Old in the 'Century of the City'". Auch in deutschen Standardwerken zur sozialen Gerontologie wie Backes und Clemens 2008 und Jansen et al. 1999 tauchen Aspekte des ländlichen Alterns nicht explizit auf und ebenso wenig in interventionsorientierten Werken wie Wahl et al. 2012. Was zur Frage führt, warum Forschung zu ländlichem Altern weiterhin für die Alternsforschung insgesamt bedeutsam ist bzw. sein könnte.

2 Bedeutung der ländlich orientierten Alternsforschung

Zunächst lässt sich natürlich argumentieren, dass es unbefriedigend ist, wenn bedeutsame Gruppen von älteren Menschen in spezifischen Settings, in unserem Fall dem ländlichen, in der Alternsforschung wenig Beachtung finden. Nun kann man natürlich ein Argument aufzubauen versuchen, in dem man das Generalisierungspotential der vorliegenden, weitgehend urban gestützten Alternsforschung nach vorne bringt – und für viele, beispielsweise in der kognitiven Alternspsychologie fokussierten Mechanismen alternsbezogener Veränderungen (z. B. zur Verarbeitungsgeschwindigkeit und zu Gedächtnisleistungen) dürfte dies auch voll berechtigt sein. In anderen Bereichen, etwa zu sozialen Beziehungen, zu Altersstereotypen, zu Wohnformen, zur gesundheitlichen Versorgung, zu Formen „aktiven Alterns", präventiven Aspekten und zu Werthaltungen gegenüber Altern ganz allgemein, dürfte dies aber deutlich weniger der Fall sein. Die Dynamiken der „Überalterung" in vielen dörflichen Regionen in den neuen Bundesländern sind ferner von jenen etwa in Berlin, Rostock oder Leipzig so verschieden, dass man von deutlich anderen Alternsformen und Alternsschicksalen ausgehen muss, auch wenn in Bezug auf ländliches Altern von einer hohen Heterogenität ausgegangen werden muss. Konzeptuell ist zu fragen, ob die Erklärungsschiene in Bezug auf urbanes versus rurales Altern sich auf eine „Verspätungsthese" (Tews 1987) beruft, bei der behauptet wird, Altern auf dem Lande nähere sich mit Verspätung immer stärker den urbanen Alternsformen an. Oder ob eine „Niveauthese" (Tews 1987) favorisiert wird, die annimmt, dass trotz aller Modernisierungstendenzen grundlegende Unterschiede in den Alternsformen letztlich andauernd bestehen bleiben. Problematisch erscheint in jedem Falle eine sublime, bisweilen auch explizite Tendenz, das urbane Älterwerden als Modell für Altern schlechthin und damit auch für ländliches Altern zu nehmen (Schulz-Nieswandt 2000).

Phillipson und Scharf 2005 führen vier primäre Gründe dafür an, dass eine stärkere Beachtung der ländlichen Perspektive die Gerontologie insgesamt bereichern kann. Der erste Grund ergibt sich in Gestalt extremer Alterungsdynamiken, die wir vor allem in ländlichen Regionen sehen. Die in diesem Sinne kleinräumige Betrachtung (sie gilt nicht nur für die neuen Bundesländer, sondern auch für Regionen wie La Rioja in Spanien oder Ligurien in Italien) kann bedeutsam zur Empirie der ansteigenden Diversität des Älterwerdens beitragen. In der Tat ließe sich auch grundlagenwissenschaftlich fragen, ob (angeblich) robuste Befunde wie etwa Befunde zur sozio-emotionalen Selektivitätstheorie (Carstensen und Lang 2007) oder zu psychischer Resilienz alter Menschen (Greve und Staudinger 2006) in Settings extremer Alterung in ländlichen Regionen gegenüber urbanen Settings vergleichbare Gültigkeit besitzen. In jedem Fall sind ländliche Regionen neben ihren spezifischen Alterungsdynamiken auch durch andere Tendenzen (z. B. Infrastrukturprobleme, Probleme der ärztlichen Versorgung, Abwanderung nachfolgender Generationen) deutlichen Veränderungsprozessen unterworfen, die auch wissenschaftlich reflektiert werden müssen, was einen zweiten guten Grund für Forschungen zu ländlichem Altern liefert. Ein dritter Grund, wiederum verwandt mit den beiden vorangegangenen, kann darin gesehen werden, dass auf der einen Seite zwar die (oft überzogen dargestellte) Integration in familiäre und außerfamiliäre Netzwerke in ländlichen Regionen besser zu funktionieren scheint, auf der anderen Seite aber Versorgungs- und Stimulationsmöglichkeiten geringer ausgeprägt sind als in urbanen Regionen. Dies erscheint angesichts des heutigen Wissens (einschließlich neurowissenschaftlicher Befunde) zu Möglichkeiten lebenslanger Prävention und der Rolle von Formen kognitiver Stimulation im Hinblick auf gutes Altern (Wahl und Schilling 2012) schon als sehr bedeutsam. Viertens ist die gegebene empirische Forschungslage ganz allgemein unbefriedigend und teilweise muss auf ältere Befunde zurückgegriffen werden, die wahrscheinlich auf Grund der rezenten Veränderungen in den zurückliegenden 10 bis 15 Jahren keine Gültigkeit mehr besitzen dürften. Oder – positiv formuliert: Wir brauchen aktuelle und differenzierende Befunde bzw. entsprechend anspruchsvolle Auswertungen, wobei, wie bereits beschrieben, das Datenausgangsmaterial in Deutschland in bedeutsamen Teilen vorliegt bzw. fortgeschrieben wird, aber eben bislang völlig unteranalysiert geblieben ist.

3 Ausblick

Es scheint keinesfalls einfach zu sein, das Thema des ländlichen Alterns in der Sozialen Gerontologie wissenschaftlich „am Leben“ zu erhalten (was die Bedeutung des vorliegenden Bandes weiter unterstreicht). Insgesamt ist gleichzeitig schwer nachvollziehbar, warum die soziale Gerontologie weiterhin auf dem „ländlichen“ Auge weitgehend blind ist. Hier liegen bedeutsame Forschungspotentiale, deren Befunde auch dazu beitragen können, die Situation der älteren Menschen vor Ort zu verbessern.

4 Literatur

Backes, G. M., und Clemens, W. (2008). *Lebensphase Alter. Eine Einführung in die sozialwissenschaftliche Alternsforschung*. Weinheim und München: Juventa Verlag.

Binstock, R. H., und George, L. K. (Eds.). (2011). *Handbook of aging and the social sciences*. San Diego: Academic Press.

Blume, O. (1969). Zur Situation der älteren Menschen auf dem Lande. *Neues Beginnen. Zeitschrift der Arbeiterwohlfahrt, 20*, 82-91.

Brauer, K. (2002). Ein Blick zurück nach vorn. Generationenbeziehungen im Stadt-Land-Vergleich. In G. Burkart, und J. Wolf (Hrsg.), *Lebenszeiten. Erkundungen zur Soziologie der Generationen. Martin Kohli zum 60. Geburtstag* (S. 175-194). Opladen: Leske +Budrich.

Bühler, C. (1933). *Der menschliche Lebenlauf als psychologisches Problem*. Leipzig: Hirzel Verlag.

Burholt, V., und Naylor, D. (2005). The relationship between rural community type and attachment to place for older people living in North Wales, UK. *European Journal of Aging, 2*(2), 109-119.

Carstensen, L. L., und Lang, F. R. (2007). Sozioemotionale Selektivität über die Lebensspanne: Grundlagen und empirische Befunde. In J. Brandtstädter, und U. Lindenberger (Hrsg.), *Entwicklungspsychologie der Lebensspanne. Ein Lehrbuch* (S. 389-412). Stuttgart: Kohlhammer.

Coward, R. T., und Lee, G. R. (1985). *The Elderly in rural society: every fourth elder*. New York: Springer.

Dannefer, D., und Phillipson, C. (Hrsg.) (2010). *The SAGE Handbook of Social Gerontology*. London: Sage.

Garms-Homolová, V., und Korte, W. (1993). Altern in der Stadt und auf dem Lande – Unterschiede oder Angleichung? In G. Naegele, und H. P. Twes (Hrsg.), *Lebenslagen im Strukturwandel das Alters: Alternde gesellschaft - Folgen für die Politik* (S. 215-233). Opladen: Westdeutscher Verlag.

Greve, W., und Staudinger, U. M. (2006). Resilience in later adulthood and old age: resources and potentials for successful aging. In D. Cicchetti, und D. J. Cohen (Hrsg.), *Developmental Psychopathology. Theory and Method* (Vol. 3, S. 796-840). New York: John Wiley & Sons.

Hermanova, H. M., und Richardson, S. K. (2001). Conclusions and recommendations for policies on rural aging in the first decades of the 21st Century. Consensus statement. *Journal of Rural Health, 17*(4), 378-382.

Jahoda, M., Lazarsfeld, P. F., und Zeisel, H. (1933). *Die Arbeitslosen von Marienthal. Ein soziographischer Versuch über die Wirkungen langandauernder Arbeitslosigkeit*. Leipzig: Hirzel.

Jansen, B., Karl, F., Radebold, H., und Schmitz-Scherzer, R. (Hrsg.) (1999). *Soziale Gerontologie. Ein Handbuch für Lehre und Praxis*. Weinheim: Beltz.

Krout, J. A. (1986). *The Aged in Rural America*. New York: Greenwood Press.

Lehr, U. (1977). Älterwerden in Stadt und Land – psychologische und soziale Aspekte. *Aktuelle Gerontologie, 27*(7), 197-204.

Maretzke, S. Eine Demografiestrategie für Deutschland. Ohne eine regionalpolitische Einbettung kann sie nicht wirksam sein. In Deutsche Gesellschaft für Demographie e.V.

(DGD) (Hrsg.), *Schrumpfend, alternd, bunter? Antworten auf den demographischen Wandel. Jahrestagung der Deutschen Gesellschaft für Demographie e.V. (DGD), vom 9. bis 11. März 2011 in Bonn, 2012* (S. 3-18). Bonn: Deutsche Gesellschaft für Demographie e.V. (DGD).

Norris-Baker, C., und Scheidt, R. J. (1994). From ‚our town' to ‚ghost town'? The changing context of home for rural elders. *International Journal of Aging and Human Development, 38*(3), 181-202.

Phillipson, C., und Scharf, T. (2005). Rural and urban perspectives on growing old: developing a new research agenda. *European Journal of Ageing, 2*(2), 67-75.

Rosenmayr, L. (1982). Ältere Menschen in kleinen Gemeinden. *Soziale Sicherheit, 9*, 364-368.

Rowles, G. D. (1983). Geographical dimensions of social support in rural Appalachia. In G. D. Rowles, und R. J. Ohta (Hrsg.), *Aging and Milieu: Environmental Perspectives on Growing Old* (S. 111-130). New York: Academic Press.

Scharf, T., Wenger, G. C., Thissen, F., und Burholt, V. (2005). Older people in rural Europe: a comparative analysis. In D. Schmied (Hrsg.), *Winning and losing: the changing geography of Europe's rural areas* (S. 187-202). Aldershot: Ashgate.

Scheidt, R. J., und Windley, P. G. (1987). Environmental perceptions and patterns of well-being among older Americans in small rural towns. *Comprehensive Gerontology, 1*, 24-29.

Schilling, O., und Wahl, H.-W. (2002). Familiäre Netzwerke und Lebenszufriedenheit alter Menschen in ländlichen und urbanen Regionen. *Kölner Zeitschrift für Soziologie und Sozialpsychologie, 54*(2), 304-317.

Schulz-Nieswandt, F. (2000). Altern im ländlichen Raum - eine Situationsanalyse. In U. Walter, und T. Altgeld (Hrsg.), *Altern im ländlichen Rauem. Ansätze für eine vorrausschauende Alten- und Gesundheitspolitik* (S. 21-39). Frankfurt: Campus.

Settersten, R. A., und Angel, J. L. (Hrsg.) (2011). *Handbook of sociology of aging*. New York: Springer.

Tews, H. P. (1987). Altern auf dem Lande. *Der Landkreis, 57*, 445-452.

Tews, H. P. (1992). Altern auf dem Lande: Strukturwandel des Alters. Veränderungen des Landes. In I. Langen, und R. Schlichting (Hrsg.), *Altern und Altenhilfe auf dem Lande. Zukunftsperspektiven* (S. 29-56). München: Minerva Publ.

Townsend, P. (1957). *The family life of old people: An inquiry in East London*. London: Routledge & Kegan Paul.

Wahl, H.-W. (1992). Ökologische Perspektiven in der Gerontopsychologie: Ein Blick in die vergangenen drei Jahrzehnte und in die Zukunft. *Psychologische Rundschau, 43*, 232-248.

Wahl, H.-W., und Oswald, F. (2010). Umwelten für ältere Menschen. In V. Linneweber, E.-D. Lantermann, und E. Kals (Hrsg.), *Enzyklopädie der Psychologie* (Vol. 2, S. 235-264, Spezifische Umwelten und umweltbezogenes Handeln). Göttingen: Hogrefe.

Wahl, H.-W., Oswald, F., und Lehr, U. (1996). Ältere Menschen auf dem Lande. Herausforderungen für die Forschung und Praxis. *Der Landkreis, 66*, 392-394.

Wahl, H.-W., und Schilling, O. (2012). Hohes Alter. In S. Wolfgang, und L. Ulman (Hrsg.), *Entwicklungspsychologie* (S. 307-330). Weinheim: Julius Beltz Verlag.

Wahl, H.-W., Tesch-Römer, C., und Ziegelmann, J. P. (Hrsg.) (2012). *Angewandte Gerontologie. Interventionen für ein gutes Altern in 100 Schlüsselbegriffen*. Stuttgart: Kohlhammer.

Walter, U., und Altgeld, W. (Hrsg.) (2000). *Alter(n) im ländlichen Raum. Ansätze für eine vorausschauende Alten- und Gesundheitspolitik*. Frankfurt: Campus.

Wenger, G. C. (1984). *The supportive network: Coping with old age*. London: George Allen and Unwin.

Youmans, E. G. (1967). Health orientations of older rural and urban men. *Geriatrics, 10*, 139-147.

Demographische Ausgangslage: Status quo und Entwicklungstendenzen ländlicher Räume in Deutschland

Claus Schlömer

1 Einleitung

Lange Jahre blieb die Auseinandersetzung mit demographischen Fragestellungen auf die eng begrenzte Fachwelt der Demographie und Bevölkerungswissenschaft und einige wenige, eng mit ihnen verwandte Nachbardisziplinen wie Bevölkerungsgeographie beschränkt. Mahnende Worte von Demographen, insbesondere von Herwig Birg, der auf die „demographische Zeitenwende“ hinwies (Birg 1989, Birg 2001), fanden erst mit einer großen Verzögerung über die Grenzen der Fachdisziplinen hinweg und bei einer breiteren Öffentlichkeit Gehör. Dies ist vor allem deshalb erwähnenswert, weil die demographischen Entwicklungen selbst, zumindest in ihren Grundzügen seit langem bekannt und weitgehend unstrittig sind. Sie werden mittlerweile fast durchweg unter dem Stichwort „Demographischer Wandel“ zusammengefasst.

Vor allem im ersten Jahrzehnt des 21. Jahrhunderts hat sich diese Vernachlässigung in eine beinahe inflationäre Vereinnahmung gewandelt, die sich in einer kaum noch überschaubaren Zahl an Publikationen widerspiegelt und deren Ausrichtung zumeist weit über die engere demographische Fachwelt hinausgeht. Mit dem Demografiebericht und der Demografiestrategie der Bundesregierung steht der demographische Wandel auch explizit im Fokus der Politik (Bundesministerium des Innern 2011a, Bundesministerium des Innern 2011b). Diese hat sich des Themas auf breiter Front angenommen, nach dem demographische Prozesse zunächst nur zögerlich, zumeist im Kontext der Sozialversicherung und speziell der gesetzlichen Rentenversicherung politische Beachtung fanden (z. B. Schmähl 1986, Schmähl 1995, Schmähl und Ulrich 2001).

Wird der Blick auf regionale Unterschiede innerhalb Deutschlands gerichtet, dann lassen sich zwei Gegensätze identifizieren, auf die sich viele, wenn auch nicht alle Entwicklungen in den Teilräumen Deutschlands in verkürzter Darstellung beschreiben lassen. Dies ist zunächst der Ost-West-Gegensatz, wobei die besondere und für demographische Verhältnisse „spektakuläre“ Entwicklung im Osten Deutschlands, vor allem in den 1990er Jahren, prägend war (Schlömer 2004).

Daneben spielt aber auch ein Stadt-Land-Gegensatz eine zunehmend größere Rolle, und in vielen Publikationen finden sich pauschale Aussagen, nach denen ländliche Räume in besonderem Maße vom demographischen Wandel betroffen sind (siehe den Beitrag von Wahl in diesem Band). Auch wenn diese Aussage im Grundsatz nicht ganz falsch ist, wie wir im Folgenden erkennen werden, stellt sie sich bei einer genaueren Betrachtung doch differenzierter dar. Dies hat zwei Gründe. Zunächst sind ländliche Räume in vielerlei Hinsicht - und hierzu gehört auch die demographische Situation - heterogen. Noch entscheidender ist aber die Erkenntnis, dass es keine durchgängig akzeptierte Definition des Begriffs „Ländlicher Raum" gibt. Bevor also Aussagen zur demographischen Situation und zu Entwicklungen ländlicher Räume möglich sind, ist eine Auseinandersetzung mit der Frage „Was sind ländliche Räume?" unumgänglich.

2 Was sind ländliche Räume?

Neben dem Kontext der Fragestellungen spielt bei einer Definition von ländlichen Räumen auch der Betrachtungsmaßstab eine wichtige Rolle. Allein aus der Verwendung von Regionen, Landkreisen oder Gemeinden ergeben sich unterschiedliche Möglichkeiten einer Abgrenzung.[1] Wenn man sich mit der Bevölkerungsentwicklung befasst, die traditionell auf Daten für administrative Einheiten angewiesen ist, dann gilt diese Problematik in besonderem Maße.

Dabei ist auch von Bedeutung, dass die Siedlungsstruktur in Deutschland seit Jahrzehnten keinen strengen Stadt-Land-Gegensatz mehr aufweist, der eine solche Definition erleichtern würde. Stattdessen gibt es zwischen Stadt und Land eine breite Übergangszone und ebenso breite begriffliche Überschneidungen. Ein gewisser, eher intuitiv begründeter Konsens besteht in der Regel darin, den ländlichen Raum als Gebiet außerhalb von Städten oder städtischen Gebieten zu verstehen. Damit ist aber das Problem der Abgrenzung nicht gelöst, denn stattdessen müsste man nun städtische Räume identifizieren.

Um die siedlungsstrukturelle Vielfalt innerhalb Deutschlands abzubilden – und damit die Frage nach dem ländlichen Raum – günstigstenfalls mit zu beantworten, wurden und werden im Bundesinstitut für Bau-, Stadt- und Raumforschung (BBSR) und seinen Vorgängerinstitutionen seit Jahren verschiedene Raumtypisierungen entwickelt und angewandt. Auch die Länder haben für ihr jeweiliges Gebiet teilweise ähnliche siedlungsstrukturelle Kategorien ausgewiesen. Dabei kristallisiert sich in den meisten Fällen ein Konsens dessen, wie man Siedlungsstruktur sachgerecht und anwendungsorientiert messen und darstellen kann, heraus. Die konkrete Ausgestaltung dieser Raumtypisierungen im Detail

1 Weitere Aussagen zur Vielfalt von Verständnis und Verwendung des Begriffs sind bei Schlömer und Spangenberg 2009 zusammengestellt.

und auch die Belegung mit Begriffen variiert allerdings. Sie ist – erstaunlicherweise – sogar gewissen „Moden“ unterworfen. Der Grund dafür ist vor allem der sich wandelnde Bezug zu den jeweils aktuellen (raumordnungs-) politischen Diskussionen und Handlungsschwerpunkten. So wurde in den so genannten Raumstrukturtypen des Raumordnungsberichts 2005 (Bundesamt für Bauwesen und Raumordnung 2005, Milbert und Krischausky 2012, S. 12) der Begriff „Ländlicher Raum“ bewusst vermieden, obwohl Zweck und Methodik sich im Kern nicht von anderen Ansätzen unterscheiden. Dahinter stand unter anderem die Absicht, eine pauschale Identifizierung der ländlichen Räume als „Problemräume“ zu vermeiden.

Ungeachtet solcher Feinheiten lässt sich eine sachgerechte Abgrenzung der Siedlungsstruktur oder Raumstruktur durch einen Ansatz operationalisieren, der zwei „Dimensionen“ berücksichtigt. Die folgenden Ausführungen beziehen sich konkret auf das in Schlömer und Spangenberg 2009 sowie in Bundesinstitut für Bau- 2012, S. 16 ff., S. 38 ff., und Milbert und Krischausky 2012, S. 16 ff. und S. 38 ff., beschriebene Verfahren. Wichtiger ist aber die dahinter stehende Konzeption, die sich möglicherweise auch mit anderen Methoden umsetzen ließe.

- Die Dimension 1, die lokale Dimension, bildet den Gegensatz „städtisch-ländlich“, die Siedlungsstruktur im engeren Sinne, ab. Dabei wird ein morphologischer Ansatz gewählt, der auf der Basis von Rasterzellen (Quadraten mit 250 m Kantenlänge) die Siedlungsdichte und den Siedlungsflächenanteil ermittelt. Dies wird zusätzlich für die benachbarten Rasterzellen im Umkreis von 3 km durchgeführt. Damit wird, vereinfacht gesagt, die Umgebung typisiert, die bei einem „Blick aus dem Fenster“ wahrnehmbar und die für die Charakterisierung eines Standorts prägend ist.
- Die Dimension 2, die regionale oder überörtliche Dimension, charakterisiert dagegen die „Lage“ eines Standorts. Sie bildet den Gegensatz „zentral-peripher“. Sie beschreibt vor allem die Nähe (oder Ferne) von Bevölkerungs- und Arbeitsplatzzentren, was in den meisten Fällen der Nähe zu Großstädten entspricht. Sie beantwortet gewissermaßen die Frage: „Was ist im weiteren Umfeld in Pendeldistanz vorhanden?“. Umgesetzt wird dies mit einem Gravitationsansatz, der Zonen erreichbarer Tagesbevölkerung erfasst, wobei die Tagesbevölkerung mit zunehmender Entfernung mit abnehmendem Gewicht in die Berechnung eingeht.

Abbildung 1: Siedlungsstruktur und Lage, 2010

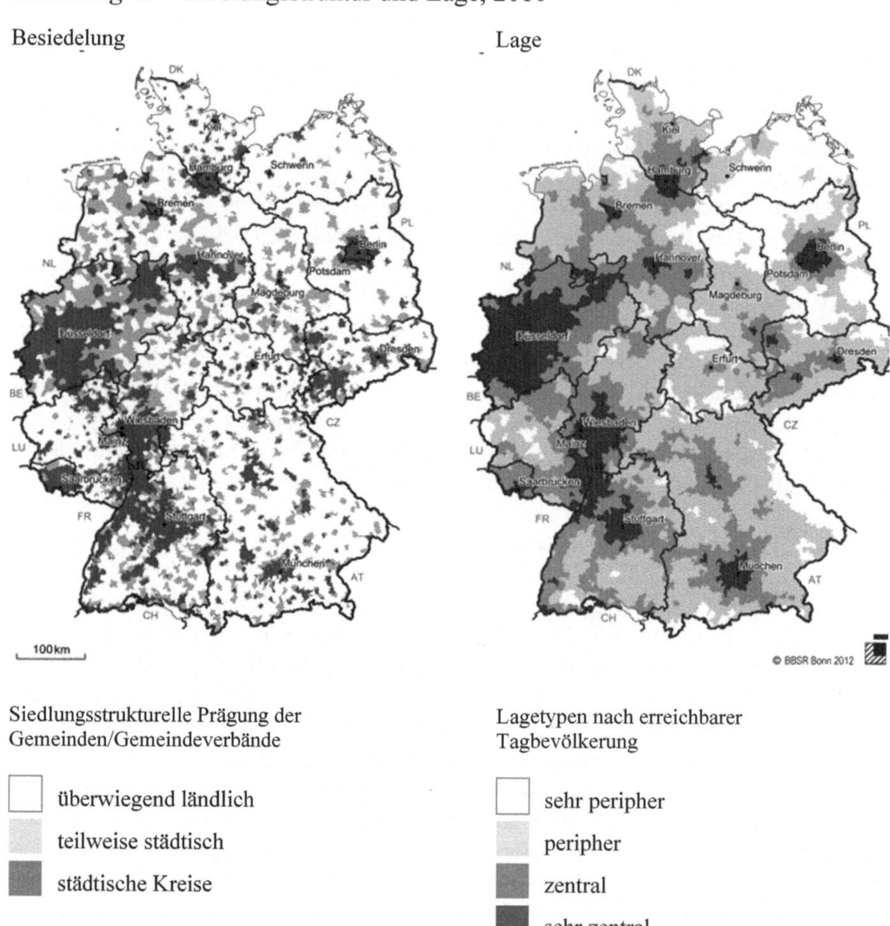

Quelle: Datenbasis: Laufende Raumbeobachtung des BBSR; Geometrische Grundlage: BKG, Kreise, 31. Dezember 2010.

Die Karten der Abbildung 1 zeigen neben der räumlichen Verteilung der beiden Dimensionen auch deren unterschiedliche Körnigkeit. Beide Dimensionen sind zunächst unabhängig von administrativen Grenzen erhoben worden. Sie können aber relativ gut auf die Ebene der Gemeinden übertragen werden. Die hier dargestellten Schwellenwert und Klassengrenzen weisen für die Dimension der siedlungsstrukturellen Prägung neben überwiegend städtischen und explizit ländlichen Gemeinden und Gemeindeverbänden auch eine große Gruppe von „teilwiese städtisch geprägten" Gebieten auf. Damit wird bereits eine wichtige Eigenschaft der Siedlungsstruktur in Deutschland erkennbar, nämlich, dass es zwischen Stadt und Land große Übergangsbereiche gibt.

Aus der Überlagerung der beiden Dimensionen Siedlungsstruktur (Besiedelung) und Lage lassen sich dann verschiedene Typen bilden (Abbildung 2). Dabei wird deutlich, dass es grundsätzlich zwei Arten von ländlichen Gebieten gibt, nämlich stadtferne (periphere) und stadtnahe ländliche Gebiete. Für die letztgenannten wird zuweilen der Begriff „suburbane" Räume verwendet. Gerade die Abgrenzung gegenüber dem suburbanen Raum ist häufig ein schwieriges Unterfangen, wenn es um die Definition von ländlichen Räumen geht. Die größer werdenden Aktionsräume mit längeren Pendlerwegen, die für viele Erwerbstätige mittlerweile Realität sind, verdeutlichen diese Problematik. Auch wer nicht in der Stadt lebt, hat trotzdem häufig eine in Teilen stadtbezogene – und eben keine rein „ländliche" – Lebensweise.

Abbildung 2: Schema der Überlagerung der beiden Dimensionen Siedlungsstruktur und Lage

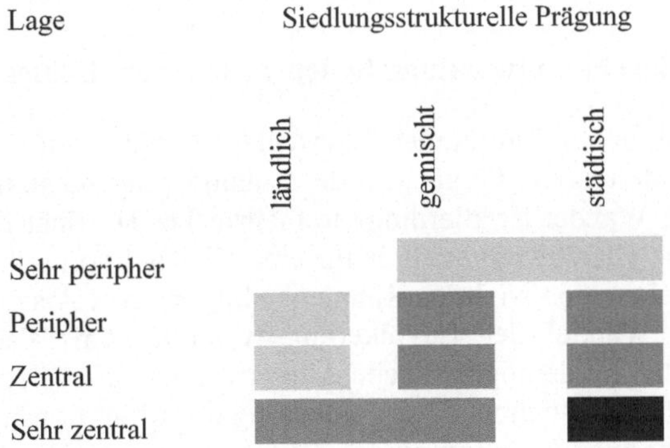

Lage

Siedlungsstrukturelle Prägung

ländlich

gemischt

städtisch

Sehr peripher

Peripher

Zentral

Sehr zentral

Quelle: Eigene Darstellung.

Daneben gibt es auch periphere städtische Gebiete. Dies sind zumeist einzeln gelegene Mittelstädte in großer Entfernung zu den Metropolen und Agglomerationen, die aber gerade deshalb in ihrem lokalen ländlichen Umfeld eine hohe relative Bedeutung haben und stadttypische Funktionen aufweisen.

Ungeachtet dieser räumlichen Kategorien basieren viele, wenn nicht sogar die meisten Auswertungen der Regionalstatistik auf Daten für Kreise (Landkreise und kreisfreie Städte). Dies liegt daran, dass die amtliche Statistik auf der Kreisebene ein umfangreiches Datenangebot bereitstellt. Gleichwohl deutet ein Blick auf die Karten in Abbildung 1 an, dass viele Landkreise hinsichtlich der Raumtypen, die in ihnen liegen, äußerst heterogen sind. Die kommunalen Neugliederungen in den neuen Ländern, die zumeist auf die Bildung von Großkreisen hinauslaufen, verschärfen diese Problematik. Auf der Ebene von Gemeinden steht dagegen nur ein Bruchteil von Daten zur Verfügung, sodass viele Analysen, die siedlungs- und raumstrukturelle Kategorien zum Gegenstand haben, letztlich auf die Kreisebene zurückgreifen.

Bei den so genannten siedlungsstrukturellen Kreistypen (Milbert und Krischausky 2012, S. 50 ff.) wurden und werden unter dem Begriff „ländliche Kreise" oder „ländliche Räume" – teilweise bei wechselnden Bezeichnungen, aber weitgehend gleichen Inhalten – demnach bei weitem nicht alle Landkreise verstanden, sondern nur diejenigen, die nur in geringem Maße städtisch überprägt und beeinflusst sind. Allerdings ist die Dimension der großräumigen Lage in der neuesten Version der Kreistypen (Abbildung 3) nicht mehr explizit enthalten.

Die Abgrenzung von ländlichen Räumen auf der Kreisebene bzw. mit Hilfe der Kreistypen stellt also letztlich einen Kompromiss dar, der vor allem der Datenverfügbarkeit geschuldet ist. Diese pragmatische Vorgehensweise wird auch in diesem Beitrag beibehalten. Gleichwohl bildet der zuvor beschriebene zweidimensionale und kleinräumige Ansatz das gedankliche Konstrukt, zu dem die den ländlichen Räumen zugewiesenen Attribute eigentlich gehören.

3 Demographische Entwicklung in den Teilräumen Deutschlands

Die Bevölkerung in den Teilräumen Deutschlands erfährt seit einigen Jahren bedeutsame Veränderungen, die auch in der Zukunft prägend sein werden. Dieser demographische Wandel ist allerdings in mehrfacher Hinsicht ein schwer greifbares Phänomen. Gleichwohl stellt er für eine Vielzahl von politischen und planerischen Aufgaben eine wichtige Rahmenbedingung dar. Als zentrale Merkmale werden der Wandel der Bevölkerungsdynamik vom Wachstum hin zur Schrumpfung und die demographische Alterung genannt. Die so genannte Internationalisierung, die Zunahme der Bevölkerung mit Migrationshintergrund, stellt die dritte bedeutsame Veränderung der Zusammensetzung der Bevölkerung dar (Bundesministerium des Innern 2011a).

Diese Komponenten hängen teils ursächlich miteinander zusammen und bedingen sich gegenseitig. Die Alterung hat auf längere Sicht immer eine Bevölkerungsabnahme zur Folge. Die Bevölkerungsabnahme wird durch Zuwanderung gebremst oder gar vermieden. Zuwanderung verlangsamt auch den Alterungsprozess. Die Ursachen und Wirkungszusammenhänge für den demographischen Wandel sind im Detail komplex. Sie werden bei einer räumlichen Betrachtung durch zusätzliche Effekte, insbesondere durch die Binnenwanderungen, weiter ausdifferenziert (Friedrich 2008, Mai und Schlömer 2007).

Abbildung 3: Siedlungsstrukturelle Kreistypen, 2010

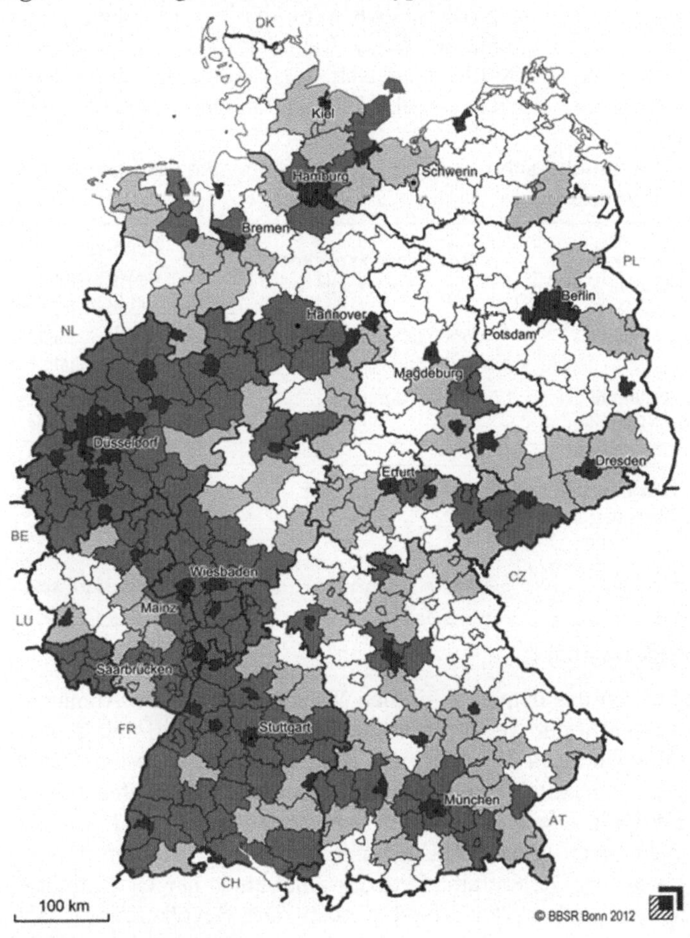

dünn besiedelte ländliche Kreise

ländliche Kreise mit Verdichtungsansätzen

Städtische Kreise

kreisfreie Großstädte

Quelle: Datenbasis: Laufende Raumbeobachtung des BBSR; Geometrische Grundlage: BKG, Kreise, 31. Dezember 2010.

Die Tabelle 1 zeigt, wo die Komponenten des demographischen Wandels ihre räumlichen Schwerpunkte haben. Dabei wird erneut deutlich, dass – mit Ausnahme der Internationalisierung – vor allem ländliche Räume besonders betroffen sind (Mai und Schlömer 2007), auch wenn die im vorherigen Abschnitt thematisierte Frage der Abgrenzung dieser Raumkategorie an dieser Stelle nicht weiter vertieft wird. Weiterhin zeigt sich die Vielfalt der Auswirkungen und Handlungsbedarfe, die mit den einzelnen Entwicklungen verbunden sein können.

Tabelle 1: Räumliche Schwerpunkte der Komponenten des Demographischen Wandels

Komponente des Demographischen Wandels	Besonders betroffene Raumtypen	Zentrale sektorale Auswirkungen und Handlungsbedarfe
Bevölkerungsabnahme	Ökonomisch schwache Regionen, Ländliche Räume	Tragfähigkeit technischer Infrastruktur, Kommunale Finanzen
Alterung 1: Abnahme der Zahl jüngerer Menschen	Ländliche Räume	Tragfähigkeit der Bildungsinfrastruktur, ÖPNV
Alterung 2: Zunahme der Zahl älterer Menschen	Alte suburbane Räume (West)	Wohnungs- und Immobilienmarkt
Internationalisierung	Städtische Räume	Integrationsbedarf, soziale Polarisierung

Quelle: Eigene Darstellung.

Bei Darstellungen des demographischen Wandels erfährt die Abnahme der Bevölkerungszahlen in der Regel die größte Aufmerksamkeit. Seit dem Jahr 2002 sinkt die Einwohnerzahl Deutschlands (Statistisches Bundesamt 2013, S. 26). Dieser Prozess ist letztlich eine Folge des seit nunmehr Jahrzehnten geringen Niveaus der Fertilität. Die Sterbeüberschüsse werden zunehmend größer und können nicht mehr durch Wanderungsgewinne kompensiert werden. Dieser Prozess zieht sich – was den Gesamtraum betrifft – über einen langen Zeitraum hin, wobei die Regionen zeitversetzt erfasst werden. Die Bevölkerungsabnahme stellt insofern kein gemeinsames Problem aller Regionen in Deutschland dar (Statistisches Bundesamt 2013, S. 34, Schlömer und Pütz 2011, S. 3 ff.) und wird es in den nächsten drei Jahrzehnten auch noch nicht werden. Stattdessen ist nach wie vor ein Nebeneinander von Wachstum und Schrumpfung zu verzeichnen. Doch selbst bei den noch wachsenden Teilräumen nimmt die Dynamik ab. Ihr Anteil wird in den kommenden Jahren weiter sinken und ihr relativer Bevölkerungszuwachs wird sich weiter abschwächen. Spiegelbildlich hierzu nimmt die Zahl der Regionen und Gemeinden mit abnehmender Bevölkerung zu.

Die zweite Komponente des demographischen Wandels, die Alterung, hat – zumal unter räumlichen Aspekten – in der mittleren Zukunft eine weitaus stärkere Bedeutung als die Veränderungen in der Bevölkerungsgröße (Bundesministerium des Innern 2011a, S. 37 ff.). Alterung ist ein komplexer, mehrdimensionaler Prozess. Dabei verändert sich die innere Zusammensetzung der Bevölkerung und insbesondere die Relation der Altersgruppen zueinander in bestimmter Weise. Der Anteil jüngerer Altersgruppen sinkt zumeist („Alterung von unten"), der Anteil älterer Menschen steigt stark an („Alterung von oben"). Dadurch steigt auch das Durchschnittsalter der Bevölkerung.

Der Vergleich der alten und der neuen Länder macht diese beiden Varianten für die 1990er Jahre deutlich (Schlömer 2004, Schlömer 2009): Motor der Alterung war im Osten die Abnahme der Jugendlichen, im Westen dagegen die Zunahme der alten Menschen. Es wird davon ausgegangen, dass sich der Alterungsprozess nach 2025 beschleunigen wird und erst in den 2040er Jahren seinen Höhepunkt erreicht, wenn die Babyboom-Generation das Gros der Hochbetagten stellen wird (Statistisches Bundesamt 2009). In diesem Beitrag wird insbesondere die „Alterung von oben" näher beschrieben. Gleichwohl ist sie nur ein Aspekt des Gesamtphänomens des demographischen Wandels.

Zu- oder Abnahmen der Zahl älterer Menschen lassen sich prinzipiell auf drei verschiedene Ursachen zurückführen, die wiederum eine Entsprechung der drei demographischen Kerngrößen Fertilität, Mortalität und Migration darstellen (Scharein 2012).

Die erste Ursache der Alterung sind (lange zurückliegende) Schwankungen der Geburtenzahlen. Diese schlagen sich wiederum in der Altersstruktur der Bevölkerung zu einem Zeitpunkt nieder, wie sie typischerweise in Form einer Bevölkerungspyramide dargestellt wird. Für die Situation in Deutschland sind, mit Blick auf die älteren Menschen der Gegenwart und absehbaren Zukunft, massive Schwankungen der Geburtenzahlen bzw. Jahrgangsstärken charakteristisch. Vor allem die Weltkriege und Krisen in der ersten Hälfte des 20. Jahrhunderts lassen sich in ihren Auswirkungen deutlich erkennen (Abbildung 4). Sie wurden in der zweiten Hälfte des Jahrhunderts dann durch die nicht minder großen Schwankungen, die unter den Begriffen „Babyboom" und „Pillenknick" bekannt sind, abgelöst.

Als zweite Ursache der Alterung muss der Anstieg der Lebenserwartung erwähnt werden. Dieser wurde in den letzten Jahrzehnten vor allem durch den Rückgang der Alterssterblichkeit vorangetrieben. Er verstärkt die demographische Alterung als langfristiger und kontinuierlicher Trend, ist aber gegenüber den „Spätfolgen" der schwankenden Geburtenzahlen zumeist von untergeordneter Bedeutung. Mortalität und Fertilität weisen zwar durchaus gewisse regionale Unterschiede auf. Charakteristisch ist aber die zeitliche Entwicklung, die in den meisten Fällen die gesamte deutsche Bevölkerung prägt.

Dagegen betrifft die dritte Ursache der Alterung in besonderem Maße die regionalen Ausprägungen. Wanderungen bewirken eine teilweise erhebliche Umverteilung der Bevölkerung im Raum. Durch die hohe Selektivität der Wanderungen und Gegensätze bei der Wahl der Zuzugsregionen, beides Eigenschaften, die sehr stark vom Alter der Wandernden abhängen, beeinflussen sie auch die Altersstrukturen in den Regionen. Je kleiner und detaillierter die betrachteten Raumeinheiten sind, umso größer ist in der Regel die relative Bedeutung der Wanderungen.

Abbildung 4: Fertilität im Zeitverlauf 1871/80 bis heute

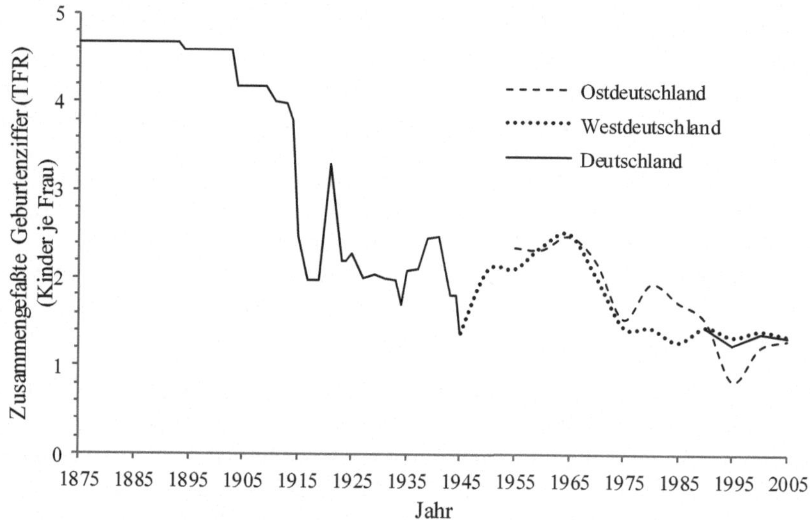

Quelle: Swiaczny et al. 2008, S. 185.

Allerdings scheint die altersspezifische Mobilität – sie beantwortet die Frage, wie oft (oder besser: wie selten) ältere Menschen wandern – zunächst wenig zur Zu- oder Abnahme der Zahl älterer Menschen beizutragen. Personen über fünfzig Jahren weisen nämlich eine geringe relative Wanderungshäufigkeit (ca. ein Drittel des Durchschnittsniveaus) auf. Im Umkehrschluss haben ältere Menschen also eine hohe Bleibewahrscheinlichkeit. Das Minimum der durchschnittlichen Mobilität im Lebensverlauf ist beim Alter von ca. siebzig Jahren anzutreffen. Erst im hohen Alter (ab ca. achtzig Jahren) steigt die relative Umzugshäufigkeit dann wieder etwas an (Abbildung 5).

Zwar gibt es auch in Deutschland eine gewisse Ruhestandswanderung. Prägend für die demographische Entwicklung ist sie aber nur für wenige, auf den Zuzug von Ruheständlern „spezialisierte“ Orte. Die Ruhestandswanderungen mischen sich gerade im höheren Alter schließlich mit erzwungenen Umzügen, die aus der Aufgabe des eigenen Haushalts resultieren und zumeist in stationäre (Pflege-) Einrichtungen oder zu Familienangehörigen führen.

Abbildung 5: Mobilität im Lebensverlauf

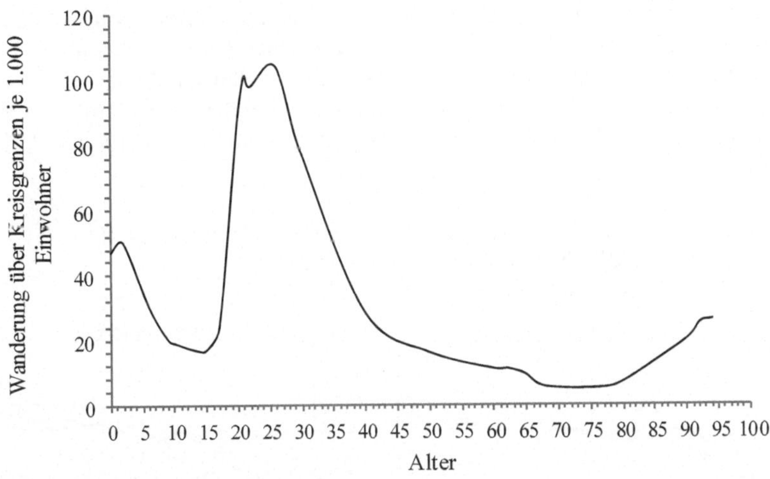

Quelle: Eigene Berechnungen.

Der entscheidende Faktor für die Zunahme der Zahl älterer Menschen in manchen Teilräumen ist somit weniger deren Mobilität selber, sondern das Altern in Sesshaftigkeit. Dieses wiederum ist allerdings häufig eine Spätfolge von früheren Wanderungen, die von den betreffenden Kohorten in jüngeren, „mobileren" Lebensphasen vollzogen wurden. Ein herausragendes Beispiel dafür ist die Wanderung von Familien, die vor allem in Form von Stadt-Umland-Wanderung stattfindet. Weil die Elterngeneration dieser Familien in ihren Wohnungen, typischerweise Eigenheimen, verbleibt und dort alt wird (Remanenzeffekt), leben in den suburbanen Räumen der 1960er/1970er Jahre inzwischen besonders viele alte Menschen. Es kann davon ausgegangen werden, dass sich dieser Prozess als „vorweggenommene Ruhestandswanderung" in den nächsten beiden Jahrzehnten noch weiter fortsetzen wird. Er ist bisher auf die alten Länder beschränkt, da im Osten Deutschlands die entsprechenden Wanderungen erst Anfang der 1990er Jahre in Gang gekommen waren (vgl. Friedrich 2008, S. 187 ff.).

Hinter den Entwicklungen und Ergebnissen zur demographischen Alterung, steht letztlich das Zusammenwirken der genannten drei Ursachen. Die hier präsentierten Daten stützen sich auf das räumliche Informationssystem des BBSR, wobei die zukunftsbezogenen Daten auf die Raumordnungsprognose 2030 zurückgreifen. Dabei wird zwischen den „jungen Alten" (60- bis 80-Jährige) und den Hochbetagten (über 80-Jährige) unterschieden.[2]

2 Details zu Methodik und Annahmen der Prognose sind bei Schlömer 2012 beschrieben. Des Weiteren sind dort umfangreiche kartographische Darstellungen zu finden. Prognosedaten ste-

Abbildung 6 zeigt die Entwicklung der „jungen Alten“ und der Hochbetagten in siedlungsstrukturellen Kategorien von 1990 bis 2030. Die Entwicklung der „jungen Alten“ zeigt geringere relative Zuwächse als die der Hochbetagten. Des Weiteren sind bei beiden Altersgruppen die typischen Wellen erkennbar. Sie finden sich sowohl bei den Großstädten als auch bei den ländlichen Kreisen und sowohl im Westen wie im Osten. Die dahinter stehenden lange zurückliegenden Schwankungen der Geburtenzahlen haben alle Teilräume in ähnlicher Form betroffen.

Abbildung 6: Entwicklung der „jungen Alten“ und Hochbetagten in siedlungsstrukturellen Kategorien

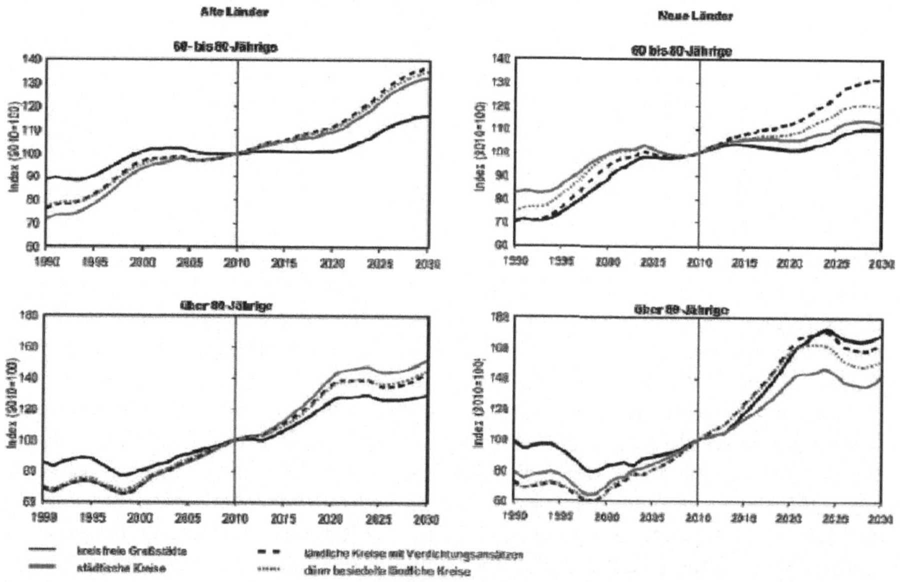

Quelle: Eigene Berechnungen.

Die Kohorten, die bisher die Gruppe der Hochbetagten bilden, entstammen zu großen Teilen den geburtenschwachen Jahrgängen des Ersten Weltkriegs und dessen, durch weitere Krisen geprägte, Folgejahre. Sie verringerte sich weiter in Folge des Zweiten Weltkriegs. Bis etwa 2020/2025 altern nunmehr die stärker besetzten Kohorten aus der Zeit des Nationalsozialismus in diese Altersklasse hinein. Erst gegen Ende des dargestellten Zeitraums kommt es zu einer vorübergehenden Stagnation der Dynamik, wenn die schwach besetzten Geburtsjahrgän-

hen bei dem vom BBSR betriebenen Portal „Raumbeobachtung.de“ zum Download zur Verfügung.

ge aus der Endphase des Zweiten Weltkriegs und der Nachkriegszeit das Alter von achtzig Jahren erreichen.

Unterschiede gibt es dagegen bei der Intensität des Alterungsprozesses. Hier fallen in den alten Ländern die Großstädte auf, die durch eine *geringere* Alterung geprägt sind (Abbildung 7). Im Umkehrschluss wird deutlich, dass die ländlichen Räume (besser: die Räume außerhalb der Großstädte) überproportional betroffen sind. Auch die besonders ausgeprägte Zunahme der Hochbetagten in den Umlandkreisen der (westdeutschen) Großstädte ist erkennbar. Dort zieht die Stadt-Umland-Wanderung junger Familien seit den 1960er Jahren nunmehr als Spätfolge die Dynamik der Alterung im Umland der Städte nach sich. Insgesamt kommt es nicht nur zu einem erheblichen Niveauanstieg, sondern auch zu einem räumlichen Dekonzentrationsprozess der Hochbetagten. Damit nimmt die Zahl der alten Menschen vor allem in solchen Teilräumen zu, die ursprünglich hinsichtlich Wohnungsangebot, Wohnumfeld und Infrastrukturausstattung an dem Bedarf junger Familien orientiert waren.

4 Potenzielle Folgen

Die Entwicklung der Hochbetagten kann als Indikator interpretiert werden, in wie weit durch die Alterung Bedarf entsteht, die altenspezifische Infrastruktur im Rahmen der Daseinsvorsorge anzupassen und die Regionen altengerecht zu konzipieren. Neben dem Gesundheits- und Pflegewesen betrifft dies auch den Umbau und die Umgestaltung von Wohnstandorten der älteren Menschen. Die Wachstumsrate zeigt nur eine Seite der Medaille. Denn für die umfassende Problemsicht sind auch die bestehende Ausstattung der Regionen mit altenspezifischer Infrastruktur und das großräumige Verhältnis zwischen Standorten des Angebots und der Nachfrage wichtig. Die Dekonzentrationsprozesse der Alterung führen indes – ceteris paribus – zu einer relativen Verschlechterung der Erreichbarkeit von bestehenden Infrastruktureinrichtungen.

Die hohen Zunahmen bei den Hochbetagten haben nicht nur Auswirkungen auf die Nachfrage nach medizinischen Leistungen. Im hohen Alter wird es für viele Menschen zunehmend schwieriger, eine eigenständige Lebens- und Haushaltsführung aufrecht zu erhalten. Für die Alltagsbewältigung sind sie häufig auf Hilfe angewiesen. Die größte Bedeutung wird in diesem Zusammenhang den Kindern der Hochbetagten zugewiesen, also jene Personen, die im Abstand einer Generation zu den über 80-Jährigen stehen. Diese werden hier durch die Altersgruppe der 50- bis unter 65-Jährigen abgebildet.

Abbildung 7: Entwicklung der Hochbetagten 2010 bis 2030 in Prozent

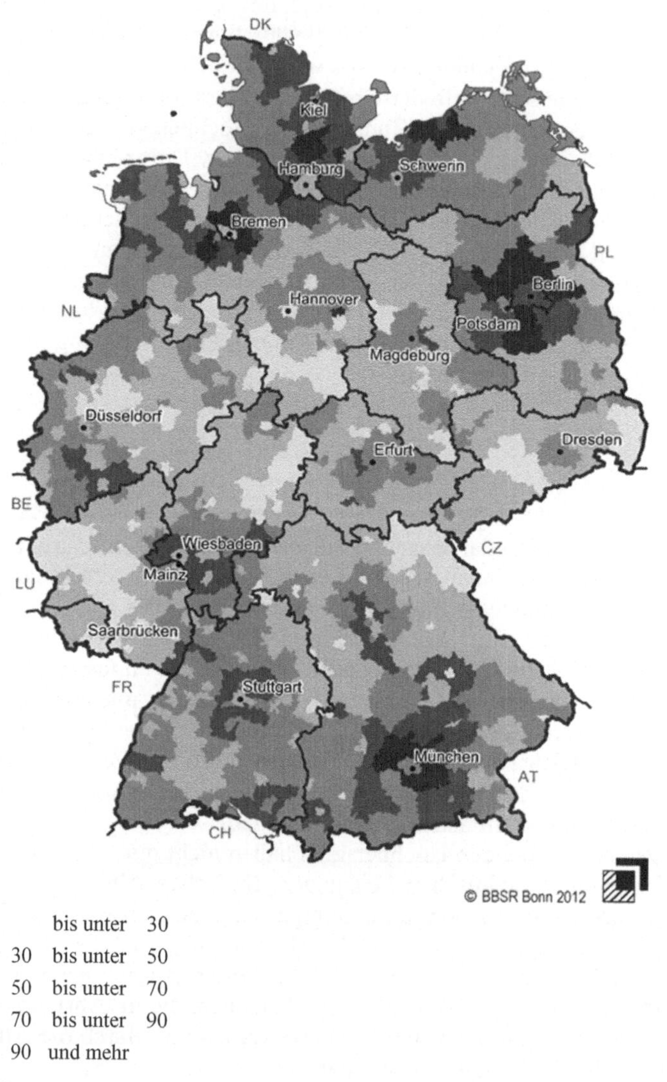

Quelle: Datenbasis: BBSR-Bevölkerungsprognose 2009-2030/ROP; Geometrische Grundlage: BKG, Prognoseräume 2010.

Aus dem Verhältnis der Hochbetagten zur Kindergeneration lässt sich das demographische Potenzial für entsprechende Hilfsleistungen zur Alltagsbewältigung ableiten. Diese Generationen-Relation kann auch als Unterstützungskoeffizient interpretiert werden (vgl. Bucher und Schlömer 2009). Gegenwärtig kommen in Deutschland auf 100 Personen der Kindergeneration 26,5 Hochbetagte. Im Jahr 2030 werden es rund 38 sein. Die Relation wird also demographisch gesehen erkennbar ungünstiger, weil der starken Zunahme der Hochbetagten eine nur geringfügig wachsende Zahl der jüngeren Generation gegenübersteht. Geht man davon aus, dass ein Großteil der Hilfe in Familien durch Frauen erfolgt (Schneekloth und Wahl 2006), gleichzeitig aber die Erwerbstätigkeit von Frauen weiter zunehmen wird (denen damit ceteris paribus weniger Zeit für Pflegetätigkeit zur Verfügung steht) (Fuchs 2013), dürfte das tatsächliche Potenzial geringer ausfallen, als es der Unterstützungskoeffizient abbildet.

Mit Blick auf die Karten der Abbildung 8 wird deutlich, dass vor allem in den neuen Ländern die Generationen-Relation gegenwärtig noch vergleichsweise günstig ausfällt. Insbesondere die Räume im ländlichen, dünn besiedelten Nordosten gehören durchweg zur Gruppe mit den günstigen Werten. Etwas anders gestaltet sich die Situation in Sachsen: Hier handelt es sich um Regionen, die schon zu DDR-Zeiten eine relativ „alte“ Bevölkerung aufwiesen.

Die zurückliegenden massiven demographischen Einschnitte Ostdeutschlands, nämlich der Geburteneinbruch nach der Wende und die Abwanderung jüngerer Menschen, betreffen die hier betrachteten Altersgruppen (noch) nicht. Dies wird sich in den kommen zwei Jahrzehnten ändern. Denn es nimmt nicht nur die Zahl der Hochbetagten in Ostdeutschland überdurchschnittlich zu, sondern die 50- bis 65-Jährigen werden zusätzlich im Jahr 2030 durch Jahrgänge gebildet, die in hohem Maße vor allem in den 1990er Jahren als jüngere Erwachsene – häufig in den Westen – abgewandert waren.

5 Fazit und Ausblick

Die demographische Alterung trifft ländliche Räume in besonderem Maße. Sie geht „in die Fläche“, während die Städte vergleichsweise stabile Altersstrukturen aufweisen. Sie bewirkt damit nicht nur Verschiebungen hinsichtlich der Nachfrage nach Infrastruktur und Dienstleistungen für ältere Menschen, sondern trifft in den Regionen „vor Ort“ auf unterschiedliche Voraussetzungen und möglicherweise auch auf ein unterschiedliches Problembewusstsein. Gerade die Vielfalt und die schwierige Abgrenzbarkeit der ländlichen Räume erschweren aber pauschale Aussagen.

Abbildung 8: Unterstützungskoeffizient 2010 und 2030 (über 80-Jährige je 100 50- bis unter 65-Jährige)

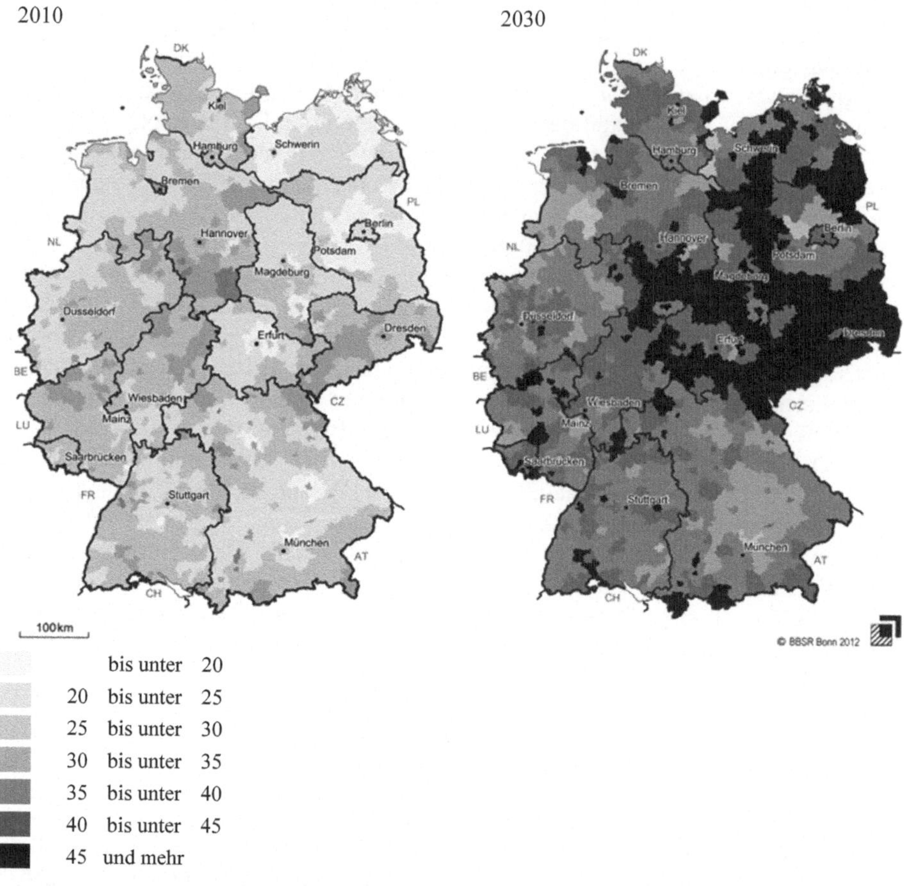

Quelle: Datenbasis: BBSR-Bevölkerungsprognose 2009-2030/ROP; Geometrische Grundlage: BKG, Prognoseräume 2010.

Dennoch haben die ländlichen Räume eine gemeinsame Eigenschaft: Fragen der Infrastruktur, wie beispielsweise die Mobilität im Verkehrssystem und die Erreichbarkeit von (sozialen) Einrichtungen sind hier überproportional wichtig.[3] Somit stellt die demographische Alterung im ländlichen Raum eine umfassende Herausforderung dar, deren Ausmaß sich nicht nur in den demographischen

3 Siehe u. a. die Beiträge von Limbourg, Neu und Nicolic sowie Zibell et al. in diesem Band sowie Schlömer und Pütz 2011.

Kennziffern abbildet, sondern sich erst im Zusammenwirken mit einer Vielzahl von politisch relevanten Themen und Lebensbereichen erschließt.

Die demographische Alterung in ländlichen Räumen und die damit verbundenen Folgen sind mittlerweile ein gut dokumentiertes Phänomen. Die Zunahme der Zahl älterer Menschen ist de facto nicht zu beeinflussen. Planerische Konzepte und Strategien konzentrieren sich daher zumeist auf Anpassungsmaßnahmen um die Sicherung der Daseinsvorsorge zu gewährleisten. Dabei stellen die finanziellen Restriktionen der öffentlichen Haushalte einen erschwerenden Faktor dar.

Eine besondere Bedeutung zur Bewältigung der Folgen des demographischen Wandels im ländlichen Raum wird in diesem Zusammenhang dem „Aktionsprogramm regionale Daseinsvorsorge" zugesprochen. Es findet im Rahmen des Forschungsprogramms „Modellvorhaben der Raumordnung" (MORO) des Bundesministeriums für Verkehr, Bau und Stadtentwicklung (BMVBS) seit Mitte 2011 statt und baut auf verschiedenen kleineren MORO-Vorläuferprojekten auf (vgl. Bundesministerium für Verkehr-, Bau-, und Stadtentwicklung und Bundesamt für Bauwesen und Raumordnung 2011). Kern der Modellvorhaben in den Regionen ist eine so genannte Regionalstrategie Daseinsvorsorge. Dabei erfolgt, angepasst an die konkreten Bedingungen vor Ort, eine Gegenüberstellung der erwarteten demographischen Entwicklung mit den aktuellen Standorten der Infrastruktur und mit deren Erreichbarkeit im Individualverkehr und im ÖPNV. So können letztlich Kosten-Nutzen-Prüfungen alternativer Versorgungsszenarien durchgeführt werden um Anpassungsalternativen zu identifizieren. Diese sollen ein gewünschtes Infrastruktur-Versorgungsniveau gewährleisten, gleichzeitig aber möglichst niedrige Kosten und akzeptable Erreichbarkeitsbedingungen im Blick haben. Zusätzlich sind auch Handlungsansätze und -möglichkeiten zur Unterstützung bürgerschaftlichen Engagements geplant, die einen eigenen Beitrag zur Sicherung der Daseinsvorsorge leisten können. Fast alle der beteiligten Modellregionen weisen auch einen Handlungsschwerpunkt im Bereich „Senioren, Gesundheit oder Pflege" auf.

6 Literatur

Birg, H. (1989). Die demographische Zeitenwende. *Spektrum der Wissenschaft,* (1), 40-49.

Birg, H. (2001). *Die demographische Zeitenwende. Der Bevölkerungsrückgang in Deutschland und Europa*. München: Beck.

Bucher, H., und Schlömer, C. (2009). *Raumordnungsprognose 2025/2050. Bevölkerung, private Haushalte, Erwerbspersonen*. Bonn: Bundesamt für Bauwesen und Raumordnung.

Bundesamt für Bauwesen und Raumordnung (2005). *Raumordnungsbericht 2005*. Bonn: Bundesamt für Bauwesen und Raumordnung.

Bundesinstitut für Bau-, Stadt- und Raumforschung (BBSR) im Bundesamt für Bauwesen und Raumordnung. (Hrsg.) (2012). *Raumordnungsbericht 2011*. Bonn: Bundesinstitut für Bau-, Stadt- und Raumforschung (BBSR) im Bundesamt für Bauwesen und Raumordnung.

Bundesministerium des Innern (2011a). *Demografiebericht. Bericht der Bundesregierung zur demografischen Lage und künftigen Entwicklung des Landes*. Berlin: Bundesministerium des Innern.

Bundesministerium des Innern (2011b). *Jedes Alter zählt. Demografiestrategie der Bundesregierung*. Berlin: Bundesministerium des Innern.

Bundesministerium für Verkehr Bau und Stadtentwicklung und Bundesamt für Bau-, Stadt- und Raumforschung (2011). *Regionalstrategie Daseinsvorsorge. Denkanstöße für die Praxis*. Berlin und Bonn: Bundesministerium für Verkehr, Bau und Stadtentwicklung und Bundesamt für Bau-, Stadt- und Raumforschung.

Friedrich, K. (2008). Binnenwanderungen älterer Menschen – Chancen für Regionen im demographischen Wandel. *Informationen zur Raumentwicklung,* (3/4), 185-193.

Fuchs, J. (2013). Demografie und Fachkräftemangel. Die künftigen arbeitsmarktpolitischen Herausforderungen. *Bundesgesundheitsblatt – Gesundheitsforschung – Gesundheitsschutz, 56*(3), 399-405.

Mai, R., und Schlömer, C. (2007). Erneute Landflucht? Wanderungen aus dem ländlichen Raum in die Agglomerationen. *Zeitschrift für Bevölkerungswissenschaft, 32*(3-4), 713-742.

Milbert, A., und Krischausky, G. (2012). Raumabgrenzungen und Raumtypen des BBSR. In Bundesamt für Bauwesen und Raumordnung (Hrsg.), *Analysen Bau.Stadt.Raum.* Bonn: Bundesamt für Bauwesen und Raumordnung.

Scharein, M. G. (2012). Altersstruktur, Fertilität, Mortalität und Migration – Vier Komponenten befeuern den demografischen Wandel. *Bevölkerungsforschung aktuell, 33*(1), 23-24.

Schlömer, C. (2004). Binnenwanderung seit der deutschen Einigung. *Raumforschung und Raumordnung, 62*(2), 96-108.

Schlömer, C. (2009). *Binnenwanderungen in Deutschland zwischen Konsolidierung und neuen Paradigmen. Makroanalytische Untersuchungen zur Systematik von Wanderungsverflechtungen* (Vol. 31, Berichte). Bonn: Bundesinstitut für Bau-, Stadt- und Raumforschung (BBSR) im Bundesamt für Bauwesen und Raumordnung (BBR).

Schlömer, C. (2012). *Raumordnungsprognose 2030. Bevölkerung, private Haushalte, Erwerbspersonen* (Vol. 9, Analysen Bau.Stadt.Raum). Stuttgart: Bundesinstitut für Bau-, Stadt- und Raumforschung.

Schlömer, C., und Pütz, T. (2011). *Bildung, Gesundheit, Pflege – Auswirkungen des demographischen Wandels auf die soziale Infrastruktur*. BBSR-Berichte KOMPAKT. Bonn: Bundesinstitut für Bau-, Stadt- und Raumforschung (BBSR).

Schlömer, C., und Spangenberg, M. (2009). Städtisch und ländlich geprägte Räume: Gemeinsamkeiten und Gegensätze. In Bundesinstitut für Bau-, Stadt- und Raumforschung (BBSR) (Hrsg.), *Ländliche Räume im demografischen Wandel* (Vol. 34, S. 17-32, BBSR-Online-Publikation). Bonn: Bundesinstitut für Bau-, Stadt- und Raumforschung (BBSR).

Schmähl, W. (1986). Bevölkerungsentwicklung und soziale Sicherung – Auswirkungen demographischer Veränderungen auf die soziale Sicherung im Alter, bei Krankheit und Pflegebedürftigkeit – Ein Überblick. In B. Felderer (Hrsg.), *Beiträge zur Bevölkerungsökonomie*. (Vol. 153, S. 169-238, Schriften des Vereins für Socialpolitik, N.F.). Berlin: Duncker & Humblot.

Schmähl, W. (1995). Alterung der Bevölkerung, Mortalität, Morbidität, Zuwanderung und ihre Bedeutung für die Gesetzliche Rentenversicherung – Auswirkungen, Handlungsbedarf und Handlungsmöglichkeiten. *Zeitschrift für die gesamte Versicherungswissenschaft*, *84*, 617-646.

Schmähl, W., und Ulrich, V. (Hrsg.) (2001). *Soziale Sicherungssysteme und demographische Herausforderungen*. Tübingen: J. C. B. Mohr (Paul Siebeck).

Schneekloth, U., und Wahl, H.-W. (2006). *Möglichkeiten und Grenzen selbständiger Lebensführung in privaten Haushalten (MuG III). Integrierter Abschlussbericht im Auftrag des Bundesministeriums für Familie, Senioren, Frauen und Jugend*. München: TSN Infratest Sozialforschung.

Statistisches Bundesamt (2009). *Bevölkerung Deutschlands bis 2060. 12. koordinierte Bevölkerungsvorausberechnung. Begleitmaterial zur Pressekonferenz am 18. November 2009 in Berlin*. Wiesbaden: Statistisches Bundesamt.

Statistisches Bundesamt (2013). *Statistisches Jahrbuch. Deutschland und Internationales. 2013*. Wiesbaden: Statistisches Bundesamt.

Swiaczny, F., Graze, P., und Schlömer, C. (2008). Spatial Impacts of Demographic Change in Germany – Urban Population Processes Reconsidered. *Zeitschrift für Bevölkerungswissenschaft*, *33*(2), 181-206.

Bowling mit Wölfen: Rurale Gemeinden zwischen demographischem Untergang und (sozial-)kapitaler Zukunft

Kai Brauer

1 Einleitung

Wenn sich die Soziologie etwas zum Thema macht, ist anzunehmen, dass es diesem Gegenstand schlecht geht. Bei „alternden Dörfern" scheint es sich um solch einen Patienten zu handeln. Es wird keine Spontanheilung erwartet und die Öffentlichkeit darf sich Sorgen machen. Es wird demographischer Wandel diagnostiziert, vor allem die Alterung scheint eine besonders bedrohliche Krankheit zu sein.

Wie sich der Altersaufbau von Dörfern ändert, wurde an anderer Stelle ausführlich (auch in diesem Band) behandelt und soll nicht im Mittelpunkt der folgenden Absätze stehen. Gefragt wird hier vielmehr, welche soziale Wirklichkeit konstruiert wird, wenn Metaphern der Altersangst und des Verlustes verknüpft werden? Welche Ursprünge, empirische und lebensweltliche Relevanz, Folgen und Gemeinsamkeiten haben alte und neue Metaphern des Grauens und Ergrauens für ländliche Gemeinden? Von solchen Bedrohungsrhetoriken müssen sich nicht alle ruralen Gemeinden (beispielsweise nicht die des Kreises Cloppenburg mit positiver Bevölkerungsentwicklung und der höchsten Geburtenrate Deutschlands) angesprochen fühlen. Für eine kritische Gerontologie werden solche Semantiken jedoch zu einem allgemeinen Thema, weil regionale „Schrumpfung" typischer Weise mit Altersphänomenen in Verbindung gebracht wird und dabei spezifische Ängste mobilisiert werden, wie z. B. von Felix Ringel in der Beilage zum Parlament mit wenigen Worten:

> „(...) Die einzigen, die unter solchen Umständen auf Gewinne hoffen können, spöttelt man, sind Altenpfleger und Bestatter. Und Wolfsexperten – denn es gibt in postindustriellen Zeiten wieder Wölfe in der Lausitz. (...)"; Ringel 2010.

Wie Angst vor dem Altern von Dörfern und ländlichen Regionen gemacht wird, und welche strukturellen Verbindungen zwischen neuen und alten Mythen rekonstruierbar sind, wird daher im ersten Teil des Beitrags (Abschnitte 2 bis 4) behandelt. Im zweiten Teil (Abschnitt 5) wird diskutiert, ob Sozialkapital mögliche negative Entwicklungen von Gemeinden zu mildern oder aufzuhalten in der Lage ist. Sozialkapital wird dabei nicht als fest definierte Medizin verstanden, deren einfache Dosierung Abhilfe steuern könne. Vielmehr wird zunächst gefragt, was mit „Sozialkapital" in der Soziologie gemeint ist, welche definitorischen Fußangeln mit der Entstehung und der Verwendung des Begriffs verbunden sind. Schließlich wird an einigen Beispielen gezeigt, inwiefern Sozialkapital tatsächlich für eine Steigerung der Attraktivität kleiner Gemeinden beitragen kann. Jüngere Beispiele, wie Langenegg in Vorarlberg, zeigen, dass Gemeinden außerhalb wirtschaftlicher „Gunstregionen" durch Engagement Abwanderung und Alterung stoppen und sich mit eigner Währung und Dorfladen gegen den demographischen Trend entwickeln können (siehe hierzu auch die Beiträge von Zibell et al. sowie Neu und Nicolic in diesem Band). Ähnliches berichtete der Spiegel über das von der Uni Rostock untersuchte Balow (Pötzl 2006) und Galenbeck (Neu et al. 2007). Wie und warum so etwas gelingen kann, bzw. was sich auf der Ebene des Sozialkapitalansatzes dafür nutzen ließe, ist Ziel des zweiten Teils.

2 „Den Letzten fressen die ... Wölfe?": Zur Dramaturgie dörflicher Demographie

Den Letzten (oder die Letzte) beißen im Sprichwort zunächst nur Hunde. Es ist eine Metapher des Schwarmverhaltens: Wer zurückbleibt, dem Trend nicht folgt, wird mit dem Leben bedroht. Der entsprechende Sponti-Spruch am Ende der DDR lautete: „*Der Letzte macht das Licht aus!*". Er fand mit der vorangestellten Ansprache: „*Erich!: ...*" sogar Eingang in die Protestfolklore am 4. November 1989 auf dem Berliner Alexanderplatz und war viel deutlicher, als der Hinweis von Gorbatschow an seinen deutschen Genossen (*„Wer zu spät kommt, den bestraft das Leben."*). Aus Ostdeutschland liefen so viele Menschen weg, dass eine Abwehr der damit drohenden Destabilisierung geboten war. Die Migrations*welle* sollte mit der hastig umgesetzten Vereinigung beider deutscher Staaten gestoppt werden. Im Kern ist dies gelungen. Praktisch hält sich der obige Spruch für viele – auch ländliche – Regionen Ostdeutschlands allerdings noch gut im Alltagssarkasmus, da sich vielerorts der „*demographische Aderlass*" verstetigt zu haben scheint. Bei der Wahl der Metaphern taucht auch immer wieder die „*Rückkehr der Wölfe*" auf. Davon sei nicht das gesamte Gebiet der untergegangenen DDR samt seiner Städte betroffen, sondern vor allem seine *„peripheren ländliche Räume"*. Nun ist die Rückkehr der Wölfe – für Viele eine erfreuliche Erscheinung ökologischer Landentwicklung – kaum als reale Bedrohung tauglich. Es ist jedoch erstaunlich, wie oft die Rückkehr der Wölfe als Angstmetapher, mit ihrer hohen Suggestivkraft, Eingang in volkstümliche und wissenschaftliche Publikationen findet.[1]

1 Wie z. B. Katharina Belwe ihr Editorial zur Beilage der Zeitschrift Parlament zum Thema Land mit einem schlichten: *„Die Wölfe sind wieder da"* begann (Belwe 2006).

Sprache ist verräterisch. Bezeichnend ist der unterschiedliche Duktus, den die beiden oben erwähnten Migrations-Trends begleiten. Kann der ironischen Aufforderung der Wendezeit ein humorvoller Impetus kaum abgesprochen werden, spricht aus der „*Rückkehr der Wölfe*“ die reine Angst – im Vokabular deutscher Märchenkultur. Tatsächlich ist die Furcht vor dem Verlust ländlicher Bevölkerungs*weise* (in nuce: seiner hohen Fertilität) alt. Die Freude über die Chance „leerer Räume“, die sich urbane Intellektuelle wünschen, wird noch nicht einhellig geteilt.

Mit dem Wolf kommt eigentlich immer das Unheil, bzw. verkörpert er das eindringende Böse, existenziell Bedrohliches. Dies war nicht nur im Volksglauben so, sondern setzte sich auch in einschlägigen Wörterbüchern fest (Masius und Sprenger 2012, S. 11). Als kulturell verankerte Metapher der Angst fand sie auch prominenten Eingang in die Gedankenwelt der Aufklärung. Der Kampf zwischen dem Göttlichen und dem Menschlichen, *guter* und *böser* Natur, Ordnung und Chaos, ist seit Hobbes (in seiner Rede vom „*Homo homini Lupus*“) mit dem Wolf verbunden. Das „wölfische“ im Menschen, durch den Leviathan zu bändigenden, fordert die zu schaffenden Machtverhältnisse erst heraus (Dusch 2010, S. 61, Höffe 1981). Ordnung kann im übertragenen und eigentlichen Sinne erst durch die Austreibung der Wölfe durch den Menschen selber hergestellt werden. Moralgeschichten und Märchen greifen diese Grundüberzeugungen auf, arbeiten zusätzlich mit den aus den Fabeln bekannten minutiösen und reichhaltigen Allegorien (Mazenauer und Perrig 1998).

Schon seit Vergil ist der Wolf zum Beispiel böser als der Löwe (Thome 1993: 443). Er steht für das Räuberische und Wilde im Menschen schlechthin, im Gegensatz zu anderen Raubtieren wie Bär (Gutmütigkeit) Fuchs (Verschlagenheit) und schließlich Löwe (mehr oder weniger gut herrschen). Durch Märchen wird eine Art animalischer Rollenverteilung sedimentiert. Vom Wolf gefressen wird nun beispielsweise nie der Starke, der bewaffnete Jäger, ein Held, Prinzen oder Könige. Hierfür sind andere Gestalten (z. B. Drachen) zuständig. Opfer des Wolfes sind auffällig unbedarfte Akteure: sich dem elterlichen Schutz entziehende Kinder (Rotkäppchen auf Abwegen), tumbe Vegetarier (sechs von sieben Geißlein) oder eben pflegebedürftige Alte (Großmutter) ohne weiteren Personenschutz (Jäger, Polizist, Prinz).

Dass hierbei die Geschlechterrollen in traditioneller Weise zugeordnet sind, macht die Drohung der Rückkehr von Wölfen umso dramatischer. Es kommt nicht einfach „*die* Natur“ zurück, sondern internalisiertes Unheil, verkörpert in der Gestalt *der männlichen* Wölfe. Weitergedacht müssten diese den Machismo der ebenfalls männlichen, menschlichen Jagdkonkurrenten herausfordern, da *grau*same Eindringlinge die vornehmlich *weiblichen* Schutzbefohlenen bedrohen. In dieser Konstellation wird aber mit der Wolfswarnung kaum eine konkrete bedrohte Person (eine Landfrau, eine einsiedelnde Vorruheständlerin, eine pflegende Enkelin etc.) gewarnt. Es wird viel mehr eine anonyme Gruppe von Beschützern zur Reaktion und Prävention aufgefordert. Die Allegorie zum Bild des naiven Rotkäppchens und des allmächtigen Jägers sind dabei augenfällig. Der Leviathan (hier: „die“ Politik, damals: die unvermeidliche Jägerschaft) müsste *natürlich* eingreifen bevor es zu spät ist, das Land entvölkert dem räuberischen Bösen anheimfällt. Die betroffene Bevölkerung ist in diesem Narrativ passiv, flüchtend oder wehrlos (*zu alt* bzw. *überaltert*) und in höchstem Maße vulnerabel. Wie einst die zu rettenden Märchenfiguren dem wölfischen *Grauen*, sind die Zurückbleibenden heute ohnmächtig dem Lauf der demographischen Katastrophe ausgesetzt.

Die Wolfsmetapher erscheint als objektive Bedrohung eher unrealistisch, überkommen und entbehrlich. Ihre narrative Struktur findet trotzdem ihre funktionalen Äquivalente in demograph*istischen*[2] Warnungen. Beide warnen vor brutalem Niedergang und Landverlust, sorgen sich dabei aber weniger um konkrete biographische Perspektiven heute oder in 50 Jahren, sondern mahnen den Ruin abstrakter Zukunftsfähigkeit an, der das alte und neue *(Er-)Grauen* ausmalt. Das Bild der Naturrückeroberung hat nicht das mögliche Elend und die tatsächliche Verzweiflung von Heimatverlassenden oder *Zurückgebliebenen* im Blick. Es geht vielmehr um den Verlust an Aktionsterrain, der die imperiale Ausdehnungs- und Wachstumspflicht des Kapitalismus beschämt. Die Vorstellung ländlicher Räume als stetiger Quelle des Bevölkerungszuwachses und weiterer Landnahme – als *innere Kolonialisierung* Teil einer Fiktion, die Burkart Lutz mit seiner Rede vom *„kurzen Traum immerwährender Prosperität“* enttäuschte – macht den Verlust des Landes erst dramatisch (Lutz 1984). Vor einer Entvölkerung der ruralen Gebiete wird von Nationalkonservativen deswegen jeher gewarnt, weil damit auch die hohe Fertilität der Agrargebiete, als *biologischer Quell* der Nation, zu versiegen drohe. Die Rede vom *„Ergrauen“* entspricht strukturell der Wolfsangst und wird daher ebenso finster ausgemalt wie einst das unheimliche Grauen aus dem Wald. Die zu beklagenden Migrationsverluste werden nicht als gestaltbares Resultat politischen Managements kommuniziert, sondern stellen sich in der Semantik des *Gefressen Werdens* wie der des *schicksalshaften Rückzugs* als endgültig, final und unabwendbar dar.

Heute wie damals wird Ausweglosigkeit konstruiert, die nicht soziale (professionelle, kommunale oder individuelle) Gestaltung herausfordert, sondern *Hoffnung* auf *Rettung*. Das damit post- und prä-demokratischen Aktionisten und *Kümmerern* der Weg bereitet wird, liegt auf der Hand (Sontheimer 2006). Hinzu kommt: Wölfe entstehen nicht aus dem Nichts, sondern sie *dringen ein* (penetrieren, vergewaltigen), über Grenzen. Zumeist aus Ost- und Süd-Osteuropa, einer Region die in deutschnationaler Ideologie als Ort des Rohen und Unzivilisierten

---

2 Demographie und Demograph*ismus* verhalten sich zueinander wie Soziologie und Sozial*ismus*. Das eine sind nach Exaktheit strebende Wissenschaften, das andere heilsversprechende Ideologien mit hermetischen Argumentationsmustern.

gilt. Davon wird nicht irgendein konkretes Dorf bedroht. Die deutsche ländliche Kultur *insgesamt* steht auf dem Spiel. Dass die Gedankenfigur des demographischen Niedergangs dem national-konservativen Werte- und Normenhorizont (Rademacher 2013) zugeordnet werden muss (wenn nicht abwegigeren Ideologien[3]), ist somit nicht nur historische Realität, sondern strukturell angelegt.

Dabei kann in den konservativen Semantiken die *Natur* auch als positives Stilmittel gegen das Soziale eingesetzt werden: so als *„satte/frische Wiese"* (gegen sozialistischen Beton), lyrischer *„Lenz"* (gegen die freudlosen Novemberrevolutionen) und schließlich auch im abstrakten Diktat der *„Natur der Dinge"* (gegen die soziale Konstruktion der Gesellschaft). Kommen nun aber Tiere ins Spiel, sind in unserer Kultur die fabelhaften Rollen klar besetzt. In der konservativen Lesart der Rückkehr der Wölfe steht *die* schutzlose *arme Dorfkultur* (samt befriedeter *guter* Natur, die *Kulturlandschaft* mit all ihren lieben Pflanzenfressern – wir erinnern uns an die sechs Geißlein) der bösen *wilden* Natur im fatalen Überlebenskampf gegenüber. Es droht ein finaler Rückzug der deutschen Dorfkultur, ein Ende mit Schrecken, bei der letztendlich dann auch *das Licht ausgeht.*

Leider können diese schrecklichen Märchen, Endzeitallegorien der Dunkelheit und Verwilderung, nicht mehr nur denjenigen gefallen, die sowieso mit Spengler den zwangsläufigen Untergang des Abendlandes schon immer heraufdämmern sahen, sondern auch Sozialdemokraten.[4] Der somit umrissene konservative Alarmismus, der sich der Klaviatur der *Rhetorik der Reaktion* (Hirschman 1992) bedient, lässt sich nicht aus den tatsächlichen Nöten der Dorfbewohnerinnen und Bewohner in peripheren Räumen ableiten. Es sind zwei andere zu Sprichwörtern geronnene biographische Fragen, die hier aufschlussreich sein könnten und mit Migration und Lebensperspektiven in ländlichen Räumen verbunden sind: *„Wachsen oder Weichen"* und *„Gehen oder Stehen?"*.

Die Aufforderung *„Wachsen oder Weichen"* bezieht sich auf die Produktions- und Eigentumsverhältnisse der Klasse der Bauern, bis vor Kurzem die selbstverständliche Elite in den Dörfern, mit prägender Deutungsmacht für die ländliche Sozialstruktur. Diese selbstverständliche Position haben die Bauern verloren, weil „Wachsen oder Weichen" als Modernisierungsgebot zur historischen Realität auf dem Lande geworden ist: Die Erben von Höfen sind letztendlich gezwungen mehr zu be- und erwirtschaften als ihre Nachbarn, bis diese

3 Wenn Herwig Birg Alterung als *„demographischen Niedergang Deutschlands"*, und wörtlich als *„Abschied unseres Landes aus seiner tausendjährigen Geschichte"* beschreibt (Birg 2005, S. 14), ist dies kaum noch als peinliche Gedankenlosigkeit oder *„mangelnde Distanz"* zur NS-Bevölkerungspolitik zu interpretieren (Bryant 2007). Rückblickend kann nicht ausgeschlossen werden, dass die Verwendung spezifischer NS-Symbolik wohl bewusst – und schließlich ja auch erfolgreich – nach explizit völkisch gesinnten Mitstreitern suchte.

4 Der damalige SPD-Vorsitzende Müntefering: „(...) Wir Sozialdemokraten haben in der Vergangenheit die drohende Überalterung unserer Gesellschaft verschlafen. Jetzt sind wir aufgewacht. Unsere Antwort heißt: Agenda 2010! Die Demographie macht den Umbau unserer Sozialsysteme zwingend notwendig. (...)"; Kühn 2004, S. 742.

schließlich aufhören müssen zu produzieren, sofern sie nicht selber andere Nachbarn verdrängen. Oder sie kapitulieren „freiwillig", geben das Gebot des permanenten Wachstums auf, also „weichen". Damit verlieren sie aber auch die Eigenständigkeit der landwirtschaftlichen Produktion in der Form eines markt- und förderoptimierten Unternehmens. Diese Existenzfrage wurde von einigen Agrarsoziologen beklagt und solide in seinen Auswirkungen beforscht (Bohler und Hildenbrand 1997). Sie schlagen sich in den Kennzahlen des zuständigen Ministeriums nieder. Waren in den 1950er Jahren noch ein Viertel aller Erwerbstätigen in der Landwirtschaft beschäftigt, sind es heute noch 2,1 % (Bundesministerium für Ernährung, Landwirtschaft und Verbraucherschutz 2010). Dies beschreibt einen entscheidenden Wandel, den Dörfer in einer historisch relativ kurzen Zeit bewältigt haben. Das Interessante an diesem enormen sektoralen Wandel ist jedoch, dass dabei in den letzten Jahrzehnten kaum Dörfer tatsächlich *„ausgestorben"* sind. Die ländliche Bevölkerung nimmt ab, aber in den letzten Jahrzehnten nicht im gleichen Maße, wie die landwirtschaftliche Produktivität steigt. Letztere hat sich in den letzten 15 Jahren schlicht nochmals verdoppelt, die Zahl der Dörfer sich deswegen jedoch nicht etwa halbiert. Mobilität und neue Erwerbsquellen haben zu einer Modernisierung der Dörfer beigetragen, die sie zu einer überraschend beständigen Form des Zusammenlebens machen. Mit dem „Wachsen oder Weichen" der Bauern, jener beispiellosen Wirtschaftsumstellung im ländlichen Raum, kann die aktuelle Angst vor der „Entvölkerung" ländlicher Räume also nicht begründet werden, obwohl sie viel drastischer ausfällt, als jede demographische Prognose. Es sind weiter zurückliegende historische Epochen, auf die rekurriert werden muss, wenn der Angst vor dem Verlust ländlicher Zivilisation nachgespürt werden soll.

Mit der Frage vom *„Gehen oder Stehen?"* ist im biographischen Kontext keine triviale, beliebig zu entscheidende und wiederholbare Alternative gemeint. Mit ihr soll eher die Verzweiflung von Landbewohnern/innen in Folge von Katastrophen zur Sprache kommen, die einen „Abwanderungsdruck" hautnah erleben. Dies wurde hierzulande zuletzt durch den dreißigjährigen Krieg verursacht, der für den historisch stärksten bekannten Rückgang der ländlichen Bevölkerung sorgte. Ein Überleben in und von zu kleinen Gemeinden war unmöglich und „Wüstungen"[5] vor allem nach den Pestepidemien in 14. Jahrhundert dementsprechend häufig. Das Verlassen des eigenen Wohnortes aus blanker Not ist ein dramatischer und höchst risikovoller Akt. Daher blieben Fluchtbewegungen, die ganze Landstiche auf lange Zeit verödeten in Mitteleuropa einzigartige und historisch weit zurückliegende Phasen. Die spätere „Landflucht" in die Städte, die Massenauswanderung aus Deutschland nach Übersee (Bade 2004) nach den misslungenen Revolutionen 1830 und 1848 bis zur Jahrhundertwende, auch die beiden von Deutschland ausgelösten Weltkriege samt Schoah und Fluchtbewe-

5 Vgl. dazu ausführlich Abel 1967.

gungen bis 1990 haben keine vergleichbaren Folgen gehabt. Daher muss aus dem Repertoire des *kollektiven Gedächtnis* (Halbwachs 1967) auf den Schock der Folgen von Kriegen, Seuchen und Missernten des 14., 15. und 16. Jahrhunderts zurückgegriffen werden, wenn demographische Prozesse besonders bedrohlich beschrieben werden wollen.[6] Die Messlatte dieses Exodus ist hoch. Die damaligen Lebensbedingungen sind mit den heutigen nicht zu vergleichen. Konservative Mahner hält das nicht ab, geradezu Callotsche Bilder in die Zukunft zu projizieren.[7]

Jedoch dürfen, gerade vor dem Hintergrund ideologischer Umdeutungen sozialer zu biologischen Prozessen, die berechtigten Ängste von Menschen in „peripheren Räumen" nicht kleingeredet werden. Für die meisten Zeitgenossen hierzulande bildeten stetiges Wohlstandswachstum und die Verbesserungen der „Infrastruktur" den selbstverständlichen Lebenshintergrund mehrerer Generationen. Wenn nun immer deutlicher wird, dass im eigenen Umfeld diese Entwicklung eher rückläufig ist, Elemente der „Daseinsvorsorge" bedroht sind, perspektivisch kein alternativer, sondern ein bloß defizitärer Entwicklungsweg vorgezeichnet ist, wird aus dem Leben in peripheren Räumen ein Leben unter prekären Umständen.

Die soziologische Frage die sich hier aufdrängt, ist aber keine demographische, sondern zunächst eine biographische. Für junge wie alte Dörfler – und vor allem Dörfler*innen* – gehört zur menschlichen, also autonomen Gestaltung des eigenen Lebens (Kraimer et al. 1994, S. 18) abzuwägen, ob der jetzige Wohnort zugunsten eines passenderen schließlich aufgegeben werden muss. Für ländliche Lebenswelten bedeutet dies, dass die lokale soziale „Infrastruktur" selbstverständlich die individuellen Entscheidungen beeinflusst. Die Exit-Option als fundamentale biographische Entscheidung hat die größte Auswirkung auf die Demographie der Dörfer. Ob die Motive dazu aus der Abkehr von der ruralen Kultur des Dorfes als *Not und Terrorzusammenhang* (Ilien und Jeggle 1978) herrühren oder durch ökonomische und infrastrukturelle Bedingungen geprägt werden, ist dabei schwer zu unterscheiden. Wenn aber diese Entscheidungen massenhaft gewählt werden und weder ausreichende neue Zuwanderung noch hohe Fertilität (wie in der Geschichte Irlands) diesen Exit kompensiert, dann kann Landflucht tatsächlich zu einem „Aussterben" von Dörfern führen. Die unterschiedliche Alterung von Dörfern und Städten gilt daher als Maßstab dafür, ob jüngere Mitbewohner/innen die biographische Option „bleiben" (bzw. „stehen") gewählt haben

6 Aus dieser Zeit stammen übrigens jene Narrative, die Entvölkerung mit der Rückkehr der „bösen Natur" abschließen. So ist z. B. in den Kirchenbücher von Dankmarshausen (Hessen) über die Folgen des „Schreckensmai 1637" zu lesen: „(...) Trotz großer Hitze lagen die Leichen, von Würmern bedeckt, vor der Kirchtüre, ... Selbst in der Natur stellten sich längst überholte Zustände wieder her, die Wölfe kamen wieder. (...)".

7 So beispielsweise immer wieder Herwig Birg z. B. in DIE WELT vom 5. November 2005: „Schlimmer als der dreißigjährige Krieg".

oder die des Exit (bzw. „gehen“). Bei ersterer muss sich der Ort vergleichsweise attraktiv und einladend darstellen, damit sich jüngere und ältere Bewohner dazu entschließen, hier weiterhin oder neu zu siedeln. Die Demographie eines Dorfes wird insofern immer als Ausdruck sozialer Verhältnisse zu beurteilen sein, nicht umgekehrt.

3 Glauben an apokalyptische Demographie als self-fulfilling prophecy

Ob die sozialen Verhältnisse und Perspektiven in den Dörfern zu einer Bevölkerungszu- oder -abnahme führen, inwiefern von einer Veränderung der Altersstruktur ausgegangen werden kann, ist durchaus interessant. Ob die dann gefundenen Entwicklungen positiv oder negativ zu bewerten sind, mit welchen Folgen (und Folgen der Folgen) ggf. zu rechnen ist, steht auf einem ganz anderen Blatt.

Zunächst ist festzuhalten, dass keine demographische Prognose in der Lage ist, die Zukunft vorherzusagen. In der Regel lagen daher auch langfristige Bevölkerungsvorausschätzungen daneben. Trotz recht solider Methoden und Modelle geriet z. B. die erste Prognose des BiB für Deutschland aus den 1950er Jahren mit um 9 Mio. Personen (damit 16 % unter dem tatsächlich eingetroffenen Bestand) viel zu gering (Bretz 2002, S. 2). Die Gesamtbevölkerung wurde dann in der 2. „Berechnung“ von 1961 (für 2000) etwas genauer vorhergesehen. Allerdings durch Zufall, denn die zugrundeliegenden statistischen Modelle setzten eine Geburtenzahl voraus, die satte 50 % über der tatsächlich erreichten lag. Da aber Alterung, Sterbefälle und Migration ebenso falsch eingeschätzt wurden, lagen die so ermittelten Ergebnisse rein *zufällig* um *„nur“* 2 Mio. Einwohner daneben (Bretz 2002, S. 4). Die Modellrechnung 1969 ging dann wieder vollkommen in die falsche Richtung. Heute wird daher bei jeder Voraus*schätzung* deutlich gemacht, *„probabilistische Ansätze“* zu nutzen. Es werden dazu mehrere denkbare Trends in zwei, drei oder vier Modellvarianten eingegeben, die dann eine gewisse Spannbreite verschiedener Szenarien anbieten. Eine der Vorhersagen sollte damit immer richtig liegen (Steinberg und Doblhammer-Reiter 2010). Ob es aber Sinn macht, ein Wetterbericht herauszugeben, der mit recht hohem Aufwand zu dem Ergebnis kommt, das es in zwanzig, dreißig und fünfzig Jahren entweder dauerhaft regnet (pessimistische Variante) oder nur einzelne Schauer zu erwarten sind (optimistische Variante), ist fraglich. Zumal die mögliche Variante „Sonnenschein“ schlicht ausgeschlossen wird.

Einfaches Würfeln wäre aus mathematischer Sicht wohl die *elegantere* Lösung. Dies gilt umso mehr, da sich Fertilität, Nuptialität und Mortalität schon für besser überschaubare, kürzere Zeiträume und kleinere Gebiete regelmäßig als falsch entpuppten. So wurde Jahr für Jahr die systematisch begrenzte Aussagekraft der Total Fertilty Rate beklagt, und für Ostdeutschland immer wieder korrigiert (Konietzka und Kreyenfeld 2004, S. 29), ohne dass die ex post beobachtbaren Nachholeffekte irgendwie vorhersagesicher in die entsprechenden Modelle hätten eingebaut werden können. Solange keine Hellseher/innen am Werk sind, wird sich daran nichts ändern, denn was kein noch so ausgefeiltes probabilistisches Modell je erfassen kann, sind unvorhersehbare Entwicklungen.

Für die Wegbereiter der deutschen Demographie (vor und im NS-Staat), wie Burgdörfer (Burgdörfer 1929a, Burgdörfer 1929b), der das Aussterben des deutschen *„Volkes ohne Jugend"* (Burgdörfer 1932) für 1970 prophezeite und deswegen neben der Agrarisierung auch gleich die Ausrottung des *„Unwerten"* und *Landnahme* im ländlichen Osten forderte (Burgdörfer 1933), waren weder die demographischen Folgen des 2. Weltkrieges, des Heirats- und Kinderbooms bis Mitte der 1960er Jahre vorhersehbar, noch der „Pillenknick" oder die pronatalistischen Interventionen der DDR (nicht mal die DDR selber). Dementsprechend schief erscheinen nun solche (mathematisch vollkommen einwandfreien) Prognosen – wie die des BiB. Trendextrapolation ist das einzige zulässige wissenschaftliche Mittel der Demographie, deswegen aber nicht besonders vorhersagesicher oder damit objektiv, weil es mathematisch korrekt ist. Trotzdem wird weiter solchermaßen extrapoliert, auch von eher unverdächtigen Zeitgenossen. So meint z. B. Stephan Hradil:

> „(...) Was die Geburten betrifft, so bringt seit mehr als 30 Jahren jede Frau im Mittel in (West-)Deutschland etwa 1,4 Kinder zur Welt. Nichts weist darauf hin, dass sich diese Geburtenrate in absehbarer Zeit wesentlich ändern wird. (...)"; Hradil 2010, S. 115.

Wer möchte da wiedersprechen? Obwohl am Beispiel Frankreichs zu sehen ist, dass auch ohne extreme politische Umwälzung sich Lebensstile wieder ändern können und nun (über einige Jahre stabil) die Geburtenrate dort auf über 2,0 angestiegen ist. Niemand konnte das vorhersehen und mathematisch sauber kalkulieren. Vor diesem Hintergrund müsste dann doch jeder demographischen Prophetie auf der Basis von Geburten- und Sterbetrends widersprochen werden, weil sich diese offensichtlich nicht so sicher kalkulieren lassen, wie das für robuste Schätzung notwendig wäre.

Sollte bei der Planung der Zukunft der Dörfer evtl. weniger Augenmerk auf das *„Geburtsverhalten der Landfrauen"* geworfen werden, denn auf einen nicht auszuschließenden dramatischen Klimawandel, der die Frage des Überlebens und Landflüchtens ganz anders stellen wird? Weder Epidemien noch medizinische Basisinnovationen sind ausgeschlossen, die die demographische Entwicklung ganz sicher beeinflussen können und werden. Die wachsende Langlebigkeit wurde jedenfalls bislang regelmäßig unterschätzt, ebenso die Kompression der Morbidität, die für tendenziell sinkende, denn für steigende Krankheitsfolgekosten sorgen kann. Ein deutlicher Wandel der allgemeinen Lebensgewohnheiten, der Ernährung und des Umweltbewusstseins zeichnet sich jetzt erst ab. Die Einstellungen und das Verhalten einer *Gesellschaft Langlebiger* wird seine Folgen erst in ein paar Jahrzehnten zeigen können. Auswirkungen des Wandels biographischer Konzepte auf die demographische Struktur der Gesellschaft werden entscheidend sein, aber sie sind außerhalb der Fassbarkeit probabilistischer mathematischer Modelle. Wenn ein Blick in die Zukunft gewagt werden soll, lohnt es sich die historischen Erfahrungen von Bevölkerungsprognosen und -politiken in den Blick zu nehmen, wie z. B. Josef Ehmer, Werner Lausecker und Alexander Pinwinkler das tun. Demnach ist es recht wahrscheinlich, dass die derzeitig skandalisierten Sorgen über die „Altenlast" in dreißig, vierzig oder gar fünfzig Jahren, bei unseren Kindern und Enkeln nicht viel mehr als Heiterkeit auslösen werden.

Wie ließen sich nun einigermaßen sichere Aussagen über den Altersaufbau in einer ländlichen Gemeinde von z. B. 800 Einwohnern für 2050 machen? Die oben erwähnten ausgleichenden Effekte der auf ein ganzes Staatsgebiet bezogenen Bevölkerungsvorhersagen werden umso geringer, je kleiner das Vorhersagegebiet wird. Selbst wenn die Fertilität und Mortalität für ein Beispieldorf sich gemäß einem der vorgeschlagenen Trends entwickeln sollten, sprengt die Möglichkeit der Migration jeden Vorhersagehorizont. Temporäre und dauerhafte Wohnortwechsel zwischen Stadt und Land spielen für die staatlichen Gesamtrechnungen als „Binnenwanderungen" eine untergeordnete Rolle. Für eine Region, Stadt oder Dorf sind diese Binnen- plötzlich Außenwanderungen. Die *Flucht vor den Wölfen* punktgenau, möglichst für mehrere Generationen kalkulieren zu wollen, ist schiere Wahrsagerei. Wer dies angeht, muss sich den Vorwurf gefährlicher Prophetie gefallen lassen.

Wie bereits Dienel für den Fall Frankreich zeigte, tragen demographische Vorhersagen als *„subjektive"* Faktoren mehr zur Gestalt der zukünftigen Altersstruktur bei, als heute prognostizierbare *„objektive"* Einflüsse (Dienel 1995). Wenn der aktuell Trend nicht als Ausdruck der momentanen sozialpolitischen Lage gesehen wird, sondern als rein mathematische Extrapolation, wird die (vage) Prognose zu einem Faktum. Wird sie als vorgeblich „unpolitische" und „wissenschaftlich fundierte Wahrheit" massenhaft publiziert, kann eine negative Zukunft der davon betroffenen Orte tatsächlich nicht ausgeschlossen werden. Demographistische Vorhersagen für Regionen und Dörfer werden sich daher selber bestätigen. In *„schrumpfenden Regionen"* wird mit dem Stigma des Begriffs letztes Vertrauen und Motivation zerstört. Lokales Engagement in zivile Projekte wird desavouiert, da die demographischen Kennzahlen nicht als vage Schätzung, sondern zwangsläufige Zukunftsprädikatoren genommen werden und somit jede soziale Investition für das „ergrauende" Dorf vergeblich erscheinen lassen. Demgegenüber können *„Gunstregionen"* zusätzlich von den guten Prognosen profitieren. Das ist die Wirkung von *symbolischem* Kapital, nicht von *sozialem*.

Trotzdem die Fragilität von Bevölkerungsprognosen erkannt ist und betont wird, bleiben die Gefahren einer vorgeblich wissenschaftlich gestützten Expertensteuerung unterschätzt. Skrupellos werden weitreichende Empfehlungen abgesondert, die mit einer mehr oder weniger dramatisierten Alterung und Schrumpfung, samt negativer Migrationsaldi, auf die Kommastelle genau, für konkrete Gebiete und eine konkrete Zeit, begründet werden. Beispielsweise wurde publiziert, dass die Brandenburger Stadt Schwedt an der Oder von 1999 noch 41,2 Tausend Einwohnern, im Jahre 2040 auf entweder 28,0 (Variante 6 mit Zuwanderungsgewinnen) oder 17,2 (Variante 5 mit Abwanderungsverlusten) fallen werde (Beyer und Zupp 2002, S. 93). Kaum weniger robust wäre die Vorhersage, dass Schwedt im Jahr 2040 nicht mehr an der Oder, sondern an der Ostsee liegen würde. Oder dass die Einwohnerzahl auf 8,25 Tausend sänke, da die Mobilität im Schnitt um 107,5 Frauen p. a. höher liegen müsse. Oder dass das zunächst entvölkerte Schwedt zur Freihandelszone zwischen Yuan- und Dollarraum wird und somit die Zahl auf 1.945 Tausend Einwohner und Einpendler steige und sich Schwedt tendenziell mit Berlin zu einer Doppelmetropole entwickele. Solche willkürlichen Annahmen sind unplausibel. Die oben zitierten demographischen Prognosen sind es aber auch, es sei dann, Bevölkerungsprozesse werden wie bei Burgdörfer und seinen Jüngern als mathematisches Gesetz verstanden, und nicht als Folgen sozialer Bedingungen.

Mit dem demographistischen Prognose*glauben* wird der für die *Sozialtechnologie* (Albert 1957) typische Dreischritt in einem Atemzug möglich: Aus a) zunächst vorsichtigen Schätzungen, wird b) eine gesetzmäßige, teleologische Entwicklung abgeleitet, und c) auch gleich drastische sozialpolitische Maßnahmen ultimativ gefordert.

> „(...) Bei allen Unsicherheiten, die einzukalkulieren sind, dürften die dargestellten Trends so oder ähnlich eintreten. Das bedeutet, dass die Zahl der Kinder weiter deutlich abnehmen, die Zahl der über 65-Jahrigen weiter zunehmen und sich auch die Verschiebung innerhalb des erwerbsfähigen Alters zu Gunsten älterer Menschen fortsetzen wird. Dabei wird für viele Infrastrukturbereiche ein Paradigmenwechsel von einer „Wachstumsstrategie“ zu einer „Bewältigungsstrategie“ erforderlich, um den Herausforderungen des „Schrumpfens" (...) gewachsen zu sein. (...)“; Beyer und Zupp 2002, S. 98.

Solcherart wird nicht nur für Schwedt, sondern die meisten peripheren Räume gefordert, dem *Schrumpfen gewachsen (!)* zu sein. Dies wird präzise, differenziert und mit vielen Graphiken illustriert, ausgebaut. Dabei werden nicht nur abstrakte demographische Prozesse wie die „fernere Fertilität“, sondern auch explizite Bereiche der politischen Gestaltung und ökonomischer Anreize als unbeeinflussbare Naturgesetze definiert, wie z. B. die *Suburbanisierung* (Beyer und Zupp 2002, S. 98). Dem peripheren Raum wird schließlich (noch) nicht wörtlich mit der „Rückkehr der Wölfe“ gedroht, aber: „*Die veränderte Zusammensetzung und die gefährdete Regeneration des Humankapitals stellt alle Städ-*

te vor neuartige Herausforderungen.“ (Beyer und Zupp 2002, S. 96). Die Jäger sind also alarmiert.

Die Politik nimmt solche (hier willkürlich ausgewählten) Expertenmeinungen gerne auf. Können die sozialtechnologischen Forderungen in die Tat umgesetzt werden, gibt es zudem keine bürgerschaftliche Gegenwehr in den Regionen, können damit jene massiven Schrumpfungen gefördert werden, vor denen die Demographisten immer warnten. Dies wird nachhaltig gelingen, wenn insbesondere der Rückbau der Kinderversorgung, Sozialer Dienste und Bildung als ökonomische Notwendigkeit angesehen und umgesetzt wird:

> „(...) Dabei geht Erweiterungsbedarf bei der sozialen Infrastruktur mit Zielrichtung älterer Menschen einher mit Schrumpfung im Bereich der Angebote für die Jüngsten (Kindertagesstätten, Schulen) (...)“; Beyer und Zupp 2002, S. 96.

Wenn jetzt schon eher defizitäre Bereiche des familiären Alltags, zu der die Kinderbetreuung in besonderem Maße gehört, tendenziell noch unattraktiver werden, ist *„Geburtenverweigerung“* und Abwanderung auch ohne große Prophetie folgerichtig. Was mit der zu erweiternden *„sozialen Infrastruktur*“ für ältere Menschen gemeint ist, wird meist kaum definiert. Es wird wohl an Altersheime und andere Pflegeeinrichtungen gedacht.[8] Der immense Gewinn an sicherer Lebenserwartung wird zur Apokalypse einer *„ergrauenden Region*“ umgedeutet, gewonnenen Lebenszeit als Last gesehen und Alter auf seine Pflegelast reduziert. Dies ist wenig informierte politische Beratung, sondern perfide Sozialtechnologie, die auf schlichtem *Ageism* (Brauer 2010) beruht.

4 Aktuelle Entwicklungen

Für kleine ländliche Gemeinden gilt zuerst, dass sie in den zurückliegenden Jahren eine bessere demographische Bilanz aufweisen, als städtische Gemeinden. Das gilt für stadtnahe, wie auch für fernere (*periphere*) Dörfer (Maretzke und Weiß 2009, S. 35). Wachstum und Stabilität ist aber nur für Westdeutschland typisch, Ostdeutschland ist von starker Abwanderung betroffen. Aber auch dort sind die ländlichen Gemeinden keineswegs schlechter gestellt als die städtischen.

Das gilt auch für die spürbare Zunahme der Bevölkerung über 80 Jahre, bei der das Pflegerisiko (gegenüber der sehr heterogenen Gruppe 65plus) höher ist. Dabei kann davon ausgegangen werden, dass in kleinen Gemeinden die Zahl der

---

8 Es wird aber mit dem Anstieg der Zahl der über 65-Jährigen argumentiert. Bei den jüngeren Alten beträgt die Pflegequote kaum 2,5 %. Wird an kostspielige *sozialen Infrastruktur* gedacht, also Heime, muss die Entwicklung der stationären Pflege betrachtet werden. Die Pflegequote sinkt übrigens bei den über 80-Jährigen in den letzten Jahren. Sollte sie doch steigen, würde das für ein 800 Seelen Dorf evtl. vier bis neun, vielleicht zehn neue Plätze bedeuten. Sollte dies bis 2040 darstellbar sein, ohne das gesamte Sozialsystem umbauen zu müssen und den letzten Kindergarten zu schließen?

jüngeren Einwohner, die für die sozialen Netze benötigt werden, geringer ist. Aber die räumlichen

> „(...) Unterschiede dieser Entwicklung verlaufen im Ost/West-Schema, kaum entlang der Siedlungsstruktur. Die ländlichen Regionen der neuen Länder haben mit der stärksten Ausdünnung der sozialen Netze zu rechnen. (...)“; Bucher und Schlömer 2009, S. 52.

Auch hier sind also soziale und ökonomische Faktoren, nicht die „natürliche Bevölkerungsdynamik“, verantwortlich. Daher macht es auch Sinn, sich stärker mit der Semantik von Landflucht und Geburtenentwicklung zu befassen, als einer Fiktion von Zahlenkonvoluten zu verfallen, die für politische Entscheidungen Deutungshegemonie beanspruchen können.

Die Regionalpolitik der EU nimmt seit 1988 Einfluss auf Perspektiven von ländlichen Räumen. Strukturpolitik weist seit dem Mittel nach demographischen Kriterien zu, in dem Wachstumsregionen definiert (nach „NUTS-Ebenen“) werden. Hier soll noch eine geringe oder rückläufige Bevölkerungsdichte *für* Förderung sprechen. In der Realität erreichte die Förderung in solchermaßen definierten Problemregionen offenbar das, was Willisch und Land für die aktive Arbeitsmarktpolitik als *„sekundäre Integration“* bezeichnen (Land und Willisch 2006). Es ist nicht der lokale Zusammenhalt oder die hohe Problembewältigungskapazität („Resilienz“) einer Community, die Förderbedarf evoziert, sondern alleine der demographische und ökonomische Zahlenwert. Die Flucht der Aktiven wird, einmal so definiert, damit jedoch kaum aufgehalten, sondern eher verstärkt. Die staatlichen Förderer sind skeptisch, ob Gemeinden in Regionen mit sinkender Bevölkerungsdichte und geringer Bruttowertschöpfung auch selber sukzessive eine nachhaltige Struktur organisieren könnten, die eine alternative, nachhaltige Entwicklung trägt. Die Zukunft von Dörfern, die unter verstärkten Abwanderungsdruck geraten, wird davon abhängig sein, wie *eigenständig* sich dort alternative Angebote entwickeln können. Die Attraktivität dieser jetzt „ungünstigen“ Lagen wird sicher nicht in der Duldung eines administrativen Abbaus der Daseinsvorsorge im Jugendbereich und der rollatorgerechten Absenkung des Trottoirs verbessert werden. Als Fazit drängt sich auf, dass alte und neue Ängste mittels sozialtechnologischer Strukturen zum Abbau der Daseinsvorsorge des Sozialstaats missbraucht werden. „Schrumpfung“ wird somit verstärkt, wenn nicht erst dadurch erzeugt. Meine These ist nun, dass mögliche negative Folgen von massiver Abwanderung (aus welchem Grunde auch immer eingeleitet) nicht ohne die Wirkung von lokalem Sozialkapital begrenzt werden können.

5 Soziales Kapital als Rettungsanker?

Warum wird das Thema „Sozialkapital“ bei der Diskussion um die Entwicklung und Zukunft von ländlichen Gemeinden interessant, von denen angenommen wird, dass sie „altern“? Sozialkapital verheißt erstens eine *kostengünstige* Quelle für Wohlstand und Stabilität zu sein. Wenn Einsparung gefordert wird, finden Gratisangebote hohe Aufmerksamkeit. Hinzu kommen zwei weitere Motive. Das eine entspricht der ökologischen Neuorientierung. Soziales Kapital mobilisiert ressourcenschonendere Investitionen in die Zukunft, als immer neue infrastrukturelle Projekte (wie Einkaufszentren, Rennstrecken und unterirdische Bahnhöfe). Das andere zielt auf die Weiterentwicklung und Stabilisierung des demokratischen Gemeinwesens. Stärkere Einbindung der Bürger in Belange, die bislang einer „anonymen“ Administration obliegen, soll nicht nur problemadäquate Lösungen im lokalen Nahraum bieten, sondern vor allem die Krisenbewältigungsstrategien der Demokratie an seiner Basis stärken. Dieses letztere Motiv wird im Vordergrund des folgenden Teils stehen. Ob die ökonomische Situation einer Gemeinde, einer Region oder gar ganzer Gesellschaften durch Sozialkapital verbessert werden kann, ist umstritten und muss anderen Ortes diskutiert werden. Das Gleiche gilt für die Frage der ökologischen Nachhaltigkeit. Deswegen steht hier somit alleine das zivilgesellschaftliche Potential im Mittelpunkt, weil es den Kern, den Charakter des Sozialkapitals ausmacht. Wenn also durch Sozialkapital eine gewisse Wirkung erwartet wird, soll hier aus soziologischer Perspektive zunächst umrissen werden, worum es sich eigentlich handelt (Aspekte der Praxis) bzw. handeln sollte (Aspekte der Begriffsgeschichte).

5.1 Aspekte des Sozialkapitalbegriffs

Der Sozialkapitalbegriff war vor allem in der zweiten Hälfte der 1990er Jahre, bis kurz nach der Jahrtausendwende *en vogue*. Nach dieser letzten Themenkonjunktur, der vorangegangenen Begriffsgenese und heftigen Diskussionen (die hier nicht ausführlich nachgezeichnet werden müssen),[9] hat sich der Begriff in der Wissenschaft, den Professionen und der politischen Öffentlichkeit vergleichsweise unauffällig etabliert. Auf welche definitorischen Hauptlinien wird dabei rekurriert? Zunächst ist Pierre Bourdieu zu nennen. Er hatte, als eine unter vielen Thesen, neben dem ökonomischen und kulturellen Kapital das *soziale Kapital* als „neue“ Kapitalform eingeführt. Beim ökonomischen Kapital geht es Bourdieu um die uns bis dahin bekannten „eigentlichen“ sozialen Unterschiede,

9 Die Hauptarbeit zur Begriffsklärung und die notwendige Übersicht über dessen Entwicklung bei Loury, Coleman, Bourdieu, Jacobs, Putnam, Flap, Burt und Portes hatte Sonja Haug bereits 1997 vorgelegt (Haug 1997). Hingewiesen sei auf die Kritiken von Portes und Landolt 1996 sowie Paxton 1999 und Paxton 2002 an Putnams Begriffsbestimmung.

die sich zuvorderst in Einkommen und Vermögen festmachen lassen. Die Gleichstellung dieser zentralen Kategorie mit „kulturellem Kapital“ war damals neu. Gemeint sind damit vor allem erwerbbare Fähigkeiten und Fertigkeiten, „Können“, im Kern aber Bildung in allen Formen. *Soziales Kapital* sollte dann die Erklärung sozialer Ungleichheiten vervollständigen, in dem die Wirkung der Herkunft und die Verflechtung in Netzwerken als eigene – und dem Ökonomischen gleichgestellte – Kategorie betont wird. Gedachte Bezugsgröße ist dabei immer eine Person oder ein zu bildender Typus, Gruppen bzw. soziale Klassen, kaum jedoch Regionen oder Gemeinden. Jedenfalls war das nicht der Ausgangspunkt von Bourdieu. Ganz im Gegensatz zum zweiten Autor, Putnam, der gerade Regionen als Ausgangspunkt seiner Betrachtung und Definition von Sozialkapital wählt. Daher sind seine Bezüge, also die Kapitalsorten von denen er sein Sozialkapitalbegriff abgrenzt, auf einer anderen Ebene angeordnet:

> „(...) By analogy with notions of physical capital and human capital ... “social capital” refers to features of social organization (…)“; Putnam 1995; S. 67.

Sozialkapital wird abgegrenzt zum *human capital* (in dem die drei Kapitalformen Bourdieus aufgehen würden) und zum *physical capital* (materiellen Werten wie Bodenschätze und der „Infrastruktur“) die in einer Region zu finden sind und nicht näher erklärungsnotwendig erschienen. Dies bildet die beiden hauptsächlichen Definitionslinien. Auf der einen Seite steht (wie bei Bourdieu) vor allem der Wert von Kontakten für Einzelne im Mittelpunkt. Die dazu notwendige Dichte und Komplexität, zum Teil auch die Funktionalität von Netzwerken, ist als Output für die Teilnehmer/innen gedacht. Die dazugehörige Netzwerkforschung beruft sich dabei auf die grundlegenden Vorarbeiten von Coleman 1988. Auf der anderen Seite wird nach dem langfristigen Nutzen der Netzwerke für eine Region gefragt, und dazu an die stadtsoziologischen Betrachtungen von Jacobs 1961 angeknüpft.

Für alternde Personen *in* ländlichen Gemeinden wird somit die persönliche Ausstattung mit Sozialkapital à la Bourdieu die passende Bezugsgröße darstellen. Für eine Betrachtung ländlicher Gemeinden *mit* alternder Bevölkerung wären wiederum jene „sozialen“ Kapitalgewinne aus Netzwerkaktivitäten sicher vorteilhaft und „passend“, wenn sie wie bei Putnam definiert werden. So weit so gut. Aber der Teufel steckt im Detail. Die Verwendung des Begriffs *Sozialkapital* ist in den beiden Hauptpublikationen von Putnam zwar nahtlos übernommen, aber dann doch keineswegs einheitlich operationalisiert – und daher für die „Nutzung“ und Kritik umso schwerer zu fassen. Bekannt wurde Putnam zunächst mit seiner Studie *Making Democracy Work* (1993), in der er den Blick auf spezifische politische Organisationskulturen und zivile Traditionen Italiens richtete, die eine allgemeine Modernisierung befördern oder aber behindern. Den Schlüsselbegriff *Sozialkapital* entlehnt er bei Coleman (Putnam et al. 1993, S. 167). Die Wirkung von Sozialkapital wird hier aber zusätzlich aufgeladen: es sei nicht in der Folge demokratischer Verfassung und marktwirtschaftlichen Wohlstandes entstanden, sondern selber deren kulturelle Voraussetzung!

> „(...) In fact, historical analysis suggested that ... networks of organized reciprocity and civic solidarity, far from being an epiphenomenon of socioeconomic modernization, were a precondition for it. (...)"; Putnam 1995.

Ohne Netzwerke, die „Reziprozität organisieren" und der dazugehörigen „zivilen Solidarität" dürften sich demnach demokratische Institutionen nur defizitär und marktwirtschaftlicher Erfolg kaum massenwirksam entwickeln.

Wenn nun aber Putnam keine zwei vollen Jahre später, im schon erwähnten Artikel im *Journal of Democracy,* den Niedergang des Sozialkapitals in den USA postuliert (*Bowling Alone*: Putnam 1995), und dies im gleichlautenden Buch zu belegen versucht, nimmt er dabei eine ganz andere politische Zielrichtung ins Visier und nutzt auch eine viel allgemeinere methodische Strategie, in dem er sinkende Mitgliederzahlen (z. B. der nationalen Bowlingspielervereinigung ABC) in den Mittelpunkt stellt. Die qualitative Unterscheidung der Netzwerkcharakteristika und des Modernisierungserfolges der norditalienischen Regionen (mit hoher Säkularität, vielen Zeitungslesern/innen und erfolgreichen linken Lokalverwaltungen) gerät somit vollkommen aus dem Blick.

Die „Entdeckung" der Bedeutung des Sozialkapitals in *Making Democracy Work* und dessen vermeintliche Bedrohung in *Bowling Alone*, liegen nur scheinbar in einer Richtung. Werden zunächst revolutionäre Argumente einer endogenen, autonomen und in jeder Hinsicht modernisierenden Entwicklung versammelt, gerät die Warnung vor dem Verlust gemeinschaftlicher Bindungen zwischen (zu) individualisierten Akteuren in den USA, zu einem reaktionären Beklagen der Folgen von Modernisierung. Folgerichtig sahen sich mit *Bowling Alone* all jene Traditionalisten bestätigt, die schon immer Massenwohlstand und liberale Bürgerrechte als Ursache für einen Verlust an gemeinschaftlichen Bindungen und Werten ausmachten.

Solche Gemeinschaftsideologien sind allerdings nicht neu.[10] Ihr konservatives Angebot besteht in der Vitalisierung von Restbeständen unbestimmter „zwischenmenschlicher" Beziehungen, die allgemein als „warm" beschrieben werden und die gegen die „Kälte" der modernen Gesellschaft wirken könnten. Die damit notwendig verknüpften Forderungen zur Rückbesinnung auf gemeinsam geteilte Werte (statt Wertepluralismus), auf Bürger- bzw. Volkskonsens (statt Parteienkonkurrenz), auf strengere Gesetzesauslegung (statt reflexiver Normen De- und Rekonstruktion sowie liberalerer Regelauslegung) und schließlich auf ethnische bzw. kulturelle Geschlossenheit (statt multikultureller Experimente und Toleranz

---

10 Auch Putnam grenzt sich noch klar dagegen ab (Putnam et al. 1993, S. 114). Die folgenden Ausführungen sind dazu in weiten Teilen einer früheren Argumentation entnommen (Brauer 2006, S. 364 ff.).

gegenüber Subkulturen) bilden den antimodernistischen Charakter von *Gemeinschaftsideologien*. Typisch sind hier einfach gedachte, „ewige“ Kollektivbindungen um distinkte askriptive Merkmale (wie Rasse, Geschlecht, Alter, Kultur, Herkunft). Sozial stabilisierende Netzwerkbindungen werden hierbei implizit oder explizit über einen aus Gleichheit abgeleiteten *„Wesenswillen“*[11] (Tönnies 1887) konstruiert. Putnam meinte dies eigentlich gerade nicht mit Sozialkapital. Er grenzte die *Gemeinschaftlichkeit* der Patronagebeziehungen Süditaliens mit den charakteristischen vertikalen Netzwerkbindungen, niedrigem Säkularisierungsgrad und geringem zivilem Engagement von der entgegengesetzten norditalienischen Entwicklung eindeutig ab (Putnam et al. 1993, S. 114).

Die Bedingung, nicht jedwede Mitgliedschaft oder Bindung in irgendeiner Institution oder nationalen Vereinigung als Sozialkapital einer Region zu sehen, sondern qualitativ zu differenzieren, wurde unter der Fülle der Messungen des Mitgliederschwundes nationaler Geselligkeitsvereine in *Bowling Alone* verschüttet. Zudem wurde mit dem Angriff auf moderne Erscheinungen wie Mobilität („Entwurzelung“), moderne Massenmedien, Frauenerwerbstätigkeit und pluralisierte Familienformen („Rollenverlust“) die spezifischen Modernisierungswirkungen sozialkapitalrelevanter Netzwerkstrukturen aus *Making Democracy Work* auf den Kopf gestellt.

Die positive Wirkung von Sozialkapital, die Putnam im Vergleich von Nord- und Süditalien herausgearbeitet hatte, lässt sich kaum für andere Staaten operationalisieren, wenn dessen innere Struktur unerkannt bleibt. Hier wird vorgeschlagen, dies in überschaubareren Gemeinden zu beobachten. Welche spezifischen Strukturen des Sozialkapitals, die positiv in konkreten kleinen Gemeinden wirken könnten, ließen sich von allgemeinen und schädlichen Netzwerkbeziehungen (wie Patronage) systematisch unterscheiden? Dies wird im nächsten Abschnitt angegangen. Wenn es nicht jedwede Aktivität und unbestimmte Kontakte in irgendwelchen Vereinen und Gruppen sind, die zur gewünschten Stärkung des demokratischen Gemeinwesens beitragen, welche Kennzeichen müssten sie dann haben?

5.2 Aspekte der Sozialkapitalpraxis

Für einen Suche nach den möglichen Chancen von Sozialkapital für alternde Gemeinden, vor allem der Struktur der entsprechenden Netzwerkbeziehungen, soll nun auf die Befunde einiger *community studies* hingewiesen werden. Augenmerk liegt auf der kritischen Einordnung der Fallbeispiele auf der Achse differenziert/modernisierte Netzwerkbeziehungen vs. homogene/traditionale Ver-

11 Zur Debatte um den Gemeinschaftsbegriff bei Tönnies vergleiche Schlüter und Clausen 1990 sowie Brauer 1999.

gemeinschaftung. Letzterer wird dabei nach Putnam weniger, ersterer mehr Potential zur endogenen Entwicklung eingeräumt (Putnam et al. 1993).

Es handelt sich bei den folgenden Beispielen vor allem um amerikanische Studien, die in einer Zeit entstanden, in der Putnam seine Thesen bekannt machte. Alle Gemeinden hatten schwere Infrastrukturkrisen zu verarbeiten, die auch für Abwanderung und Alterung sorgten. Nicht die besonderen urbanen oder ruralen Bedingungen der vier Einzelfälle, sondern nur die dem Engagement zu Grunde liegenden Strukturprinzipien sollen kurz umrissen werden. Es handelt sich um Studien, die unter den Namen ihrer Untersuchungsfelder firmieren: Colombo, Kannapolis, Ivanhoe und Clanton.

Colombo

In der Colombo-Studie[12] kann Eckstein zeigen, dass die „Colombo Christmas Association“ (CCA) und der sich um sie bildenden Netzwerke und Beziehungsgeflechte eine effiziente soziale Selbstorganisation mit stabilen informellen Strukturen gebildet hat (Eckstein 2001). So gibt es trotz erheblicher Umsätze innerhalb dieser sozialen Aktivitäten (Eckstein nennt die Summe von einer Million Dollar) keine formalisierten Regeln (Satzungen, schriftliche Verträge, Wahlen) oder eine Rechnungsführung. Die Finanzen laufen durch die zur Hausbank umfunktionierten Zigarrenkiste des 70-jährigen Hauptakteurs Marcello. Er agiert aus der Mitte eines Netzwerks von Einwohnern der Nachbarschaft, die sich als „Italiener“ definieren. Zwar betont Eckstein die ethnische, religiöse und soziale Homogenität und die geringe lokale und soziale Mobilität, und legt damit eine Deutung traditionaler Vergemeinschaftung nahe. Dies beißt sich aber mit der Beschreibung des untersuchten Sozialraums.

Zeugnis der sozialen Heterogenität legen die von ihr vorgestellten Kernbereiche des freiwilligen Engagements ab: So wäre die *Armenspeisung* durch die lokalen *Geschäftsleute* in einem Sozialraum ohne soziale Differenzierung kaum sinnvoll. Auch die von Eckstein betonte ethnische und religiöse Homogenität wird durch ihre Empirie nur zum Teil gestützt. Offenbar wurden über die Jahre Angehörige anderer ethnischer Zuordnung (Iren) und Religionen (Juden) in die vielfältigen Aktionen der (katholischen, „italienischen“) CCA integriert. Sichtbar wird eher eine der typischen urbanen *communities*, in der Bürger Identität durch freiwilliges Engagement gewinnen, sich diesen Sozialraum durch autonome Aktionen in lokalen Unterstützungsnetzwerken aneignen. Dies geschieht in Konkurrenz um Macht und Einfluss zwischen und in ethnischen Gruppen, zwischen alten und neuen Eliten und auch zwischen den Geschlechtern.

12 Colombo ist eine ca. 4.500 Einwohner große neighborhood am Rande Bostons, die mehrheitlich von Nachfahren italienischer Einwanderer der unteren Schichten bewohnt wird und von Eckstein Mitte der 1990er Jahre untersucht wurde.

Zum Beispiel wird als größte Konkurrenz für Marcellos Unterstützungsnetzwerk die Spendensammlerin des Girls and Boys Clubs genannt. Der Exotik traditionaler Vergemeinschaftung (des „süditalienischen" Typs bei Putnam) entspricht, dass Marcello sich wie ein Don[13] verhalten würde. Aber er gehört keiner *Familia*, keinem *clan*, sondern einer Unterschicht an, deren Aufsteiger ohne formale Bildung und Anstellung der Mittelschicht jeher suspekt sind. Er bleibt ökonomisch auf Mitnahmeeffekte seiner Spendensammlungen angewiesen. Für seine soziale Stellung bleibt das marginal. Er organisiert keine partikulare Gruppe (die Mafia, eine Firma, die Army, seine Familie) im Geheimen, sondern erarbeitet sich eine prestigereiche Position in seinem Sozialraum durch nachvollziehbare Vernetzung und Aktivierung.

Die Motive eines solchen Engagements beruhen auf „*Kürwillen*" in der Terminologie von Tönnies. *Wesenswillen,* als typisches Kennzeichen traditionaler Vergemeinschaftung, auch statusrelevante Erbfolgen, fehlen hier genauso wie die *longe durée* einer Wesensgemeinschaft in Strukturen der Lehensabhängigkeit. Colombo wächst auf der Basis einer mobilen Migrantenkultur, die in einer urbanen Marktgesellschaft eigene lokale Grenzen definiert hat und diese im Anerkennungskampf der Umgebung abringen muss. Innerhalb dieses Sozialraumes gelten spezifische Koordinaten der sozialen Differenzierung, die sich von denen der Umgebung unterscheiden sollten und spezifische Codes nutzen, die durchaus eine traditionalistische Oberflächenstruktur annehmen können.

Kannapolis

Welche Chancen haben aber tradierte Vergemeinschaftungsformen in der Moderne, wenn für sie tatsächlich eine paternalistische Organisation lange strukturgebend war? Welches Ausmaß an Engagement wäre dort zu beobachten und welche Qualität hat dies? Schulman und Anderson zeigten dies mit der Entwicklung der *Cannon Mills* Werke bzw. dem Niedergang von Kannapolis (Schulman und Anderson 1999). Die Siedlung wurde 1887 gegründet und war eine reine Werkswohnstadt ohne eigene Verwaltung. Der Cannon-Familie gehörten die Häuser der Arbeiter, sie finanzierten die Kirchen und die Schulen, sie sponserten eine Band, gründeten den YMCA und organisierten die Abwasser- und Müllentsorgung etc.

Die Cannons zeigten sich großzügig bei Spenden und halfen in sozialen Notlagen, führten dabei ein hartes Regime. Kannapolis war die größte „nicht inkorporierte" Stadt der USA, hatte also keine eigene demokratisch gewählte Verwaltung: weder *mayor*, noch *council* und *legal charter*. Ein Leuchtturm für *lean government*-Ideologen, ein paternalistischer Albtraum der Zivilgesellschaft. Der

13 Unter anderem erfahren wir nebenbei, dass Marcello gute Kontakte zur Bostoner Mafia pflegte (Eckstein 2001, S. 840, Fußnote 18) und öfter mit dem Gesetz in Schwierigkeiten kam. Ob er nun aber ein Don war oder sich als ein solcher aufspielte, bleibt umstritten.

ökonomische Zusammenbruch der Cannon Werke und ihrer Nachfolger brachte die überfällige Demokratisierung: es bildeten sich Parteien, das Land wurde unter den Bürgern aufgeteilt und eine erste gemeinsame Verwaltung etabliert. Die Einwohner stehen aber weiter unter ökonomischem Stress, begrüßen nicht hauptsächlich ihre neuen politischen Gestaltungsgewinne, sondern idealisieren die Vergangenheit: *„Sure, we had it bad, but nothing compared to now.“* (Schulman und Anderson 1999, S. 368).

Wie in den Transformationsgesellschaften Osteuropas und der südlichen Regionen Italiens werden die politischen Freiheitsgewinne durch ökonomische Härten überformt. Und hier wie dort ist das zivilgesellschaftliche Engagement erlahmt. In den Nachfolgebetrieben der Cannon Mills konnte sich bis dato keine Gewerkschaft etablieren, die Arbeitsbedingungen und Löhne sind unterdurchschnittlich, Vereine beschränken sich auf Traditionspflege, ziviles Engagement entwickelt sich kaum nachhaltig. Im Zusammenhang mit hoher sozialer Kontrolle und engen Bindungen sprechen Schulman und Anderson mit Hinweis auf Putnam auch von *„the dark side of the force“* und meinen damit so etwas wie „negatives Sozialkapital“. Im eigentlichen Sinne ist hier aber kein Sozialkapital entstanden, auch kein negatives, sondern traditionales Patriarchat. Dessen Nachwirkungen behindern die Entwicklung von Sozialkapital.

Ivanhoe

Auch Ivanhoe (Hinsdale et al. 1995) ist verarmt, wie viele ehemalige Bergbausiedlungen der südlichen Appalachen. Diese Gemeinde wurde durch landwirtschaftende Siedler englischer, irischer und deutscher Herkunft um 1750 gegründet. Nach dem Bürgerkrieg zog ein wachsender Anteil Farbiger in die Gemeinde, um in den schnell wachsenden Minen der *United Carbide* und der *New Jersey Zinc Company* zu arbeiten. Das Ende des Bergbaus in den 1970ern leitete den Zusammenbruch der Infrastruktur Ivanhoes ein. Die Einwohnerzahl halbierte sich, Theater, Bahnstation, Schule, Hotel, die meisten Läden schlossen, die Devastierung des gesamten Sozialraums drohte. Während die Vertreter der regionalen Administration versuchten neue Investoren anzulocken, wurde Ivanhoe zum regionalen Schwerpunkt der Gewaltkriminalität. Drogen- und Alkoholkrankheiten sowie ein neuer Rassismus wurden zum Alltagsproblem, Brandstiftungen fielen erst leerstehende, dann intakte Infrastruktureinrichtungen zum Opfer.

Als der Ort schließlich von den Behörden Mitte der 1980er aufgegeben wurde, formierten sich lokale Freiwilligenorganisationen in direkter Konfrontation mit den zuständigen Verwaltungen. In der Studie werden eine ganze Reihe innovativer Aktionen dieser autonomen Freiwilligen vorgestellt, die zu erstaunlichen Erfolgen führten. Dies endete damit, dass Ivanhoe nicht nur ein hohes Maß an zivilem Engagement hervorbrachte, sondern dass der Ort dadurch überhaupt noch existiert. In der Aktivierungsphase kam es zwischen der Administration und den lokalen Gruppen immer wieder zu offenen Konflikten, bis in die Gruppen selber (Hinsdale et al. 1995, S. 65 ff., 162ff.). Schließlich entwickelte sich im Sozialraum ein hohes Verantwortungsgefühl und eigenständige Bewältigungskompetenz. Die Akteure konnten den weiteren Ausverkauf des Gemeindelandes durch die übergeordneten Behörden stoppen, über enorm aufwendige Medienpräsenz Spenden einwerben, kleinere Investoren anziehen und die überfällige Gebietsreform anstoßen. Damit konnten die Folgen des Niedergangs der amerikanischen Industrie nicht kompensiert werden.

Das Engagement hat aber einen alternativen Weg der Revitalisierung des Gemeindelebens belegen können. Dies ist umso überraschender, wenn berücksichtigt wird, dass in den meisten bekannten Fällen mit drastischen ökonomischen Einbrüchen (Typ Marienthal) das vollständige Erlahmen jedes demokratischen Interesses zu verzeichnen war. Als vergleichsweise herausragendes Beispiel zeigt Ivanhoe Potenziale des Engagements in krisengeschüttelten Sozialräumen auf, Möglichkeit der Entwicklung alternativer Ökonomien in Abgrenzung zu staatlichen Doktrinen. Kennzeichen traditionaler Vergemeinschaftung sind für den Erfolg in Ivanhoe kaum verantwortlich zu machen. Die Einwohner sind zu einem überproportionalen Anteil Erwerbslose und Pendler. In den Projekten sind farbige und nichtfarbige Einwohner inkludiert, deren Vorfahren die Sklaverei erlebt haben und die sich im Engagement klar gegen rassistische Gruppenbildungen stellen. Die Aktionen des bürgerschaftlichen Engagements wurden in kontroversen Auseinandersetzungen unter den Bürgern abgestimmt. Ziele und Bindungen konnten sich nicht auf Wesensgemeinschaften stützen, sondern wurden in Konkurrenz und Kooperation zwischen Gruppen konstruiert. Motive des freiwilligen Engagements sind in Ivanhoe ursächlich in Auseinandersetzung mit den zuständigen Behörden und auch gegen die Interessen diverser Industrien und deren Lobbys gewachsen (Hinsdale et al. 1995, S. 79 ff.).

Clanton

Erwähnen möchte ich nun zuletzt wenige Punkte zu meiner eigenen Studie (Brauer 2005). In Clanton, einer amerikanischen Landgemeinde, hatte ich Ende der 1990er Jahre Familienbeziehungen und Sozialkapital untersucht. In dem ländlichen Kontext lag eine tiefe Depression der lokalen Ökonomie durch die Farmkrise zurück, die Town hatte einen sehr hohen Anteil Älterer und es konnten traditionale Gemeinschaftsformen und paternalistische Hierarchien vermutet werden. In der Untersuchung stellten sich aber Spannungen zwischen Wettbewerb und Kooperation, Mobilität und Bindung sowie Individualität und Gemeinschaft, als Antrieb des lokalen Engagements heraus. Es war dafür verantwortlich, dass die untersuchte Gemeinde prosperiert, während die Nachbargemeinden bei vergleichbaren Bedingungen eine negative ökonomische Entwicklung und schrumpfende Infrastruktur zu verzeichnen hatten.

Die Analyse des Ortes ergab, dass es nicht nur die Einwanderergruppen (Deutsche, Yankees, Norweger) und mehrere Kirchengemeinden untereinander konkurrieren, sondern auch diverse Clans und Cliquen. Sie stehen ihrerseits in einem (in jeder Hinsicht sportlichen) Wettkampf um Macht und Einfluss. Dies verhindert nicht die notwenige Kooperation in den großen Projekten der Gemeinde (Stadionbau, Freibad, Golfplatz, Bibliothek, Altenheim). Die zunächst starr und traditional erscheinenden Beziehungsformen erwiesen sich bei genauerer Analyse als erstaunlich flexibel und reflexiv. Weder mit den Begriffen der „Wesensgemeinschaft" noch rein marktförmigen Eigennutzenkalküle konnten den Charakter und den Erfolg des Sozialkapitals erklären. Dieser zeigt sich in dem enormen Spendenaufkommen der ca. 1.000 Einwohner, mit dem weiter in die lokale Infrastruktur[14] investiert wurde. Dies macht die Gemeinde für Besserverdienende attraktiv, was wiederum für mehr Spender sorgt, die sich eine Position im Sozialraum über Engagement sichern wollen – keineswegs eine Abwärtsspirale. Ohne hier auf die Details der in jeder Hinsicht interessanten Verflochtenheit von Schule, Kirchen, Kooperativen und Netzwerkern hier eingehen zu können, hat sich hier Sozialkapital (im eigentlich gesuchten Sinne) in Erfolgen für die Infrastruktur der Gemeinde ausgezahlt.

Daraus konnten die folgenden vier Strukturelemente des freiwilligen Engagements für eine Synthese der erwähnten Studien genutzt werden, die eine möglich Antwort auf die Fragen geben, die in der Diskussion um Putnams Begriff offen geblieben sind.

1. Sozialräumliches Engagement benötigt eine möglichst *hohe Heterogenität*. Sie sorgt für eine geringe Redundanz der beteiligten Netzwerke. Statushomogene Strukturen würden den Teilnehmern z. B. kaum Aufstiegsmöglichkeiten und Anerkennungsräume schaffen. Erforderlich sind dabei Regeln, wie *one person one vote*, um die internen Machtungleichgewichte für die Durchsetzung von Gruppenzielen zu egalisieren. Für traditionale Kontexte sind Gemeinschaften typisch, die statushomogen organisiert sind (zum Beispiel wenn Großbauern über die Jagd, Mittelbauern im Heimat*verein* und die Landarbeiter über Sport*gruppen*[15] organisiert sind). Gemeinschaften mit geringer Statusheterogenität bleiben ihren Standes- und Klasseninteressen untergeordnet und sind für die demokratische Entwicklung von Gesellschaften weniger wirksam und für die Ausbildung von Sozialkapital hinderlich. Oft wird leider Homogenität von Freundschaftsgruppen und Vereinen als all*gemeines* und nützliches Kennzeichen missdeutet. Ständische Interessen-

14 Aus Spenden entstanden Bibliothek, Freibad, Golfplatz und zuletzt (aus 1,2 Millionen Dollar Spenden) ein Pflegeheim in kommunaler Verantwortung (Brauer 2005).

15 Landarbeiterinnen und Landarbeiter unterlagen in Preußen bis 1918 der Gesindeordnung und genossen somit keine Koalitionsfreiheit. Dies wurde noch 1908 durch das Reichsvereinsgesetz bekräftigt (Kocka 1990, S. 125 ff.). Damit konnte bis dahin nur die ländliche Mittelschicht Traditionen der Vereinstätigkeit ausbilden. In vielen ländlichen Gegenden sind diese Nachwirkungen der Dreiklassengesellschaft in der Vereinskultur spürbar.

verbände, wie Handwerkerzünfte, Unternehmer- und Arbeitnehmerverbindungen haben durchaus eine wichtige Funktion, zumal wenn sie transparent ihre Ziele verfolgen. Ihre Struktur ist aber nicht immer und automatisch förderlich für lokales Sozialkapital. Die Teilnahme an zivilem Engagement ist oft über partikularistische Interessenvertretung, Herkunft oder Zunft geregelt. Sozialkapital in Gemeinden entwickelt sich aber nur dann, wenn sich übergreifende (heterogene) Gruppen bilden können, dabei direkter – persönlicher – Zugang zu den Netzwerken der Nachbarschaft organisiert wird, bestehende Gruppengrenzen partiell aufgehoben werden, möglichst viele Interessengegensätze überbrückt und diverse Zughörigkeitskonstruktionen (Frauen/Männer; Hiesige/Zugezogene; Reiche/Arme; Linke/Rechte etc.) inkludiert werden können.

2. Ohne ausreichende *interne und externe Optionalität* bleiben Gemeinschaften latente Zwangsgemeinschaften. Wenn keine unterschiedlichen Angebote entstehen, sinkt der persönliche Antrieb zur Teilnahme als individuelle Wahlhandlung. Engagement aus Not schwächt Sozialkapital ebenso wie exklusiver Zugang, Sanktionsdrohungen bei Austritt und Direktiventreue. Sie sind das Gegenteil von Optionalität und damit auch von zivilem Engagement. Dem Individuum müssen genügend Möglichkeiten offen stehen, sich zu engagieren. Auch innerhalb des Engagements müssen die einzelnen Entscheidungen wählbar sein, denn sonst handelt es sich um reine Folgschaft. Diese ist typisch für einige traditionalistische Sekten bzw. für staatlich organisierte Pflichtmitgliedschaften (wie z. B. der Reichsarbeitsdienst, den Wehrdienst, auch „Freiwilligen*dienstes*"). Wenn Gemeinwesenarbeit z. B. in der Arbeitsbeschaffungsstruktur organisiert wird ohne Wahlfreiheit und amtlich dekretiert, droht die Bürgerschaft letztendlich verstaatlicht und gemeindedienliche Aufgaben de-zivilisiert zu werden. Es ist ein fundamentaler Unterschied, ob z. B. ein verschmutzter Strand durch eine überparteiliche, offene Bürgerinitiative oder im Rahmen eines staatlich verordneten „Subbotnik" gereinigt wird, für den eine gewisse Teilnahmepflicht besteht. Ersteres kann Sozialkapital fördern, letzteres traditionelle Vergemeinschaftung bzw. Folgschaft.
3. Ohne *allgemeines Statuspotenzial* gibt es keine gesellschaftliche Anerkennung für freiwilliges Engagement. Für die lokalen Eliten ist das Engagement wichtig, um soziale Anerkennung im Gemeinwesen zu realisieren. Für die Machtärmeren muss die Teilnahme am freiwilligen Engagement eine Aufwertung ihrer Position bringen. Motiv zur Teilnahme darf und soll die Aussicht auf einen persönlichen Gewinn *durch Anerkennung* sein, der das Sozialkapital stärkt solange die Modi des Zugangs und der Vergütung allgemein anerkannt, offen zugängig und leistungsgerecht sind. Handlungen und Engagements mit rein altruistischen Motiven sind typisch für wenige emotionale Beziehungen (zum Beispiel für die Mutterliebe und in interge-

nerationellen Beziehungen unter Familienmitgliedern). Das familiäre „Dasein für Andere" erfordert gerade keine öffentliche Präsentation, wird umso erfolgreicher, umso selbstverständlicher es angenommen und gegeben wird. Dagegen kann das Engagement außerhalb des Familiensystems für eine Gemeinde zwar auch altruistisch motiviert sein, widerspräche somit aber dessen Charakter und Funktion. Selbst in der „stillen Spende" wird versucht, über die Innenwelt des Gebers das zu erreichen, was für das freiwillige Engagement im Sozialraum typisch ist: Reputationsgewinn. Daher ist es geradezu eine Bedingung für Engagement, dieses in der Öffentlichkeit zu präsentieren und damit die Statusposition in der Gemeinde zu festigen oder zu verbessern.

4. Ohne *umfassende Transparenz* werden Aktivitäten von und in Gruppen von der Umwelt skeptisch beurteilt. Die Konspiration der Mafia in Italien und von Stasi-Gruppen in Ostdeutschland bildet den typologischen Gegenpol zur Organisationsstruktur des lokalen Sozialkapitals. Es hilft auch wenig, wenn bei offenzulegenden Vorhaben die relevanten Daten und Pläne so verklausuliert sind und schwer zugänglich bleiben, dass die Masse der Betroffenen hierauf kaum wirksam zugreifen kann. Die administrativen Angebote z. B. in Colombo und Ivanhoe zeigten die gleiche Wirkung der sogenannten „Betroffenenbeteiligung" und „Bürgerinformation" deutscher Flächennutzungsverfahren (letztes prominentes Beispiel: „Stuttgart 21") in denen sich Bürger gegenüber der Planung nur *verhalten*, jedoch nicht *handeln* können. Freiwilliges Engagement erfordert notwendigerweise eine prinzipielle Offenheit „von Anfang an". Sozialräume können von Bürgern nur über das Strukturelement der Transparenz angeeignet werden, was zumindest einfach zugängliche und vollständige Angaben über alle tangierten Besitz-, Einkommens- und Kostenverhältnisse einschließt und Optionenhorizonte offen darstellt. Undurchschaubare Strukturen und Entscheidungen verhindern Sozialkapital nachhaltig.

Diese vier Strukturelemente des Sozialkapitals wurden vor dem Hintergrund der vorgestellten Fallstudien herausgearbeitet. Engagement zur eigenständigen Entwicklung von Gemeinden wird somit ein latenter Sinn zugeordnet, der sich strukturtheoretisch erschließen lässt und einen Typ „sozialkapitalrelevanter" Formen von Netzwerken bildet. Diese vier Prinzipien umreißen somit einen universellen Idealtypus des Sozialkapitals, der als allgemeiner Maßstab zu nutzen ist und über eine Setzung normativer und wünschenswerter Regeln für Engagement hinausweist. Aktionen und Netzwerke, die die oben kurz umrissenen vier Kennzeichen aufweisen, können Sozialkapital in dem Sinne ansammeln und für alternde Gemeinden einsetzen, wie Putnam dies für die norditalienischen Regionen meinte. Dem hingegen werden intransparente, differenzierende Not- und

Zwangsvergemeinschaftungen die Entwicklung von Sozialkapital in Gemeinden behindern oder Bestehendes vernichten.

5.3 Alter und lokales Sozialkapital

Es gibt keinen Grund, warum Gemeinden mit einer alternden Einwohnerstruktur andere oder besondere Formen von lokalem Sozialkapital aktivieren sollten, um ihre Gemeindeentwicklung zu verbessern. Es sei denn, es werden Altersbilder bemüht, die

a. aus der Klamottenkiste des *Defizitansatzes* stammen,
b. aktivitätsideologisch Ältere aus einer vorgeblichen Lethargie befreien wollten oder
c. einer romantischen Vorstellungen der Reaktivierung weiter Familiennetze anheimgefallen sind.

So wenig wie der demographische Wandel den Untergang des Abendlandes einläutet, so gering wird der Einfluss des kalendarischen Alters auf das lokale Sozialkapital und seine strukturellen Erfolgsbedingungen sein. Hinter den vereinfachenden Taxonomien[16] („Alte“, „Senioren“, „Hochbetagte“) verbergen sich sehr heterogene Gruppen, deren zukünftige Wirkung auch bei einem quantitativen Anstieg noch vollkommen offen ist. Es ist vor allem expliziten und impliziten Vorstellungen der Disengagementtheorie zu wiedersprechen, dass sich aus den aktuellen Altersrollen ein automatischer Rückzug der Älteren aus der lokalen Politik ableitet. Die lokal Aktiven werden wahrscheinlich ein eher höheres Alter aufweisen, als heute und vor allem zu Zeiten des Durchbruchs alternativer Bürgerbewegungen in den 1970er Jahren, die von einigen Vordenkern abgesehen ja vorrangig Jugendbewegungen waren. Ebenso ist wiederum nicht zu erwarten, dass sich die „Jungen Alten“ das Feld der Bürgermitbestimmung allein unter sich ausmachen und andere Altersgruppen verdrängen würden. Daher werden keine besonderen Strukturen des Sozialkapitals erforderlich sein, die auf den demographischen Wandel in den Gemeinden besondere Rücksicht nehmen müssten.

Auf der anderen Seite ist erkennbar, dass alle positiven und nachhaltigen Gemeindeentwicklungen intergenerationelle Projekte waren. Die älteren Bewohner Clantons engagierten sich zunächst für den Erhalt und die Attraktivität der Schule (samt Sportfeld mit Tribünen und Flutlicht), zusätzlich für das Freibad und die Tennisplätze. Dies sollte vor allem die Jugend und deren Eltern (die meist auf den Farmen außerhalb der Stadt leben) ansprechen. Erst dann entstan-

16 Zur Problematik von Taxonomien des Alters – die in der Regionalplanung und Demographie meist unkritisch genutzt werden – sei hier auf den Artikel von Schroeter und Künemund 2010 hingewiesen.

den die Vereine und Aktivitäten für den Stadtpark, den Golfplatz und zuletzt das Pflegeheim. Hier sind es wiederum Aktive jüngeren Alters, die für die *Generation* ihrer Eltern und Großeltern investieren, und zwar nicht innerhalb der Familie, sondern im kommunalen Feld. Ein Unterschied zur Aktivierung im Sinne der Folgsamkeit besteht darin, dass hier nicht zur Aktivität der Älteren erst durch eine Aktion (Kampagne) aufgefordert wird, sondern sich die Generationen wechselseitig unterstützen, in dem sie eigeständige Interessengruppen bilden. Wenn Administrationen Infrastruktur „für Ältere" (und damit „gegen Junge") planen und budgetieren, wird damit Sozialkapital vernichtet und Abwehr und Neid zwischen den Alterskohorten evoziert.

Alternde Gemeinden sind stärker auf die Aktivierung des lokalen Sozialkapitals angewiesen, als Gemeinden mit hohem Geburtenüberschuss und ausreichendem Abwanderungspotential. Es ist eventuell kein Zufall, dass in Gemeinden vor dem demographischen Übergang paternalistische Beziehungsformen und autoritäre Machtverhältnisse typisch und relativ stabil sind. Demographische Stabilisierung und Langlebigkeit erfordert zunächst demokratische und sozialpolitische Umverteilungen, später zivilgesellschaftliche Selbstbestimmung und hohes Sozialkapital, um für individuelle Wahlhandlungen als Investition in das lokale Umfeld und seine Netzwerke genügend Attraktivität bereitstellen zu können.

In einem populären sowjetischen Comic ließ ein flinker Hase einen dummen Wolf regelmäßig „*alt aussehen*", der als *running gag* immer wieder droht: „*Ну, погоди!*" (Nu, pogodi!). Das heißt frei übersetzt „Na warte!" oder „Du wirst schon sehen, ich krieg' Dich noch". Was droht aber Dörfern mit negativer ökonomischer Lage? Der Wolf aus dem Comic würde mit demographischen Prognosen drohen. Witziger Weise sahen wir oben, dass es in demographischen (bzw. *demographistischen*) Prognosen gerade umgekehrt ist.

Es gibt mindestens zwei relevante Alternativen, wie ländliche periphere Regionen auf den demographischen Wandel reagieren können. Entweder werden die Einwohner als *„Betroffene der Planung"* als passives Kaninchen gedeutet, dass insgesamt höchst vulnerabel, aus Angst vor dem Wolf in Schockstarre gefallen, jeglicher eigenen Entscheidungsfähigkeit enthoben ist und dementsprechend geschützt werden muss. Eine solche alternde Dorfbevölkerung muss schließlich als demographische Verschiebemasse administrativ verplant oder den Ideologien der „Kümmerern" aller Couleur überlassen werden. Andererseits könnten die Bürger wie der Hase im Comic gedacht werden. Ihnen würde neben ihrer Lebenserfahrung auch Anpassungsfähigkeit, alternatives Denken und kreative Lösungen zugetraut werden, was ihnen sinnbildlich ermöglichen würde, *mit dem Wolf Bowling zu spielen*. Dies müsste allerdings z. B. durch neue Formen von Community Organizing unterstützt und gefördert werden. Solange eher weniger sichtbare, aber nachhaltige Erfolge an der Basis nicht analytisch erkannt und politisch Wert geschätzt werden, wächst die Angst vor der Alterung und endogene Potenziale langlebiger Gemeinden bleiben brach liegen.

6 Literatur

Abel, W. (1967). *Wüstungen in Deutschland*. Stuttgart: Fischer.

Albert, H. (1957). Theorie und Prognose in den Sozialwissenschaften. *Schweizerische Zeitschrift für VolksWirtschaft und Statistik, 93*, 60-76.

Bade, K. J. (2004). Die deutsche überseeische Massenauswanderung im 19. und frühen 20. Jahrhundert: Bestimmungsfaktoren und Entwicklungsbedingungen. In K. J. Bade, M. Bommes, und J. Oltmer (Hrsg.), *Sozialhistorische Migrationsforschung. Studien zur historischen Migrationsforschung* (S. 303-344). Göttingen: Vandenhoek & Ruprecht.

Belwe, K. (2006). Editorial. *Aus Politik und Zeitgeschichte, 37*, 2.

Beyer, W., und Zupp, W. (2002). Langfristige Bevölkerungsentwicklung Brandenburger Städte bis zum Jahre 2040. *Raumforschung und Raumordnung (RuR), 60*(2), 89-99.

Birg, H. (2005). *Die demographische Zeitenwende. Der Bevölkerungsrückgang in Deutschland und Europa* . München: Beck.

Bohler, K. F., und Hildenbrand, B. (1997). *Landwirtschaftliche Familienbetriebe in der Krise*. Münster: Lit Verlag.

Brauer, K. (1999). „Eigenes Leben" ohne „Dasein für Andere"? Individualisierung in gemeinschaftlichen Kontexten. In C. Honegger, S. Hradil, und F. Traxler (Hrsg.), *Grenzenlose Gesellschaft? 29. Kongress der Deutschen Gesellschaft für Soziologie, 16. Österreichischer Kongress für Soziologie, 11. Kongress der Schweizerischen Gesellschaft für Soziologie in Freiburg im Breisgau 1998* (S. 273-289). Opladen: Leske + Budrich.

Brauer, K. (2005). *Bowling together: Clan, Clique, Community und die Strukturprinzipien des Sozialkapitals*. Wiesbaden: VS Verlag für Sozialwissenschaften.

Brauer, K. (2006). Integration durch Differenz? Zur zivilgesellschaftlichen Aneignungen von Sozialräumen durch Engagement. In K.-S. Rehberg (Hrsg.), *Soziale Ungleichheit, Kulturelle Unterschiede: Verhandlungen des 32. Kongresses der Deutschen Gesellschaft für Soziologie in München 2004* (S. 356-375). Frankfurt: Campus.

Brauer, K. (2010). Ageism: Fakt oder Fiktion? In K. Brauer, und W. Clemens (Hrsg.), *Zu alt? „Ageism" und Altersdiskriminierung auf Arbeitsmärkten* (S. 21-60). Wiesbaden: VS Verlag für Sozialwissenschaften.

Bretz, M. (2002). Treffsicherheit von Bevölkerungsvorausberechnungen. In Bundesinstitut für Bevölkerungsforschung (Hrsg.), *Vorträge auf der gemeinsamen Sitzung des Arbeitskreises "Bevölkerungswissenschaftliche Methoden" der Deutschen Gesellschaft für Bevölkerungswissenschaft und des Ausschusses für Regionalstatistik der Deutschen Statistischen Gesellschaft im Rahmen der Statistischen Woche in Nürnberg am 26./27. September 2000* (S. 1-38). Wiesbaden: Statistisches Bundesamt.

Bryant, T. (2007). Von der »Vergreisung des Volkskörpers« zum »demographischen Wandel der Gesellschaft«. Geschichte und Gegenwart des deutschen Alterungsdiskurses im 20. Jahrhundert. In J. Brunner (Hrsg.), *Demographie - Demokratie – Geschichte. Deutschland und Israel* (S. 110–127). Göttingen: Wallenstein.

Bucher, H., und Schlömer, C. (2009). Alterung und soziale Netze in den ländlichen Räumen. Eine Abschätzung künftiger demographischer Potenziale. In Bundesministerium für Verkehr, Bau und Stadtentwicklung (BMVBS) und Bundesinstitut für Bau-, Stadt- und Raumforschung (BBSR) im Bundesamt für Bauwesen und Raumordnung

(BBR) (Hrsg.), *Ländliche Räume im demografischen Wandel* (S. 45-52). Bonn: Bundesministerium für Verkehr, Bau und Stadtentwicklung (BMVBS) und Bundesinstitut für Bau-, Stadt- und Raumforschung (BBSR) im Bundesamt für Bauwesen und Raumordnung (BBR).

Bundesministerium für Ernährung, Landwirtschaft und Verbraucherschutz (2010). *Die deutsche Landwirtschaft – Leistungen in Daten und Fakten*. Berlin: Bundesministerium für Ernährung, Landwirtschaft und Verbraucherschutz.

Burgdörfer, F. (1929a). *Der Geburtenrückgang und seine Bekämpfung. Die Lebensfrage des deutschen Volkes*. Berlin: Schoetz.

Burgdörfer, F. (1929b). *Vom Leben und Sterben unseres Volkes* (Vol. 88, Soziale Zeitfragen. Beiträge zu den Kämpfen der Gegenwart). Berlin: Uwe Berg Verlag.

Burgdörfer, F. (1932). *Volk ohne Jugend. Geburtenschwund und Überalterung des deutschen Volkskörpers: Ein Problem der deutschen Volkswirtschaft, der Sozialpolitik, der nationalen Zukunft*. Berlin: Kurt Vorwinckel.

Burgdörfer, F. (1933). *Zurück zum Agrar-Staat? Stadt und Land in volksbiologischer Betrachtung. Dynamische Grundlinien künftiger deutscher Agrar-, Siedlungs-, Wohnungs- und Wirtschaftspolitik*. Berlin: Kurt Vorwinckel.

Coleman, J. S. (1988). Social capital in the creation of human capital. *American Journal of Sociology, 94*, 95-120.

Dienel, C. (1995). *Kinderzahl und Staatsräson: Empfängnisverhütung und Bevölkerungspolitik in Deutschland und Frankreich bis 1918*. Münster: Westfälisches Dampfboot.

Dusch, C. (2010). *Staat und Strafe. Eine Studie zum Verhältnis von Staats- und Straftheorie bei Thomas Hobbes und Immanuel Kant*. Dissertation. Freiburg im Breisgau: Albert-Ludwigs-Universität.

Eckstein, S. (2001). Community as Gift-Giving: Collective Roots of Volunteerism. *American Sociological Review, 66*(6), 829-851.

Halbwachs, M. (1967). *Das kollektive Gedächtnis*. Stuttgart: Enke.

Haug, S. (1997). Soziales Kapital. Ein kritischer Überblick über den aktuellen Forschungsstand. *Arbeitspapiere Arbeitsbereich II* 15. Mannheim: Mannheimer Zentrum für Europäische Sozialforschung (MZES).

Hinsdale, M. A., Lewis, H. M., und Waller, M. S. (1995). *It Comes from the People. Community Development and Local Theology*. Philadelphia: Temple University Press.

Hirschman, A. O. (1992). *Denken gegen die Zukunft. Die Rhetorik der Reaktion*. München: Hanser.

Höffe, O. (1981). Widersprüche im Leviathan. Zum Gelingen und Versagen der Hobbesschen Staatsbegründung. In O. Höffe (Hrsg.), *Thomas Hobbes: Anthropologie und Staatsphilosophie* (S. 113-142). Freiburg/Schweiz: Universitäts Verlag.

Hradil, S. (2010). Bürgerbeteiligung und demografischer Wandel. In U. Sarcinelli, J. W. Falter, G. Mielke, und B. Benzner (Hrsg.), *Politik in Rheinland-Pfalz. Gesellschaft, Staat und Demokratie* (S. 114-123). Wiesbaden: VS Verlag für Sozialwissenschaften.

Ilien, A., und Jeggle, U. (1978). Die Dorfgemeinschaft als Not- und Terrorzusammenhang. Ein Beitrag zur Sozialgeschichte des Dorfes und Sozialpsychologie seiner

Bewohner. In H. G. Wehling (Hrsg.), *Dorfpolitik. Fachwissenschaftliche Analysen und didaktische Hilfen* (S. 38-53). Opladen: Leske+Budrich.

Jacobs, J. (1961). *The death and life of great American cities*. New York: Random House.

Kocka, J. (1990). *Arbeitsverhältnisse und Arbeiterexistenzen. Grundlagen der Klassenbildung im 19. Jahrhundert. Geschichte der Arbeiter und der Arbeiterbewegung in Deutschland seit dem Ende des 18. Jahrhunderts*. Bonn: J. H. W. Dietz Nachfolger.

Konietzka, D., und Kreyenfeld, M. (2004). Angleichung oder Verfestigung? Geburtenentwicklung und Familienformen in Ost- und Westdeutschland. *Berliner Debatte Initial, 15*(4), 26-41.

Kraimer, K., Müller-Kohlenberg, H., und von Kardorff, E. (1994). *Laien als Experten. Eine Studie zum sozialen Engagement im Ost- und Westteil Berlins*. Frankfurt: Peter Lang.

Kühn, H. (2004). Demographischer Wandel und demographischer Schwindel. Zur Debatte um die gesetzliche Krankenversicherung. *Blätter für deutsche und internationale Politik,* (6), 742-751.

Land, R., und Willisch, A. (2006). Die Probleme mit der Integration. In H. Bude, und A. Willlisch (Hrsg.), *Das Problem der Exklusion. Ausgegrenzte, Entbehrliche, Überflüssige*. Hamburg: Hamburger Edition.

Lutz, B. (1984). *Der kurze Traum immerwährender Prosperität. Eine Neuinterpretation der industriell-kapitalistischen Entwicklung im Europa des 20. Jahrhunderts*. Frankfurt: Campus.

Maretzke, S., und Weiß, W. (2009). Demografische Herausforderungen Ländlichster Räume. In Bundesministerium für Verkehr, Bau und Stadtentwicklung (BMVBS) und Bundesinstitut für Bau-, Stadt- und Raumforschung (BBSR) (Hrsg.), *Ländliche Räume im demografischen Wandel* (S. 33-44). Bonn: Bundesministerium für Verkehr, Bau und Stadtentwicklung (BMVBS) und Bundesinstitut für Bau-, Stadt- und Raumforschung (BBSR) im Bundesamt für Bauwesen und Raumordnung (BBR).

Masius, P., und Sprenger, J. (2012). Die Geschichte vom bösen Wolf – Verfolgung, Ausrottung und Wiederkehr. *Natur und Landschaft, 87*(1), 11-16.

Mazenauer, B., und Perrig, S. (1998). *Wie Dornröschen seine Unschuld gewann. Archäologie der Märchen*. München: Kiepenheuer.

Neu, C., Baade, K., Berger, P. A., Buchsteiner, M., Ewald, A., Fischer, R., et al. (2007). *Daseinsvorsorge im peripheren ländlichen Raum am Beispiel der Gemeinde Galenbeck. Studie der Universität Rostock, mit Unterstützung des Ministeriums für Landwirtschaft, Umwelt und Verbraucherschutz Mecklenburg-Vorpommern. Ländliche Entwicklung in Mecklenburg-Vorpommern*. Rostock: Universität Rostock, Ministerium für Landwirtschaft, Umwelt und Verbraucherschutz Mecklenburg-Vorpommern.

Paxton, P. (1999). Is social capital declining in the United States? A multiple indicator assessment. *American Journal of Sociology, 105*(1), 88-127.

Paxton, P. (2002). Social Capital and Democracy: An Interdependent Relationship. *American Sociological Review, 67*(2), 254-277.

Portes, A., und Landolt, P. (1996). The downside of social capital. *The American Prospect, 26*(May-June), 18-22.

Pötzl, N. (2006). Der Reiz der Leere. *SPIEGEL special, 2006*(8), 110-117.

Putnam, R. D. (1995). Bowling alone: America´s Declining Social Capital. *Journal of Democracy, 6*(1), 65-78.

Putnam, R. D., Leonardi, R., und Nanetti, R. Y. (1993). *Making democracy work: Civic traditions in modern Italy*. Princeton, New Jersey: Princeton University Press.

Rademacher, C. (2013). *Deutsche Kommunen im Demographischen Wandel.* Wiesbaden: Springer VS.

Ringel, F. (2010). Hoytopia allerorten? Von der Freiheit zu bleiben. *Aus Politik und Zeitgeschichte – Beilage zur Wochenzeitung Das Parlament, 2010*(30-31).

Schlüter, C., und Clausen, L. (Hrsg.) (1990). *Renaissance der Gemeinschaft? Stabile Theorie und neue Theoreme*. Berlin: Duncker & Humblot.

Schroeter, K. R., und Künemund, H. (2010). „Alter" als Soziale Konstruktion – eine soziologische Einführung. In K. Aner, und U. Karl (Hrsg.), *Handbuch Soziale Arbeit und Alter* (S. 393-401). Wiesbaden: Verlag für Sozialwissenschaften.

Schulman, M. M., und Anderson, C. (1999). The dark side of the force: A case study of re-structuring and social capital. *Rural Sociology, 64*(3), 351-372.

Sontheimer, M. (2006). Lange braune Schatten. *SPIEGEL spezial, 2006*(8), 56-59.

Steinberg, J., und Doblhammer-Reiter, G. (2010). Demografische Bevölkerungsprognosen: Theoretische Grundlagen, Annahmen und Vorhersagesicherheit. *Bundesgesundheitsblatt – Gesundheitsforschung – Gesundheitsschutz, 53*(5), 393-403.

Tönnies, F. (1887). *Gemeinschaft und Gesellschaft. Abhandlung des Communismus und des Socialismus als empirischer Culturformen*. Leipzig: Fues.

II Zentrale Problemfelder

Mobilität im höheren Lebensalter in ländlichen Gebieten: Probleme und Lösungsansätze

Maria Limbourg

1 Einleitung

Zu einer selbstständigen und unabhängigen Lebensführung gehört die Möglichkeit, räumlich mobil zu sein. Die Einschränkung der Mobilitätsmöglichkeiten wird (nicht nur) von älteren Menschen als ein einschneidendes Lebensereignis empfunden – verbunden mit dem Verlust von Lebensqualität, Autonomie und Freiheit (Hieber et al. 2006, Limbourg und Matern 2009). Die Antizipation von Mobilitätseinschränkungen und deren Bewältigung stellt eine zentrale Entwicklungsaufgabe im höheren Lebensalter dar. Aufgabe der Gesellschaft sollte in diesem Zusammenhang sein, ältere Menschen bei der Bewältigung ihrer Mobilitätsprobleme zu unterstützen und die Umwelt so zu gestalten, dass sie so lange wie möglich mobil bleiben können.

Die Mobilitätsmöglichkeiten älterer Menschen sind sowohl von individuellen Faktoren als auch von Umweltfaktoren abhängig. Zu den individuellen Faktoren zählen körperliche und geistige Fähigkeiten und Fertigkeiten, der Gesundheitszustand und die zur Verfügung stehenden ökonomischen Ressourcen. Die Umweltfaktoren schließen sowohl das soziale Umfeld (Familie, Freunde, Nachbarn usw.) als auch das räumliche Umfeld (Wohnumfeld, Verkehrsinfrastruktur, geografische Gegebenheiten, Klima usw.) ein.

Da in ländlichen Gebieten die zurückzulegenden Entfernungen häufig groß sind und die Vielfalt der Mobilitätsangebote – besonders die des öffentlichen Verkehrs – oft begrenzt ist, stellt das Autofahren eine besonders wichtige Mobilitätsform für ältere Menschen dar. Die Notwendigkeit der Aufgabe des Autofahrens im höheren Lebensalter aufgrund von körperlichen und/oder geistigen Beeinträchtigungen stellt die betroffenen Menschen in ländlichen Gebieten vor große Probleme, da in solchen Regionen häufig kaum andere Möglichkeiten als das Autofahren zur Aufrechterhaltung einer selbstständigen Mobilität vorhanden sind. Aus diesem Grund sind ältere Menschen – und darunter besonders häufig Frauen – in ländlichen Gebieten mit ihren Mobilitätsmöglichkeiten unzufriedener als in den Städten (Mollenkopf et al. 2004, S. 51 f.).

Im ersten Teil dieses Beitrags werden die aktuellen Mobilitätsprobleme älterer Menschen in unserem Lande – und besonders in ländlichen Gebieten – beschrieben. Im Anschluss daran wird auf die Entwicklung der mobilitätsrelevanten physischen und psychischen Fähigkeiten und Fertigkeiten im höheren Lebensalter als Voraussetzung für die Verkehrsteilnahme eingegangen. Im letzten Teil des Beitrags werden Ansätze zur Verbesserung der Mobilitätsbedingungen und zur Bewältigung der aus den Leistungsminderungen resultierenden Mobilitätseinschränkungen für diese Altersgruppe vorgestellt.

2 Mobilitätsverhalten im höheren Lebensalter

Das Mobilitätsverhalten der Menschen verändert sich im Laufe des Lebens. So steigt die Verkehrsleistung (täglich zurückgelegte Kilometerzahl) in Deutschland von durchschnittlich 24 km bei jüngeren Kindern mit dem Wechsel zu den weiterführenden Schulen auf 30 km an. Vom 18. bis zum 50. Lebensjahr erreicht die durchschnittliche tägliche Wegestrecke die höchsten Werte (53 km pro Tag). Ab dem 50. Lebensjahr vermindern sich die Tagesdistanzen bis auf durchschnittlich 16 km am Tag für die über 74-jährigen älteren Menschen – mit deutlichen geschlechtsspezifischen Unterschieden (Follmer et al. 2010, S. 75 ff.; vgl. auch Tabelle 1).

Tabelle 1: Mobilität nach Altersgruppen im Jahr 2008

Alter	Unterwegs in Minuten		Tagesstrecke in Kilometer	
	männlich	weiblich	männlich	weiblich
40 bis 49	88	82	62	40
50 bis 59	85	78	57	32
60 bis 64	85	80	37	33
65 bis 74	87	75	33	23
75 und älter	69	50	20	12

Quelle: Follmer et al. 2010, S. 80.

Bei der Betrachtung der Verkehrsbeteiligung nach der Dauer des Aufenthaltes im Verkehr (Unterwegszeit) erhalten die langsamen Verkehrsarten ein höheres Gewicht. So legt ein Fußgänger auf seinen Wegen zwar wenige Kilometer zurück, verbringt dabei aber eine längere Zeit im Straßenverkehr (ca. 15 Minuten pro km) als z. B. ein Autofahrer für die gleiche Distanz.

Die Unterschiede zwischen den Altersgruppen sind bei der Verkehrsbeteiligungsdauer nicht so groß wie bei der Verkehrsleistung (Follmer et al. 2010, S. 75; vgl. auch Tabelle 1). So verbringen 40- bis 74-Jährige durchschnittlich 80 bis 86 Minuten pro Tag im Straßenverkehr. Erst bei den über 74-jährigen älteren Menschen reduziert sich die Unterwegszeit auf 58 Minuten pro Tag.

Die Mobilität verändert sich im höheren Lebensalter sowohl quantitativ als auch qualitativ (vgl. Tabelle 2). Ältere Verkehrsteilnehmerinnen und -teilnehmer ab 60 Jahren legen deutlich weniger Wege als Selbstfahrerin bzw. -fahrer eines Autos zurück und gehen häufiger zu Fuß als unter 60-Jährige. Die Prozentzahl der Wege als Pkw-Mitfahrerin bzw. -Mitfahrer und als Nutzerin bzw. Nutzer des öffentlichen Verkehrs erhöht sich im höheren Lebensalter nur leicht. Die Prozentzahl der Radwege steigt ab einem Lebensalter von 60 Jahren leicht und nimmt ab 75 Jahren wieder ab.

Tabelle 2: Modal Split (Verkehrsaufkommen in Prozent der Wege) nach Altersgruppen in Prozent, 2008

Alter	Fußgänger	Radfahrer	Pkw-Fahrer	Pkw-Mitfahrer	Öffentlicher Verkehr
40 bis 49	18	9	59	8	5
50 bis 59	20	9	55	10	6
60 bis 64	26	11	47	11	5
65 bis 74	32	10	39	12	6
75 und älter	38	7	31	12	11

Quelle: Follmer et al. 2010, S. 77.

Im höheren Lebensalter verringert sich der Anteil mobiler Personen von 83 % bei den 60- bis 64-Jährigen und von 81 % bei den 65- bis 74-Jährigen auf 58 % bei den über 74-jährigen Älteren, und auch die durchschnittliche Anzahl der Wege wird geringer (60-64 Jahre: 3,5 Wege; 65-74 Jahre: 3,2 Wege; über 74 Jahre: 2,3 Wege (Follmer et al. 2010, S. 75).

Insgesamt 11 % der über 60-jährigen älteren Menschen nutzen beim Zu-Fuß-Gehen eine Gehhilfe (Gehstock, Rollator, Regenschirm) – Frauen häufiger als Männer (Limbourg und Matern 2009, S. 125 ff.). Der Anteil vergrößert sich mit zunehmendem Alter und liegt bei den Über-85-Jährigen bei 50 %. Wird eine Gehhilfe erforderlich, so ist dies bei jedem zweiten älteren Menschen mit einer Reduzierung des Zufußgehens verbunden.

Auch wenn Gehhilfen altersbedingte und gesundheitliche Beeinträchtigungen zumindest teilweise kompensieren, sind die betroffenen älteren Menschen dennoch im besonderen Maße den Gefahren des Straßenverkehrs ausgesetzt. Neben den körperlichen Einschränkungen sind sie durch die Gehhilfe zusätzlich belastet und weniger beweglich, etwa um in Gefahrensituationen schnell reagieren zu können. Je mehr Barrieren der Verkehrsraum aufweist und je mehr Gefahren vom Straßenverkehr ausgehen, desto mehr wirken sich die Nachteile einer Gehhilfe aus.

Das Mobilitätsverhalten älterer Menschen wird auch durch den Eintritt in das Rentenalter beeinflusst. Durch den Wegfall der Arbeitswege reduziert sich die jährliche Wegezahl auf ca. 950, während berufstätige Personen ca. 1.500 Wege pro Jahr zurücklegen. Rentner-Wege sind hauptsächlich Freizeitwege (350) und Einkaufswege (ca. 300). Weitere ca. 200 Wege werden für private Erledigungen aller Art zurückgelegt (Follmer et al. 2010, S. 75). Auch die Verkehrsleistung ist bei Rentnern geringer als bei den meisten anderen Bevölkerungsgruppen. Während berufstätige Bevölkerungsgruppen zwischen 34 und 65 km pro Tag zurücklegen, sind es bei Rentnern nur 24 km pro Tag (Follmer et al. 2010, S. 82).

Ältere Menschen besitzen zunehmend häufiger einen Pkw-Führerschein: Im Jahr 2008 waren es bereits 90 % der 60- bis 64-Jährigen, 82 % der 65- bis 74-Jährigen und 63 % der über 74-Jährigen (Follmer et al. 2010, S. 70). In den kommenden Jahren wird der Führerscheinbesitz im höheren Lebensalter mit etwa 96 % der Prozentzahl der jetzt 40- bis 49-Jährigen entsprechen. In ländlichen Gebieten besitzen mehr ältere – und auch mehr jüngere – Menschen einen Führerschein als in städtischen Gebieten (Oeltze et al. 2007). Einen Pkw besitzen 95 % der 60- bis 65-jährigen und 78 % der über 65-jährigen Männer. Bei den Frauen sind diese Zahlen geringer (30 % und 15 %).

Ältere Menschen ab 65 Jahren legen als Pkw-Fahrerin bzw. -Fahrer mit durchschnittlich ca. 5.000 km pro Jahr deutlich weniger Kilometer zurück als jüngere Altersgruppen (30 bis 39 Jahre: 15.000 km, 50 bis 59 Jahre: 11.400 km) (Shell Deutschland Oil 2004).

3 Verkehrsunfälle älterer Menschen

Obwohl die Anzahl der älteren Menschen in unserer Gesellschaft stetig zunimmt, gehen die Verkehrsunfallzahlen in dieser Altersgruppe langfristig kontinuierlich zurück (Statistisches Bundesamt 2012, S. 6). Im Jahr 2011 verunglückten allerdings insgesamt 45.388 Personen im Alter von 65 oder mehr Jahren im Straßenverkehr, das waren 12,1 % mehr als im Vorjahr. Davon wurden 32.788 Personen leicht und 11.556 schwer verletzt. Die Anzahl der getöteten älteren Menschen ist gegenüber 2010 um ca. 15 % auf 1.044 im Jahr 2011 gestiegen (Fußgänger:305, Radfahrer: 210, Pkw-Insassen: 439, Sonstige: 90) (Statistisches Bundesamt 2012, S. 13).

Je 100.000 Einwohner im Alter von mindestens 65 Jahren sind 304 Personen im Straßenverkehr verunglückt. Damit ist das bevölkerungsbezogene Unfallrisiko der älteren Menschen im Vergleich zum Durchschnitt der Gesamtbevölkerung mit 485 Verunglückten je 100.000 Einwohner etwa ein Drittel geringer (Statistisches Bundesamt 2012, S. 5).

Mit den oben genannten Unfallzahlen stellen ältere Menschen 11,5 % aller Verunglückten dar, obwohl ihr Anteil an der Bevölkerung bei 20,6 % liegt. Ihr Anteil an den Todesopfern ist allerdings deutlich höher und lag im Jahr 2010 bei 26,0 % (Statistisches Bundesamt 2012, S. 5). Besonders hoch ist der Anteil getöteter älterer Menschen bei Radfahrern (52,6 %) und bei Fußgängern mit annähernd 50 % (Statistisches Bundesamt 2012, S. 8). Das bedeutet, dass im Jahr

2011 jeder zweite getötete Radfahrer oder Fußgänger eine Person im Alter von 65 und mehr Jahren war. Bei den getöteten Pkw-Insassen liegt der Anteil älterer Menschen (ab 65 Jahren) bei etwa 25 % und liegt damit etwas über dem Bevölkerungsanteil dieser Altersgruppe (vgl. auch Kubitzki und Janitzek 2011).

Auch die Gefahr, bei einem Unfall schwere Verletzungen zu erleiden, ist für ältere Menschen größer als für jüngere. So wurden 25,5 % der verunglückten älteren Menschen schwer verletzt, der Anteil bei den Unter-65-Jährigen war mit 16,4 % deutlich geringer (Statistisches Bundesamt 2012, S. 6). Hierin spiegelt sich zum einen die mit zunehmenden Alter nachlassende physische Widerstandskraft wider, zum anderen ist das höhere Todesrisiko durch die Art der Verkehrsteilnahme bedingt: Ältere Menschen nehmen häufiger als Fußgänger am Verkehr teil und sind daher einem größeren Risiko ausgesetzt, bei einem Unfall schwerwiegende Verletzungen zu erleiden.

In ländlichen Gebieten ist das bevölkerungsbezogene Risiko für ältere Menschen, im Straßenverkehr getötet oder schwer verletzt zu werden, deutlich höher als in den Städten (Holz-Rau und Scheiner 2009). So war die Anzahl der Getöteten im Alter von 65 und mehr Jahren je 100.000 Einwohner der Altersgruppe in Niedersachsen (Jahre 1998 bis 2007) in den Kernstädten 4,7 und in den ländlichen Kreisen 14,0. Die Anzahl der Schwerverletzten je 100.000 Einwohner lag für die Kernstädte bei 51 und für ländliche Gebiete bei 86. Nur die Anzahl der Leichtverletzten je 100.000 Einwohner war in der Stadt (295) höher als auf dem Lande (207). Diese Erkenntnisse gelten nicht nur für ältere Menschen, sondern für alle Altersgruppen – vom Kind bis zum Senior. In ländlichen Gebieten sind die Verkehrsunfälle schwerer als in den Städten.

Die vorliegenden unfallanalytischen Studien deuten an, dass das verkehrsleistungsbezogene Unfallrisiko (Verunglückte je Million zurückgelegter Kilometer) für ältere Autofahrerinnen und -fahrer ab einem Alter von ca. 75 Jahren zunimmt (Holte 2007, S. 165).

4 Psychophysische Leistungsfähigkeit im höheren Lebensalter

Die Mobilität älterer Menschen wird nicht nur durch ihre Mobilitätsbedürfnisse und -wünsche gesteuert, sondern auch von den Veränderungen verkehrsrelevanter psychophysischer Kompetenzen im höheren Lebensalter beeinflusst. Der menschliche Alterungsprozess kann mit einer Reihe von physischen und psychischen Kompetenzeinbußen einhergehen, von denen einige für die Teilnahme am Straßenverkehr besonders problematisch sind (Cohen 2008, Engeln und Schlag 2008, Falkenstein und Sommer 2008, Kocherscheid und Rudinger 2005, Rinkenauer 2008):

- Einschränkungen der psychomotorischen Leistungsfähigkeit und der Beweglichkeit,
- Abnahme der visuellen Wahrnehmungsfähigkeit durch Nachlassen des Sehvermögens (bei Dämmerung und Dunkelheit, Fern-, Nah- und Tagessehschärfe, dynamische Sehschärfe, Akkomodationsfähigkeit (nah/fern), Adaptationsfähigkeit (hell/dunkel, nach Blendung), peripheres Sehen, Farbwahrnehmung, Tiefenwahrnehmung, Augenerkrankungen - als schleichender Prozess, oft unzureichend bewusst),
- Abnahme der akustischen Wahrnehmungsfähigkeit durch Nachlassen des Hörvermögens,
- Veränderung der Aufmerksamkeitsleistung (Verringerung der Fähigkeit zu geteilter und selektiver Aufmerksamkeit und zur Ausblendung irrelevanter Informationen, erhöhte Ablenkbarkeit),
- Nachlassendes Leistungstempo bei der Informationsverarbeitung, der Entscheidung und bei der Ausführung einer geplanten Handlung,
- Häufigere Überforderung bei neuen, hohen und komplexen Leistungsanforderungen,
- Verringerte Belastungsfähigkeit,
- Schnellere Ermüdbarkeit,
- Verlängerte Reaktionszeit.

Ältere Menschen verlieren zudem in komplexen Verkehrssituationen schneller den Überblick als jüngere Verkehrsteilnehmer (Gerlach et al. 2007). So waren Vorfahrtsfehler die häufigste Ursache von Unfällen älterer Autofahrer ab 65 Jahren (18,5 %). Es folgte die Unfallursache Abbiegen, Wenden, Rückwärtsfahren, Ein- und Anfahren mit 17,2 %. Diese beiden Unfallursachen wurden Senioren wesentlich häufiger angelastet als Pkw-Fahrern jüngerer Altersgruppen. Dagegen spielten Abstandsfehler (8,0 %), nicht angepasste Geschwindigkeit (4,9 %), Falsches Verhalten gegenüber Fußgängern (5,8 %), falsche Straßenbenutzung (3,3 %), Fehler beim Überholen (2,5 %) sowie Alkoholeinfluss (0,9 %) relativ zu den anderen Altersklassen eine geringere Rolle (Statistisches Bundesamt 2012: 1).

Die oben beschriebenen Leistungsverluste können bereits im mittleren Lebensalter auftreten, sie können sich aber auch erst im hohen Alter zeigen (Schaie 2005). Die Altersspanne für das Auftreten von Kompetenzeinbußen im höheren Lebensalter ist so groß, dass sich keine konkreten Altersangaben für das Nachlassen der betroffenen Kompetenzen machen lassen. Der Alterungsprozess wird in diesem Bereich von vielen Faktoren (z. B. Gesundheitszustand, Fitness, kognitive Beanspruchung, Training) beeinflusst. Da diese Faktoren bei älteren Menschen sehr unterschiedlich ausgeprägt sind, kommt es zu einer großen Variationsbreite der psychophysischen Leistungsfähigkeit im höheren Lebensalter (Wahl et al. 2008).

Leistungseinbußen treten nicht zwangsläufig bei allen älteren Menschen auf. Bei einem Teil der Älteren bleibt die Leistungsfähigkeit weitgehend konstant, bei einem weiteren Teil kommt es im Alter sogar zu einer Verbesserung der Leistungsfähigkeit (Jäncke 2005, Schaie 2005). Im Allgemeinen sind Altersunterschiede in der Leistungsfähigkeit in Bereichen mit hoher Vertrautheit und Automatisierung geringer als bei neuen Aufgaben (Park und Gutschess 2000, Wahl et al. 2008). Für die Verkehrsteilnahme älterer Menschen bedeutet dies, dass sich Erfahrung und Geübtheit als Fußgänger, Radfahrer, Autofahrer und Nutzer des öffentlichen Personennahverkehrs (ÖPNV) unfallrisikomindernd auswirken.

Diese Erkenntnis kann für die Gruppe der älteren aktiven Autofahrenden mit Unfallforschungsergebnissen untermauert werden: Die Höhe des Unfallrisikos im höheren Lebensalter hängt auch mit der Fahrleistung zusammen. Ältere Personen, die weniger als 3.000 km pro Jahr mit dem Pkw fahren, haben ein höheres Unfallrisiko als Ältere, die über 14.000 km pro Jahr zurücklegen (Langford et al. 2006). Bei der Interpretation der Ergebnisse muss allerdings bedacht werden, dass ältere Menschen mit Leistungsdefiziten häufig ihre Fahrleistung reduzieren und weniger als 3.000 km pro Jahr zurücklegen, während gesunde und leistungsfähige Ältere häufiger Auto fahren bzw. längere Strecken zurücklegen (Limbourg und Matern 2009).

Die Ergebnisse der verkehrspsychologischen Forschungsarbeiten zur Mobilität im höheren Lebensalter zeigen, dass ältere Menschen durchaus in der Lage sind, vielfältige Strategien anzuwenden, um ihre altersbedingten Leistungseinbußen zu kompensieren und so ihre Mobilität risikoärmer zu gestalten (Kocherscheid und Rudinger 2005, Engeln und Schlag 2008). So wählen ältere Menschen Zeiten, Orte und Umstände ihrer Verkehrsteilnahme gezielt aus, um Überforderungssituationen im Verkehr zu vermeiden. Sie meiden Fahrten bei Eis- und Schneeglätte oder Dunkelheit, fahren nur bekannte Strecken und wählen für ihre Fahrten die verkehrsärmeren Tageszeiten aus.

Auch im höheren Lebensalter können Handlungsmöglichkeiten durch Übung optimiert werden. Die vorliegenden Forschungsarbeiten zeigen, dass ein gezieltes Training die kognitive Leistungsfähigkeit bis in ein sehr hohes Lebensalter steigern kann (Martin und Kliegel 2005, Schaie 2005). Solche Trainings können z. B. im Rahmen von Schulungsprogrammen für Fußgänger, Radfahrer, Autofahrer und Bus- und Bahn-Nutzer durchgeführt werden (Kocherscheid und Rudinger 2005). Angebote in diesem Bereich erleichtern auch den Umstieg von einer Mobilitätsform zur anderen, z. B. vom Auto zum öffentlichen Verkehr.

Bedeutenden Einfluss auf die Leistungsfähigkeit älterer Menschen im Strassenverkehr haben im Alter häufiger auftretende Erkrankungen und der damit verbundene Medikamentenkonsum.

Folgende Gesundheitsprobleme sind bei der Teilnahme von älteren Menschen am Straßenverkehr von Bedeutung (Allgemeiner Deutsche Automobil-

Club (ADAC) 1995, Ewert 2008, Holte 2005, Kocherscheid und Rudinger 2005):

- Herz-Kreislauferkrankungen (Bluthochdruck, Verengung der Herzkranzgefäße, Kreislaufschwäche, Kreislaufkollaps, Herzinfarkt, Schlaganfall),
- Stoffwechselerkrankungen (Diabetes, Hyperthyreose),
- Psychiatrische Alterskrankheiten (z. B. Depressionen, Morbus Alzheimer, Morbus Parkinson, Tumore),
- Erkrankungen des Bewegungsapparats (Arthrose, Rheuma).

Die oft sehr intensive Medikation älterer Menschen mit Analgetika (Schmerzmittel), Sedativa (Beruhigungsmittel), Hypnotika (Schlafmittel) und Psychopharmaka (z. B. Antidepressiva) ist für die Teilnahme am Straßenverkehr mit Risiken verbunden (Holte 2005, Wagner 1995). Durch diese Medikamente kann die Leistungsfähigkeit älterer Menschen im Verkehr stark beeinträchtigt werden.

Ältere Menschen konsumieren insgesamt 54 % aller Arzneimittel, obwohl ihr Anteil an der Bevölkerung (nur) 21 % beträgt. Auf den Einfluss von Medikamenten werden ca. 10 % bis 25 % der Unfälle im höheren Lebensalter zurückgeführt (Wagner 1995).

Eine weitere bedeutsame Problematik für die Verkehrssicherheit stellen die demenziellen Erkrankungen im höheren Lebensalter dar. Demenz beschreibt die Folgen einer meist chronischen Erkrankung, die mit einer Einschränkung der Gehirnfunktionen Gedächtnis, Denken, Orientierung, Lernfähigkeit und Sprach- und Urteilsvermögen einhergeht (Weyerer 2005). In der Medizin werden nach Krankheitsbild und Ursache mehrere Demenz-Formen unterschieden, von denen die Alzheimer-Demenz am häufigsten vorkommt (50 % der Erkrankungen). Als besonders kritisch ist dabei anzusehen, dass Demenzen die Selbstwahrnehmung der Erkrankten einschränken. An Demenz erkrankte Autofahrer neigen dazu, ihre Fahrkompetenz zu überschätzen, ihr Fahrverhalten weniger ihren eingeschränkten Fähigkeiten anzupassen und sind von sich aus seltener dazu bereit, das Autofahren aufzugeben (Holte 2007, S. 189 ff.).

Demenzen zählen zu den häufigsten psychischen Erkrankungen im Alter. Ihre Verbreitung wird in den verschiedenen westlichen Industrienationen auf eine Quote von 5 % bis 8 % für die über 65-Jährigen geschätzt (World Health Organization (WHO) 2012). Dabei steigt die Erkrankungswahrscheinlichkeit mit dem Alter stark an, die Prävalenz ab dem 90. Lebensjahr liegt bei etwa 30 % (Weyerer 2005, S. 11, Weyerer und Bickel 2007, S. 67). Medizinisch-psychologische Untersuchungen bei Autofahrern könnten helfen, Demenzerkrankungen früher zu diagnostizieren, um betroffenen Autofahrern auf der Basis einer fundierten psychologischen Fahreignungsdiagnostik Entscheidungshilfen für ihre Mobilitätswahl zu geben (Moser et al. 2012).

5 Lösungsansätze zur Verbesserung der Mobilitätsbedingungen für ältere Menschen

Zur Verbesserung der Mobilitätsbedingungen für ältere Menschen können vielfältige Maßnahmen geplant und umgesetzt werden (Schlag und Richter 2005):

- Verkehrsraumgestaltende und technische Maßnahmen,
- Legislative Maßnahmen, Kontrolle und Überwachung,
- Pädagogische und kommunikative Maßnahmen,
- Anreizsysteme.

Verkehrsraumgestaltende Maßnahmen haben in der Regel eine dauerhafte Wirksamkeit auf die Verbesserung der Mobilitätsbedingungen. So ist eine Aufpflasterung auf der Fahrbahn eine wirksame Möglichkeit, die Geschwindigkeit des Autoverkehrs nachhaltig zu reduzieren und eine Gehwegnase verbessert dauerhaft den Sichtkontakt zwischen motorisierten Verkehrsteilnehmern und zu Fuß gehenden Personen.

Auch technische Maßnahmen können die Mobilitätsbedingungen älterer Menschen verbessern. So können beispielsweise automatische Schaltgetriebe das Autofahren erleichtern; Lichtsignalanlagen an Fußgängerüberwegen können die Sicherheit von älteren Fußgängern beim Überqueren von Fahrbahnen erhöhen.

Einen weiteren Beitrag zur Verbesserung der Mobilitätsbedingungen älterer Menschen kann die Gesetzgebung leisten. So war die Einführung der Gurtpflicht für Pkw-Insassen ein wichtiger Beitrag zur Erhöhung der Sicherheit älterer Menschen im Fahrzeug und die Einrichtung von Tempo-30-Zonen verbesserte deutlich die Sicherheit von älteren Fußgängern in Wohngebieten.

Verkehrsvorschriften können allerdings nur dann wirksam werden, wenn sie eingehalten werden. Aus diesem Grund ist die polizeiliche Überwachung ihrer Einhaltung von großer Bedeutung. Insbesondere sind Verkehrsregeln, die eine Auswirkung auf die Sicherheit der Verkehrsteilnehmerinnen bzw. -teilnehmer haben, durch eine gezielte Überwachung und Sanktionierung durchzusetzen.

Durch Gestaltung, Technik, Regelung und Überwachung lassen sich viele, aber nicht alle Risiken und Gefahren im Straßenverkehr ausschalten. Aus diesem Grund sollten Menschen lernen, die Risiken im Straßenverkehr angemessen einzuschätzen und Gefahrensituationen zu vermeiden oder zu bewältigen. Pädagogische Maßnahmen können hierzu einen wichtigen Beitrag leisten.

Ein großes Problem bei der Umsetzung von pädagogischen Maßnahmen bei älteren Menschen ist die schlechte Erreichbarkeit der Zielgruppe. Ältere Menschen sind nur in einem geringen Umfang in Bildungsinstitutionen oder Betrieben zu finden. Die Ansprache dieser Altersgruppe in Altenheimen ist zwar möglich, aber viele der so erreichbaren älteren Menschen sind überhaupt nicht mehr in der Lage, am Straßenverkehr selbstständig teilzunehmen. Aus diesem Grund müssen für ältere mobilitätsaktive Menschen besondere Anspracheformen gefunden werden – beispielsweise mit erlebnispädagogischen Ansätzen (z. B. Kaffeefahrten, Theatervorstellungen, Sprach- oder Computerkurse, Gemeindefeste), mit TV-Sendungen oder über Ärzte – darunter besonders die Hausärzte älterer Menschen (Emsbach 2001, Kocherscheid et al. 2007, Henning 2008). Darüber hinaus können ältere Menschen auch über ihre noch die Schulen (und auch die Fahrschulen) besuchenden Enkelkinder erreicht werden (Limbourg und Matern 2009).

Eine wichtige Rolle im Rahmen des Mobilitätsmanagements spielen auch ökonomische Faktoren (Kosten-Nutzen-Überlegungen). Mit Hilfe von Anreizen können Menschen zur Veränderung ihres Mobilitätsverhaltens motiviert werden. So kann beispielsweise ein preisgünstiges Senioren-Ticket für den öffentlichen Verkehr ältere Autofahrer motivieren, auf öffentliche Verkehrsmittel umzusteigen.

Nur eine gut durchdachte Kombination von verkehrsplanerischen/technischen, legislativen/überwachenden und pädagogischen Maßnahmen wird die Mobilitätsbedingungen für ältere Menschen – und auch aller anderen Verkehrsteilnehmer – weiter verbessern können. Dabei reicht es nicht aus, nur einzelne Verkehrsteilnehmergruppen (z. B. die der Autofahrer) zu betrachten. Die verschiedenen Verkehrsarten interagieren im System Straßenverkehr miteinander. So können zum Beispiel Kreisverkehre die Sicherheit von älteren Autofahrern erhöhen, aber die von älteren Fußgängern und Radfahrern unter Umständen verringern. Andere Maßnahmen, wie z. B. die Verringerung der zulässigen Höchstgeschwindigkeit (Tempo 30, Verkehrsberuhigung) können die Sicherheit aller Verkehrsarten erhöhen. Eine systemische Betrachtungsweise darf auch bei der Entwicklung von Verkehrssicherheitsmaßnahmen für ältere Menschen nicht aus dem Blickfeld verloren gehen.

Ein wirksames Mobilitätsmanagement für ältere Menschen darf nicht nur auf die Gruppe der Über-65-Jährigen gerichtet sein. Auf Tatsachen und Besonderheiten des Älterwerdens müssen alle Menschen in unserer Gesellschaft vorbereitet werden. So müssen Autofahrer lernen, auf ältere Fußgänger und Radfahrer Rücksicht zu nehmen, und diese Rücksichtnahme muss auch im Rahmen der Verkehrsüberwachung durchgesetzt werden.

Die Verkehrssicherheitsarbeit für ältere Verkehrsteilnehmerinnen bzw. -teilnehmer sollte sich nicht nur an die älteren Menschen selbst und an die anderen Verkehrsteilnehmer richten, sondern auch Stadt- und Verkehrsplaner sowie die verkehrsüberwachenden Institutionen einbeziehen. Stadt- und Verkehrsplaner sollten die Bedürfnisse von älteren Menschen als Fußgänger, als Radfahrer, als Autofahrer und als Nutzer von Bussen und Bahnen kennen, damit sie einen Beitrag zu einer seniorengerechten Gestaltung von Wohngebieten und Verkehrsräumen leisten können.

Der Verkehrsraum sollte so gestaltet werden, dass die Risiken für Fußgänger und Radfahrer – nicht nur im höheren Lebensalter – minimiert werden. Vereinfachung und Verlangsamung des Verkehrs sind wirkungsvolle Möglichkeiten, älteren Menschen die Teilnahme am Straßenverkehr zu erleichtern. Eine seniorenfreundliche Stadt- und Verkehrsplanung leistet nicht nur einen Beitrag zur Erhöhung der Verkehrssicherheit älterer Menschen, sondern auch zu einer umweltgerechten nachhaltigen Entwicklung in unseren Städten und Gemeinden. Schönharting beschreibt folgende Planungsschwerpunkte für eine seniorengerechte Stadtentwicklung (Schönharting 2001, S. 25; vgl. auch Beckmann et al. 2005, Friedrich 2001, Holz-Rau 2001):

- Verkürzung der Wege durch Mischung der Nutzungen,
- Ausbau von Rad- und Fußwegen, um die Chancen für nachhaltige Mobilität zu erhöhen und die Nähe zu fördern,
- ein Verkehrsmanagement, das den nicht motorisierten Verkehrsträgern und dem öffentlichen Verkehr (ÖPNV) Priorität gibt.

Ein weiterer wichtiger Beitrag zur Aufrechterhaltung der Mobilität älterer Menschen stellt die Verbesserung ihrer allgemeinen körperlichen und geistigen Leistungsfähigkeit dar. Ältere Menschen sollten so lange wie möglich beweglich und fit bleiben. Zu Fuß Gehen oder Radfahren sind bewegungsintensive Mobilitätsformen, die einen Beitrag zur Verbesserung der körperlichen Fitness leisten. Damit diese Mobilitätsformen ohne große Risiken möglich sind, muss der Verkehrsraum für Fußgänger und Radfahrer sicherer werden. Und die älteren Verkehrsteilnehmer müssen lernen, sich auch selbst zu schützen (z. B. durch das Tragen von reflektierender Kleidung, von reflektierenden Gehstöcken und Rollatoren und von Radfahrer-Schutzhelmen).

Eine weitere mobilitätserhaltende Maßnahme für ältere Menschen stellt das rechtzeitige Umsteigen vom aktiven Autofahren auf die Nutzung des öffentlichen Verkehrs dar. Damit allerdings ältere Menschen den öffentlichen Verkehr als eine echte Alternative zum Autofahren sehen können, muss der ÖPNV seniorengerecht gestaltet werden. Außerdem muss der ÖPNV – besonders in den Abendstunden – ausreichend Sicherheit vor kriminellen Übergriffen bieten.

Im Folgenden werden wir die aus der Sicht der bislang vorliegenden Forschungserkenntnisse erforderlichen Maßnahmen zur Verbesserung der Mobilitätsbedingungen für ältere Fußgänger, Radfahrer, Rollstuhlfahrer, Autofahrer und ÖPNV-Nutzer vorstellen (Aigner-Breuss und Braun 2011, Becker et al. 2001, Bergmeier 2000, Draeger und Klöckner 2001, Gerlach et al. 2007, Hagemeister und Tegen-Klebingat 2011, Jansen 2001, Limbourg 2005, Limbourg und Matern 2009, Mollenkopf et al. 2005, Organisation for Economic Co-Operation and Development OECD 2001, Pitrone 2004, Poschadel und Sommer 2007, Rölle et al. 2005, Rudinger und Käser 2007, Stiewe 2011).

Fußgänger

Ältere Menschen benötigen ein Wohnumfeld, in dem sie die für sie wichtigen Einrichtungen zu Fuß erreichen können. Die Verkehrsraumgestaltung im Wohnumfeld muss fußgängerfreundlich sein (Tempo 30, Verkehrsberuhigung, Gehwegnasen, Aufpflasterungen, Mittelinseln, Fahrbahn-Einengungen, Querungshilfen, getrennte Rad- und Fußwege, Leuchtsignale an Zebrastreifen, ausreichend lange Grünphasen an lichtsignalgeregelten Fußgängerüberwegen, akustische Ampelsignale für Sehbehinderte, breite und ebene Gehwege für Rollatoren, abgesenkte Bordsteine, Barrierefreiheit, Rampen statt Treppen, bessere Straßenbeleuchtung, kontrastreichere Gestaltung der Infrastruktur, saubere Sitzgelegenheiten zum Ausruhen an Gehwegen, öffentliche und barrierefrei zugängliche Toiletten, Gehwege an Landstraßen, guter Winterdienst).

Die Geschwindigkeit des Autoverkehrs und das Halte- und Parkverhalten der Autofahrer in verkehrsberuhigten Zonen, in Tempo 30-Zonen und an Hauptstraßen, die ältere Menschen nutzen, muss polizeilich überwacht werden. Zugeparkte Gehwege und Fußgängerüberwege, durch die Fußgänger gezwungen werden, auf die Fahrbahn auszuweichen, sind nicht zu tolerieren.

Beim Zu-Fuß-Gehen im Dunkeln sollten ältere Menschen helle und reflektierende Kleidungsstücke tragen. Auch Gehhilfen (Stöcke, Rollatoren) sollten mit reflektierenden Materialien beschichtet sein, damit sie in der Dunkelheit gut zu erkennen sind.

Ältere Menschen sollten über ihre besonderen Risiken als Fußgänger im Straßenverkehr aufgeklärt werden, aber auch motorisierte Verkehrsteilnehmer, Radfahrer und Inline-Skater sollten Informationen über die Mobilitätsprobleme älterer Menschen als Fußgänger im Straßenverkehr erhalten, damit sie sich Älteren gegenüber rücksichtsvoll verhalten.

Ältere Verkehrsteilnehmende sind häufiger körperlich behindert als jüngere Altersgruppen: 16 % der Über-60-Jährigen sind aufgrund von körperlichen Behinderungen in ihrer Mobilität eingeschränkt (Follmer et al. 2004, S. 145). Zur Aufrechterhaltung einer unabhängigen Mobilität trotz körperlicher Gebrechen bietet der Markt Gehhilfen in Form von Gehstöcken, Gehgestellen, Rollatoren und Elektro-Scootern an. Personen mit starken Gehbehinderungen sind häufig auf einen Rollstuhl zur Fortbewegung angewiesen. Zur Verbesserung der Mobilitätsbedingungen für diesen Personenkreis müssen folgende Maßnahmen getroffen werden:

- Abbau von Barrieren im Verkehrsraum (abgesenkte Bordsteine, Rampen zu Geschäften, Arztpraxen, Behörden usw.);
- Überwachung des Parkverhaltens, damit Rampen zugänglich bleiben;

- Abbau von Barrieren im ÖPNV (Niederflur-Busse und -Bahnen, Aufzüge, frei zugängliche Rampen, geschultes Personal, verlässliche Informationen über Fahrpläne von barrierefreien Bussen und Bahnen;
- Einrichtung von günstigen, flexiblen und zuverlässigen Transportsystemen für Rollstuhlfahrer;
- Bereitstellung einer größeren Zahl von Behindertenparkplätzen und von öffentlichen Behinderten-Toiletten.

Radfahrer

Fahrradfahren ist eine gesunde und umweltfreundliche Mobilitätsform, die im höheren Lebensalter noch recht häufig genutzt wird: 74 % der 65- bis 74-jährigen Älteren und 44 % der Über-74-Jährigen besitzen ein Fahrrad und sie legen 10 % bzw. 7 % ihrer Wege radelnd zurück (Follmer et al. 2010; vgl. auch Tabelle 2). Zur Verbesserung der Mobilitätsbedingungen für ältere aktive Radfahrerinnen und -fahrer müssen viele Radwege und Radwegnetze seniorenfreundlicher gestaltet werden:

- getrennte Wege für Radfahrer und Fußgänger,
- breite Radwege (auch für Dreiräder),
- Abbau von Hindernissen (Poller, Gatter) auf Radwegen,
- bessere Pflege der Radwege, Winterdienst,
- fahrradfreundliche Bedingungen im ÖPNV (Mitnahmemöglichkeiten, Fahrradabteile, Aufzüge an Bahnhöfen).

So wie ältere Fußgänger profitieren auch ältere Radfahrer von einer Verlangsamung des Autoverkehrs (Tempo 30, Verkehrsberuhigung) und von der polizeilichen Überwachung der Geschwindigkeit und des Halte- und Parkverhaltens der motorisierten Fahrzeuge.

Mit kommunikativen Maßnahmen sollte die Nutzung von altersgerechten Fahrrädern (tiefliegendes Rahmenrohr, tief angesetzte Pedale, zurückgelegtes Sattelrohr, um Füße jederzeit auf den Boden stellen zu können, Federgabeln und/oder gefederte Sattel, geringes Eigengewicht, Blinkanlage für das Abbiegen, vibrationsfreier Spiegel, nachbrennende Akkulichtanlage, Transportgefäß für Einkäufe) und von Dreirädern (auch mit Elektromotoren) gefördert werden.

Nur ca. 10 % der älteren Radfahrerinnen und -fahrer tragen beim Radfahren regelmäßig einen Schutzhelm (Follmer et al. 2010). Deshalb sollte die Helm-Nutzung im Erwachsenenalter gefördert werden. Außerdem sollten (nicht nur) ältere Radfahrende bei Dunkelheit reflektierende Kleidungselemente tragen.

Zur Verbesserung der Radfahrkompetenzen älterer (und zum Teil auch ungeübter) Menschen ist ein Senioren-Radfahrer-Sicherheitstraining – so wie es in vielen Gemeinden bereits angeboten wird – zu empfehlen.

Alle motorisierten Verkehrsteilnehmerinnen und -teilnehmer sollten über die Besonderheiten älterer Menschen als Radfahrer informiert werden, damit sie sich ihnen gegenüber rücksichtsvoller verhalten.

Autofahrer

Auch für ältere Menschen stellt das Autofahren eine häufig genutzte Mobilitätsform dar: 35 % der 65- bis 74-Jährigen und 22 % der Über-74-Jährigen nutzen einen Pkw als Selbstfahrer und/oder als Mitfahrer fast täglich (Follmer et al. 2010).

Ältere Pkw-Lenker fahren meistens langsamer als jüngere Autofahrer und sind weniger risikobereit (Limbourgh und Reiter 2009, Richter et al. 2011). Eine langsamere Fahrweise kommt dem verringerten Leistungstempo älterer Autofahrer entgegen und erleichtert ihnen das Autofahren. Bei geringeren Geschwindigkeiten des Autoverkehrs haben Autofahrer mehr Zeit, eine Verkehrssituation zu erfassen und zu beurteilen, um dann noch rechtzeitig angemessen zu reagieren. Aus diesen Gründen wünschen viele ältere Befragte verkehrsberuhigende bauliche Maßnahmen, Tempo 30 innerhalb von Ortschaften und Tempo 120 oder 130 auf Autobahnen.

Ähnliches gilt für die Komplexität von Verkehrssituationen: Je einfacher und überschaubarer Verkehrssituationen sind, desto leichter sind sie auch von älteren Verkehrsteilnehmern zu bewältigen. Aus diesem Grund wünschen sich ältere Autofahrer mehr Kreisverkehre an Stelle von lichtsignalgeregelten Kreuzungen, die für linkabbiegende ältere Autofahrer besonders schwierig sind – das zeigen auch die Ergebnisse der Linksabbieger-Beobachtungsstudie von Fofanova et al. 2011.[1]

Lichtsignalgeregelte Kreuzungen sollten konfliktarme Ampelschaltungen erhalten, an denen Fußgänger, Radfahrer und abbiegende Kraftfahrer (Links- und Rechtsabbieger) nicht gleichzeitig Grün erhalten.

Mit dem Ziel, die Komplexität des Verkehrs zu reduzieren, müsste auch die Anzahl der Verkehrsschilder verringert werden. Der sog. Schilderwald ist in den letzten Jahrzehnten stetig gewachsen und überfordert inzwischen nicht nur die älteren Menschen, sondern alle Autofahrer.

Für die Sicherheit älterer Autofahrer ist eine gute Sicht im Straßenraum von großer Bedeutung. Deshalb fordern ältere Autofahrende eine bessere Straßenbeleuchtung innerhalb von Ortschaften und besser erkennbare Fahrbahnmarkierungen auf Landstraßen. Auch das Fahren mit Licht am Tag – besonders im Winter – wird von älteren Autofahrern gefordert.

Ältere Autofahrer wünschen außerdem Spezialparkplätze mit größeren Parklücken, mehr behindertengerechte Parkplätze, preisgünstigere/kostenlose Parkplätze für Ältere und seniorengerechte Park+Ride-Parkplätze.

---

1 Siehe kritisch hierzu Schröter 2013.

Einen weiteren Beitrag zur Erhöhung der Sicherheit von älteren Autofahrenden kann eine seniorengerechtere Ausstattung der Kraftfahrzeuge leisten. Im Prinzip unterscheiden sich die Sicherheitsmerkmale und Komforteigenschaften von seniorengerechten Kraftfahrzeugen nicht von den Sicherheits- oder Komfortmerkmalen, die für alle Autofahrer hilfreich sind. Für ältere Menschen sind diese technischen Entwicklungen jedoch von besonderer Bedeutung für die Verkehrssicherheit. Fahrerassistenzsysteme, Automatikgetriebe, Servolenkung, Tempomat, funkgesteuerte Standheizung, Klimaanlage, Sitzkomfort, Lüftung, Navigationsgerät, elektronische Hilfen und Spiegelsysteme zum Ein- und Ausparken erleichtern die Fahrzeugbedienung. Die älteren Autofahrer sind dadurch in der Lage, sich besser auf die Fahraufgaben im Verkehr zu konzentrieren. Darüber hinaus wünschen sich ältere Menschen übersichtlichere Fahrzeuge, hohe und breite Ein- und Ausstiege, verstellbare Sitzhöhen, große Spiegel, stärkere Scheinwerfer, adaptive Lichtsysteme und blendfreie Innenräume.

Ältere Autofahrer wünschen sich von den anderen Autofahrern mehr Verkehrsdisziplin und fordern deshalb eine stärkere Verkehrsüberwachung – besonders von Rasern und Dränglern.

Der Information und Aufklärung von älteren Kraftfahrern kommt eine große Bedeutung im Rahmen der Verkehrssicherheitsarbeit zu. Ältere Autofahrer sollten über die verkehrsrelevanten altersbedingten Leistungseinbußen informiert werden und sie sollten lernen, ihr Fahrverhalten ihren Fähigkeiten anzupassen. Darüber hinaus sollten ältere Menschen über die Auswirkungen von Medikamenten auf die Verkehrstüchtigkeit aufgeklärt werden. An dieser Stelle könnte die Medizin (z. B. Hausärzte, Gesundheitsämter) einen wichtigen Beitrag zur Unfallprävention leisten, der durch regelmäßige polizeiliche Überwachungsmaßnahmen unterstützt werden sollte. Der Schwerpunkt der Kontrollen soll dabei auf das Fahren unter Medikamenteneinfluss gelegt werden.

Regelmäßige medizinisch-psychologische Fahrtauglichkeitsuntersuchungen zur Führerscheinverlängerung können einen wirkungsvollen Beitrag zur Verbesserung der Verkehrssicherheit älterer Autofahrer leisten. Sie sind nicht nur für ältere Menschen sinnvoll, sondern auch für jüngere Autofahrer, denn die Fahrtauglichkeit einschränkende Krankheiten können bereits in jüngeren Altersgruppen auftreten.

In vielen Ländern der Welt ist es für ältere Menschen bereits Pflicht, ihren Führerschein regelmäßig verlängern zu lassen und in diesem Zusammenhang mehr oder weniger umfangreiche medizinische bzw. psychologische Untersuchungen durchführen zu lassen. In einigen Ländern gilt diese Pflicht auch schon für jüngere Altersgruppen (Limbourg und Matern 2009, S. 451 ff.).

Eine weitere wichtige Maßnahme, ältere Autofahrer zu schützen, ist die Förderung der Bus- und Bahnnutzung im höheren Lebensalter. Viele ältere Menschen sind – nach langjähriger Autonutzung – nicht in der Lage, den öffentlichen Verkehr kompetent und sicher zu nutzen. Deshalb ist ein Bus- und Bahntraining für ältere Menschen ein wichtiger Beitrag zur Befriedigung ihrer Mobilitätsbedürfnisse. Der Umstieg/Wechsel vom Auto auf den öffentlichen Verkehr wird dadurch erleichtert

Bus- und Bahn-Nutzer

Der öffentliche Verkehr ist bei älteren Menschen nicht besonders beliebt. Gründe für die geringe Akzeptanz des ÖPNV als Alternative zum Pkw im höheren Lebensalter sind die häufig noch schlechte Zugänglichkeit, die oft noch langen Fußwege bis zu den Haltestellen, die geringe Informiertheit über das ÖPNV-Angebot vor Ort, die mangelnden ÖPNV-Nutzungskompetenzen und die Angst vor Kriminalität, die bei älteren Frauen besonders ausgeprägt ist. Häufigster Stressfaktor für ältere Menschen im öffentlichen Verkehr ist das lange Warten auf das Verkehrsmittel, gefolgt von Gedränge und Sitzplatzmangel. Mit zunehmenden körperlichen Beeinträchtigungen birgt der hohe Einstieg in öffentliche Verkehrsmittel für ältere Menschen beim Ein- und Aussteigen ein erhebliches Unfallpotenzial (Engeln und Schlag 2001, Limbourg und Matern 2009).

Damit ältere Menschen den öffentlichen Verkehr als eine echte Alternative zum Autofahren sehen können, muss der ÖPNV verbessert werden – besonders in Stadtrandgebieten und in ländlichen Regionen ist das Angebot häufig auf nur wenige Linien und Abfahrtzeiten beschränkt, was den Mobilitätsbedarf älterer Menschen nur unzureichend decken kann (Engeln 2001).

Damit ältere Menschen Busse und Bahnen häufiger nutzen, muss der ÖPNV seniorengerechter werden:

- kürzere Takte, besonders auch in den Abendstunden, am Wochenende und an Feiertagen,
- mehr Haltestellen,
- Niederflurbusse und -bahnen, absenkbare Busse, mobile Rampen,
- mehr Komfort, Sauberkeit und mehr Platz für Rollstühle, Rollatoren und Fahrräder in den Fahrzeugen,
- kurze Wege und stufenloser Zugang zu den Haltestellen,
- funktionsfähige Aufzüge und Rolltreppen, langsamere Rolltreppen und ein langsameres Schließen der Türen in Bussen und Bahnen,
- Haltestellen mit Regenschutz und Sitzmöglichkeiten,
- flexible Aussteigemöglichkeiten,
- seniorenfreundliche Fahrerinnen und -fahrer, die mit der Weiterfahrt warten, bis sich die älteren Menschen gesetzt haben, die nicht abrupt bremsen, die die Rampe rechtzeitig ausfahren bzw. den Bus absenken (sofern möglich), und die älteren Passagiere vorne aussteigen lassen.

Außerdem muss der ÖPNV in den Fahrzeugen und an den Haltestellen – besonders in den Abendstunden – ausreichende Sicherheit vor kriminellen Übergriffen bieten (z. B. durch bessere Beleuchtung, Notfall-Meldeeinrichtungen, die Anwesenheit von Sicherheitspersonal und/oder Videoüberwachung).

Ältere Menschen wünschen sich außerdem einheitliche, einfache und übersichtliche Tarifübersichten, Fahrpläne und Fahrkartenautomaten mit einer größeren Schrift. Ältere Menschen sollten bei der ÖPNV-Nutzung eine Fahrpreisermäßigung erhalten, damit sie auch mit kleinen Renten mobil bleiben können. Viele Verkehrsverbünde haben bereits günstige Seniorentickets im Angebot (z. B. das Bärenticket im Verkehrsverbund Rhein-Ruhr, das Aktiv60-Ticket im Verkehrsverbund Rhein-Sieg, die Senioren-Jahreskarte der Wiener Verkehrsbetriebe). In Südtirol dürfen ältere Menschen den öffentlichen Busverkehr kostenlos nutzen.

Ein häufig genannter Konfliktbereich für ältere Menschen in Bussen und Bahnen ist der Schülerverkehr. Hier wünschen sich ältere Menschen mehr Ersatzwagen für Schüler, damit die Busse nicht so überfüllt sind. Und sie wünschen sich mehr Rücksicht und Hilfsbereitschaft von Seiten der Schüler und allen anderen Fahrgäste.

Eine weitere wichtige Maßnahme zur Förderung der ÖPNV-Nutzung im höheren Lebensalter ist eine ÖPNV-Schulung (Busschule), denn viele ältere Menschen sind - nach lebenslanger Autonutzung – nicht (oder nicht mehr) in der Lage, das ÖPNV-Angebot vor Ort kompetent zu nutzen. In den meisten Städten und auch in vielen ländlichen Gemeinden gibt es bereits ÖPNV-Trainingsprogramme (Busschulen) für ältere Menschen (Limbourg und Matern 2009).

Ein weiteres hilfreiches ÖPNV-Angebot für ältere mobilitätseingeschränkte Menschen stellen die Senioren-Begleitdienste dar. Sie bieten älteren Fahrgästen eine Begleitung für ihre Fahrt an. Der Begleiter muss mindestens einen Tag vor der geplanten Fahrt reserviert werden. Er holt den Fahrgast von einem vereinbarten Treffpunkt ab und begleitet ihn auf allen Wegen, die er mit dem ÖPNV zurücklegt. Er unterstützt ihn auf dem Fußweg zur Haltestelle, hält Bustüren auf, hilft beim Umsteigen und begleitet ihn auf dem Fußweg von der Endhaltestelle zum Zielort. Darüber hinaus bietet der Begleitdienst bei der Routenplanung sowie beim Ticketkauf seine Unterstützung an. Voraussetzung für die Inanspruchnahme des Dienstes ist der Besitz einer gültigen Fahrkarte. Der Begleitservice ist kostenlos. Gute Beispiele findet man in Essen, Bielefeld und Euskirchen.

Nutzung von bedarfsgesteuerten Verkehrssystemen

Für ältere Menschen stellt das Taxi ein komfortables und flexibles Mobilitätsangebot dar. Nachteilig sind bei diesem Transportmittel die hohen Kosten – besonders bei den großen Entfernungen in ländlichen Gebieten. Taxis können nur dann kostengünstig werden, wenn möglichst viele Fahrgäste pro Fahrt gebündelt werden können (Aigner-Breuss und Braun 2011, Terporten 2004).

In vielen ländlichen Regionen gibt es bereits Anruf-Sammeltaxi-Systeme für ältere Menschen – zum Beispiel im Kreis Euskirchen[2] und im Kreis Heinsberg[3].

Problem bei der Nutzung solcher bedarfsgesteuerten Mehrfahrgast-Systeme durch ältere Menschen ist derzeit noch die Organisation, weil viele ältere Menschen noch nicht in der Lage sind, das Internet für die Planung ihrer Sammeltaxi-Fahrten zu nutzen. Das wird sich allerdings in den kommenden Jahren ändern, weil für die jetzt heranwachsende Senioren-Generation die Nutzung von Notebooks und Smartphones auch im höheren Lebensalter selbstverständlich sein wird.

6 Fazit

Mit dem Ziel, die Mobilitätsmöglichkeiten für ältere Menschen auf dem Lande nachhaltig zu verbessern, sollten ländliche Gemeinden ein kommunales Mobilitätsmanagement für Senioren installieren. Der Verkehrsverbund Rhein-Sieg hat dazu einen umfassenden Leitfaden in Zusammenarbeit mit den ländlichen Kreisen Euskirchen und Heinsberg in Nordrhein-Westfalen erarbeitet (Jansen und Naefe 2011).

Ziel eines kommunalen Mobilitätsmanagements für Senioren ist die Bestandsaufnahme der Mobilitätsprobleme für Ältere in der Gemeinde (durch Befragungen, Ortsbegehungen und Senioren-Veranstaltungen) und die anschließende Suche nach Lösungsmöglichkeiten für die bestehenden Probleme – in Zusammenarbeit mit den älteren Bürgerinnen und Bürgern und allen an der Verkehrsraumgestaltung und an der Verkehrssicherheitsarbeit beteiligten örtlichen Institutionen.

7 Literatur

Aigner-Breuss, E., und Braun, E. (2011). Entwicklung der mobilität älterer Menschen im ländlichen Raum – Projekt Motion 55+. *Zeitschrift für Verkehrssicherheit, 57*(4), 191-197.

Allgemeiner Deutsche Automobil-Club (ADAC) (Hrsg.) (1995). *Ältere Menschen im Straßenverkehr. Bericht über das 9. Symposium Verkehrsmedizin des ADAC*. München: Allgemeiner Deutsche Automobil-Club (ADAC).

Becker, S., Berger, R., Dumbs, M., Emsbach, M., Erlemeier, N., Kaiser, H.-J., et al. (2001). *Perspektiven der Verkehrssicherheitsarbeit mit Senioren. Bericht der Bundesanstalt für Straßenwesen*. Bergisch Gladbach: Wirtschaftsverlag NW.

---

2 http://www.kreis-euskirchen.de/service/oepnv/anrufsammeltaxi.php [Zugriff 25. Januar 2014].

3 http://www.web-toolbox.net/geilenkirchen/geilenkirchen-infra07de.htm – http://www.kreiseuskirchen.de/service/oepnv/anrufsammeltaxi.php [Zugriff 25. Januar 2014].

Beckmann, K., Holz-Rau, C., Rindsfüser, G., und Scheiner, J. (2005). Mobilität älterer Menschen – Analysen und verkehrsplanerische Konsequenzen. In W. Echterhoff (Hrsg.), *Strategien zur Sicherung der Mobilität älterer Menschen* (Vol. 1, S. 43-72, Mobilität und Alter). Köln: TÜV-Verlag.

Bergmeier, A. Verkehrssicherheitsprogramme für Senioren in Deutschland. In Bundesanstalt für Straßenwesen (Hrsg.), *Mehr Verkehrssicherheit für Senioren, Köln, 2000* (Vol. M 123, Berichte der Bundesanstalt für Straßenwesen). Bremerhaven: Wirtschaftsverlag NW, Verlag für Neue Wissenschaft

Cohen, A. (2008). Wahrnehmung als Grundlage der Verkehrsorientierung bei nachlassender Sensorik während der Alterung. In B. Schlag (Hrsg.), *Leistungsfähigkeit und Mobilität im Alter* (Vol. 3, S. 65-80, Mobilität und Alter). Köln: TÜV-Verlag.

Draeger, W., und Klöckner, D. (2001). Ältere Menschen zu Fuß und mit dem Fahrrad unterwegs. In A. Flade, M. Limbourgh, und B. Schlag (Hrsg.), *Mobilität älterer Menschen* (S. 41-68). Opladen: Leske & Budrich.

Emsbach, M. (2001). Aktivierende Verkehrssicherheitsarbeit mit älteren Menschen. In A. Flade, M. Limbourgh, und B. Schlag (Hrsg.), *Mobilität älterer Menschen* (S. 273-284). Opladen: Leske & Budrich.

Engeln, A. (2001). Ältere Menschen im öffentlichen Verkehr. In A. Flade, M. Limbourgh, und B. Schlag (Hrsg.), *Mobilität älterer Menschen* (S. 69-84). Opladen: Leske & Budrich.

Engeln, A., und Schlag, B. (2001). *Anforderungen Älterer an eine benutzergerechte Vernetzung individueller und gemeinschaftlich genutzter Verkehrsmittel. Abschlussbericht zum Forschungsprojekt ANBINDUNG.* (Vol. 196, Schriftenreihe des Bundesministeriums für Familie, Senioren, Frauen und Jugend). Stuttgart: Bundesministerium für Familie, Senioren, Frauen und Jugend.

Engeln, A., und Schlag, B. (2008). Kompensationsstrategien im Alter. In B. Schlag (Hrsg.), *Leistungsfähigkeit und Mobilität im Alter* (Vol. 3, S. 255-273, Mobilität und Alter). Köln: TÜV-Verlag.

Ewert, U. (2008). Alterskorrelierte Erkrankungen, die die Verkehrsteilnahme beeinträchtigen können. In B. Schlag (Hrsg.), *Leistungsfähigkeit und Mobilität im Alter* (Vol. 3, S. 181-197, Mobilität und Alter). Köln: TÜV-Verlag.

Falkenstein, M., und Sommer, S. (2008). Altersbegleitende Veränderungen kognitiver und neuronaler Prozesse mit Bedeutung für das Autofahren. In B. Schlag (Hrsg.), *Leistungsfähigkeit und Mobilität im Alter* (Vol. 3, S. 113-133, Mobilität und Alter). Köln: TÜV-Verlag.

Fofanova, J., Maciej, J., und Vollrath, M. (2011). Ältere Autofahrer beim Linksabbiegen: Eine Beobachtungsstudie im Realverkehr. *Zeitschrift für Verkehrssicherheit, 57*(4), 176-180.

Follmer, R., Gruschwitz, D., Jesske, B., Quandt, S., Lenz, B., Nobis, C., et al. (2010). *Mobilität in Deutschland 2008. Struktur – Aufkommen – Emissionen – Trends. Ergebnisbericht.* Bonn und Berlin: infas – Institut für angewandte Sozialwissenschaft GmbH, Deutsches Zentrum für Luft- und Raumfahrt e.V. und Institut für Verkehrsforschung.

Follmer, R., Kloas, J., Kuhfeld, H., und Kunert, U. (2004). *Mobilität in Deutschland 2002. Ergebnisbericht.* Berlin: infas Institut für angewandte Sozialwissenschaft,

Deutsches Institut für Wirtschaftsforschung (DIW), Abteilung Energie, Verkehr, Umwelt.

Friedrich, K. (2001). Altengerechte Wohnungsumgebungen. In A. Flade, M. Limbourgh, und B. Schlag (Hrsg.), *Mobilität älterer Menschen* (S. 155-165). Opladen: Leske & Budrich.

Gerlach, J., Neumann, P., Boenke, D., Bröckling, F., Lippert, W., und Rönsch-Hasselhorn, B. (2007). *Mobilitätssicherung älterer Menschen im Straßenverkehr – Forschungsdokumentation* (Vol. 2, Forschungsergebnisse für die Praxis). Köln: TÜV-Verlag.

Hagemeister, C., und Tegen-Klebingat, A. (2011). *Fahrgewohnheiten älterer Radfahrerinnen und Radfahrer* (Vol. 5, Mobilität und Alter). Köln: TÜV-Verlag.

Henning, J. (2008). *Verkehrssicherheitsberatung älterer Verkehrsteilnehmer – Handbuch für Ärzte.* (Vol. M 189, Bericht der Bundesanstalt für Straßenwesen). Bremerhaven: Wirtschaftsverlag NW.

Hieber, A., Mollenkopf, H., Kloé, U., und Hans-Werner, W. (2006). *Kontinuität und Veränderung in der alltäglichen Mobilität älterer Menschen* (Vol. 2, Mobilität und Alter). Köln: TÜV-Verlag.

Holte, H. (2005). Sind Alter und Krankheit ein Sicherheitsproblem? In F. Hermann, K. Kalwitzki, R. Risser, und E. Spoerer (Hrsg.), *65 plus – Mit Auto mobil?* (S. 35-44). Köln und Salzburg: AFN – Gesellschaft für Ausbildung, Fortbildung und Nachschulung und INFAR – Institut für Nachschulung und Fahrer-Rehabilitation.

Holte, H. (2007). *Der automobile Mensch. Schlaglichter auf das Verhalten im Straßenverkehr*. Köln: TÜV Media.

Holz-Rau, C. (2001). Alte Menschen, Raum und Verkehr: Ist die altengerechte Stadt nutzungsgemischt? In A. Flade, M. Limbourgh, und B. Schlag (Hrsg.), *Mobilität älterer Menschen* (S. 141-154). Opladen: Leske & Budrich.

Holz-Rau, C., und Scheiner, J. (2009). Verkehrssicherheit in Stadt und (Um-) Land. Unfallrisiko im Stadt-Land-Vergleich. *Zeitschrift für Verkehrssicherheit, 55*(4), 171-177.

Jäncke, L. (2005). Fahren im Alter aus neuropsychologischer Sicht. In R. Schaffhauser (Hrsg.), *Jahrbuch zum Straßenverkehrsrecht* (S. 23-62). St. Gallen: Schweizerisches Institut für Verwaltungskurse.

Jansen, E. (2001). *Ältere Menschen im künftigen Sicherheitssystem Straße/Fahrzeug/Mensch.* (Vol. M 134, Bericht der Bundesanstalt für Straßenwesen). Bergisch Gladbach: Wirtschaftsverlag NW.

Jansen, T., und Naefe, K. (2011). *Handlungsleitfaden für ein kommunales Mobilitätsmanagement für Senioren.* Köln: Verkehrsverbund Rhein-Sieg.

Kocherscheid, K., Rietz, C., Poppelreuter, S., Riest, N., Müller, A., Rudinger, G., et al. (2007). *Verkehrssicherheitsbotschaften für Senioren. Nutzung der Kommunikationspotenziale im allgemeinmedizinischen Behandlungsalltag.* (Vol. M 184, Wissenschaftliche Informationen der Bundesanstalt für Straßenwesen). Bremerhaven: Wirtschaftsverlag NW, Verlag für Neue Wissenschaft.

Kocherscheid, K., und Rudinger, G. (2005). Ressourcen älterer Verkehrsteilnehmerinnen und Verkehrsteilnehmer. In W. Echterhoff (Hrsg.), *Strategien zur Sicherung der Mobilität älterer Menschen* (Vol. 1, S. 19-42, Mobilität und Alter). Köln: TÜV-Verlag.

Kubitzki, J., und Janitzek, T. (2011). Zum Unfallgeschehen älterer Verkehrsteilnehmer. *Zeitschrift für Verkehrssicherheit, 57*(2), 65-73.

Langford, J., Methorst, R., und Hakamies-Blomqvist, L. (2006). Older drivers do not have a high crash risk – A replication of low mileage bias. *Accident Analysis and Prevention, 38*(3), 574-578.

Limbourg, M. (2005). Ansätze zur Verbesserung der Mobilitätsbedingungen für ältere Menschen im Straßenverkehr – Beiträge einzelner Fachdisziplinen. In F. Hermann, K. Kalwitzki, R. Risser, und E. Spoerer (Hrsg.), *65 plus – Mit Auto mobil?* (S. 69-80). Köln und Salzburg: AFN – Gesellschaft für Ausbildung, Fortbildung und Nachschulung und INFAR – Institut für Nachschulung und Fahrer-Rehabilitation.

Limbourg, M., und Matern, S. (2009). *Erleben, Verhalten und Sicherheit älterer Menschen im Straßenverkehr – Eine qualitative und quantitative Untersuchung (MOBIAL)* (Mobilität und Alter). Köln: TÜV-Verlag.

Limbourgh, M., und Reiter, K. (2009). Verkehrspsychologie – Verkehrspsychologische Genderforschung. In G. Steins (Hrsg.), *Handbuch Psychologie und Geschlechterforschung*. Wiesbaden: VS Verlag für Sozialwissenschaften.

Martin, M., und Kliegel, M. (2005). *Psychologische Grundlagen der Gerontologie*. Stuttgart: Kohlhammer.

Mollenkopf, H., Marcellini, F., Ruoppila, I., Széman, Z., und Tacken, M. (2004). Social and behavioural science perspectives on out-of-home mobility in later life: findings from the European project MOBILATE. *European Journal of Ageing, 1*(1), 45-53.

Mollenkopf, H., Marcellini, F., Ruoppila, I., Széman, Z., und Tacken, M. (2005). *Enhancing Mobility in Later Life*. Oxford: IOS Press.

Moser, B., Kurzthaler, I., Kopp, M., Deisenhammer, E., Hinterhuber, H., und Weiss, E. (2012). Fahrtauglichkeit im Alter – Welchen Einfluss hat die Kognition? *Zeitschrift für Verkehrssicherheit, 58*(1), 24-28.

Oeltze, S., Bracher, T., Dreger, C., und Eichmann, V. (2007). *Mobilität 2050. Szenarien der Mobilitätsentwicklung unter Berücksichtigung von Siedlungsstrukturen bis 2050* (Vol. 1, Edition Difu – Stadt, Forschung, Praxis). Berlin: Deutsches Institut für Urbanistik.

Organisation for Economic Co-Operation and Development OECD (2001). *Ageing and transport: Mobility needs and safety issues*. Paris: Organisation for Economic Co-Operation and Development OECD.

Park, D., und Gutschess, A. (2000). Cognitive aging and everyday life. In D. Park, und N. Schwarz (Hrsg.), *Cognitive aging: A primer* (S. 217-232). Philadelphia: Psychology Press.

Pitrone, A. (2004). *Verkehrsplanung für ältere Autofahrer in USA und Deutschland*. Hamburg: Berufsgenossenschaft für Gesundheit und Wohlstandspflege.

Poschadel, S., und Sommer, S. (2007). *Anforderungen an die Gestaltung von Fahrtrainings für ältere Kraftfahrer – Machbarkeitsstudie* (Vol. 1, Forschungsergebnisse für die Praxis). Köln: TÜV-Verlag.

Richter, J., Schlag, B., und Weiler, G. (2011). Selbstbild und Fremdbild älterer Autofahrer. *Zeitschrift für Verkehrssicherheit, 57*(1), 13-20.

Rinkenauer, G. (2008). Motorische Leistungsfähigkeit im Alter. In B. Schlag (Hrsg.), *Leistungsfähigkeit und Mobilität im Alter* (Vol. 3, S. 143-170, Mobilität und Alter). Köln: TÜV-Verlag.

Rölle, D., Lohmann, G., und Flade, A. (2005). Der Umstieg vom Pkw auf den OEPNV im Alter – Stellen Unsicherheitsgefühle ein Hindernis dar? *Verkehrszeichen, 21*(4), 25-28.

Rudinger, G., und Käser, U. (2007). Smart Modes: Senioren als Fußgänger und Radfahrer im Kontext alterstypischer Aktivitätsmuster. *Zeitschrift für Verkehrssicherheit, 53*(3), 141-145.

Schaie, K.-W. (2005). *Developmental influences on adult intelligence: The Seattle Longitudinal Study*. New York: Cambridge University Press.

Schlag, B., und Richter, S. (2005). Internationale Ansätze zur Prävention von Kinderverkehrsunfällen. *Zeitschrift für Verkehrssicherheit, 55*(4), 182-188.

Schönharting, J. (2001). Verkehrsentwicklung in Deutschland. Auswirkungen auf ältere Menschen. In A. Flade, M. Limbourg, und B. Schlag (Hrsg.), *Mobilität älterer Menschen* (S. 13-26). Opladen: Leske + Budrich.

Schröter, F. (2013). Eine Neujustierung für den Verkehr. Was Kommunen tun können, damit Ältere mobil bleiben. *iQ-Journal, 1*(1), 14-15.

Shell Deutschland Oil (2004). *Shell Pkw-Szenarien bis 2030. Flexibilität bestimmt Motorisierung*. Hamburg: Shell Deutschland Oil.

Statistisches Bundesamt (2012). *Verkehrsunfälle. Unfälle von Senioren im Straßenverkehr 2011*. Wiesbaden: Statistisches Bundesamt.

Stiewe, M. (2011). Älter werden – mobil bleiben – Mobilitätsverhalten älterer Menschen in NRW. *Verkehrszeichen, 27*(1), 12-16.

Terporten, S. (2004). *Ein neues Verfahren zur Kombination von Mehrfahrgast-Taxi und ÖPNV. Das KOMET-System*. Universität Essen, Essen.

Wagner, H. (1995). Arzneimittel- und Drogenuntersuchungen bei auffällig gewordenen älteren Kraftfahrern. In Allgemeiner Deutsche Automobil-Club (ADAC) (Hrsg.), *Ältere Menschen im Straßenverkehr* (S. 102-107). München: Allgemeiner Deutsche Automobil-Club (ADAC).

Wahl, H.-W., Diehl, M., Kruse, A., Lang, F., und Martin, M. (2008). Psychologische Alternsforschung: Beiträge und Perspektiven. *Psychologische Rundschau, 59*(1), 2-23.

Weyerer, S. (2005). *Altersdemenz* (Vol. 28, Gesundheitsberichterstattung des Bundes). Berlin: Robert Koch-Institut.

Weyerer, S., und Bickel, H. (2007). *Epidemiologie psychischer Erkrankungen im höheren Lebensalter*. Stuttgart: Kohlhammer.

World Health Organization (WHO) (2012). *Dementia. A Public Health Priority*. Geneva: World Health Organization (WHO).

Gesundheitliche und pflegerische Versorgung im ländlichen Raum

Otto Rienhoff[1]

1 Problemstellung

Der immer wieder zitierte demografische Wandel wurde lange vorhergesagt, politisch negiert und ignoriert und dient jetzt als passende Begründung für beliebig viele Argumentationen. Eine besondere Aufmerksamkeit in vielen dieser pauschalen Diskussionen wird dabei der Entwicklung des „ländlichen Raumes" in Deutschland gewidmet. Die massive Landflucht in etlichen Kreisen während der letzten zwanzig Jahre, die konsequent rapide fallenden Immobilienpreise (Bundesministerium für Verkehr 2013, S. 71 f.) und der real zu beobachtende Zusammenbruch der Versorgungsinfrastruktur von Kneipen bis zu Ärzten bewegt die Gedanken. Schnell werden allgemeine Aussagen formuliert – die zu einer Bewältigung des Problems oder gar zu einer Umkehr beitragen sollen. In diesen Diskussionen wird nicht nur die Telemedizin unspezifisch definiert (Häckl 2010, S. 66), sondern auch assistierende Systeme im pflegerischen Bereich und Kommunikationsportale für die Unterstützung der sozialen Interaktion.

Diese Entwicklung hat dazu geführt, dass die geäußerten Lösungsoptionen und die skeptische Erwartungshaltung der Bürger weit auseinander liegen. Umso irritierender werden dann von beiden Seiten Studien und Forschungsprojekte wahrgenommen, die weitere Neuigkeiten als Problemlösung auf den Markt werfen.

Die Wissenschaft verunsichert weiter alle Betroffenen, da die soziologische und ökonomische Forschung den einheitlichen ländlichen Raum nicht mehr wahrnimmt und stattdessen verschiedene Merkmalsgerüste entwickelt hat, die es erlauben, die Regionen zu differenzieren und besser prognostisch zu beschreiben (Born 2011).

Das Zusammentreffen der demografischen Herausforderungen mit neuen Lösungsansätzen – vor allem unter Nutzung der Informationstechnologie sowie der Einführung neuer Koordinatensysteme – in der Diskussion der geografischen Räume hat zu einer großen Verunsicherung geführt, die vor allem auch aufmerksame Lokalpolitiker erfasst hat. An dieser Stelle soll deshalb versucht werden, einige wichtige Aspekte der Entwicklung der gesundheitlichen Versorgung auf

[1] Danksagung: Viele, der in dieser Arbeit beschriebenen Beobachtungen, entstammen Projekten, die zusammen mit der Norddeutschen Gesellschaft für Diakonie, Rendsburg, der Stiftung Liebenau, Meckenbeuren sowie dem Blutdruckinstitut Göttingen durchgeführt wurden. BMBF Förderungen: RAALI: 16SV5567, EDiMed: 01FL10040, KOPASS, Dr. Wolfsteller-Feddersen Stiftung: „Fockbek – aber sicher!", EU- Projekte: PHM-Ethics, DIALOC.

dem Lande aufzuzählen und die Optionen für valide Prognosemodelle kritisch zu beleuchten. Schließlich soll aufgezeigt werden, dass dringend weitere Forschung in der Sache benötigt wird.

2 Gesundheitliche Versorgung im ländlichen Raum

Prognosen für die Entwicklung der verschiedenen Heilberufe liegen nur teilweise vor und sind recht vage. Die allgemeine Befürchtung, die hinter vielen Hochrechnungen kurzfristiger Entwicklungen steht, ist die Furcht, dass insbesondere höher ausgebildete Personen ländliche Regionen mit schwacher Infrastruktur meiden werden. Ein Beispiel für diese Annahme ist der Aufbau einer dritten medizinischen Fakultät in Niedersachsen in Oldenburg, da man annimmt, dass deren Absolventen bevorzugt im Umfeld ihrer Alma Mater verbleiben werden. Diese Argumentation hat so viel Bedeutung gewonnen, dass das Land Niedersachsen trotz bereits bestehender Finanzierungsprobleme in Hannover und Göttingen dem Aufbau einer dritten Fakultät zustimmte (Hibbeler 2012).

Die Lage in Mecklenburg Vorpommern und den brandenburgischen Kreisen nördlich von Berlin gilt als ein Musterbeispiel für die notwendigen Änderungen (Sachverständigenrat zur Begutachtung der Entwicklung im Gesundheitswesen 2012, S. 744 ff.). Die Medizinische Fakultät in Greifswald hat hieraus eine besondere Orientierung abgeleitet und insbesondere telemedizinische Dienste und regionale Netzwerke gefördert. Sie gilt deshalb allgemein als beispielgebend in Deutschland.

Eine ähnliche Lage wie im Norden Deutschlands finden wir in etlichen anderen Gebieten in Niedersachsen wie etwa im Kreis Holzminden oder im Harz. Hier fehlen bisher ähnliche Ansätze wie in Greifswald – weder die benachbarten Medizinischen Fakultäten haben die Herausforderung wahrgenommen noch die Kreise strategische Konsequenzen für die Stabilisierung der gesundheitlichen Versorgung gezogen, die über die tradierten Anreizsysteme für Ärzte hinausgehen.

Deutschland lernt erst langsam, sich an Lösungskonzepten großer Flächenstaaten wie Kanada oder Norwegen oder Ländern mit isolierten Standorten wie bei den griechischen Inseln zu orientieren.

Viele Überlegungen beziehen sich auf den Erhalt der stärksten Komponente des deutschen Systems, so wie sie 1951 konstruiert wurde: die Ärzte (Bundesministerium des Innern 2011, S. 165 ff.). Differenzierte Betrachtungen zu dem Versorgungssystem insgesamt mit den darin nach wie vor disjunkt agierenden Versorgern in der Pflege, der Physiotherapie, der Altenhilfe etc. finden kaum statt (Bundesregierung 2009, Bundesregierung 2012).

In den letzten Jahren ist vermehrt die nachbarschaftliche Hilfe in den Vordergrund des Interesses gerückt (Tesch-Römer und Mardorf 2009, Scholl 2010, Michell-Auli 2012). In diesem Kontext sind unterschiedliche Begriffe üblich, die es nicht erleichtern eine methodische Übersicht zu bekommen, zumal die Wohn-

und Quartierskonzepte starken Moden unterworfen sind (Kremer-Preiß und Stolarz 2003). Inzwischen hat man bei diesen Konzepten erkannt, dass der Wechsel der Bewohner bei Todesfällen ein kritischer Faktor ist, an dem das Konzept der Senioren-WG oft scheitert. Inwieweit die vielen Konzepte mit verschiedenen denkbaren IT-Systemen unterstützt werden können, ist nicht hinreichend betrachtet. Man darf nach der schwierigen Einführung von Systemen im Pflegesektor in Deutschland erwarten, dass hier noch etliche Jahre ins Land gehen werden (Sellemann et al. 2010, Güttler et al. 2010).

Durch die große Bedrängnis, in die viele Familien durch die Versorgung einzelner Familienangehörigen gelangen (Philipp-Metzen 2011), hat inzwischen eine kreative Suche nach Lösungen begonnen, die insbesondere unter Einsatz neuer Kommunikationstechnik mit Smartphones angegangen wird. Belastbare Nachweise, was auf diesem Weg an Leistungen aufzubauen ist, fehlen noch.

Die in einigen Staaten – auch in Deutschland stellenweise geprüfte Option, durch mobile Praxen die Versorgung im ländlichen Raum zu verbessern, ist hoch aktuell (Krüger-Brand 2013) – auch hier müssen Begleitstudien aufgesetzt werden, um Nebeneffekte zu erfassen. Möglicherweise sind Mobilitätskonzepte, wie sie in anderen Ländern seit Jahrzehnten praktiziert werden (Royal Flying Doctor Service of Australia 2013), durchaus in angepasster Form auch in Deutschland wirtschaftlich und einsetzbar.

3 Gegenwärtiger Stand der Stadt/Land Charakterisierung

Soziologische Schichtung

In den vergangenen Jahren hat vor allem Neitzke in seinen Studien nachgewiesen, wie stark die Akzeptanz neuer Technologien in der gesundheitlichen Versorgung davon abhängt, aus welchen soziologischen Gruppen sich die Zielpopulation einer Maßnahme zusammensetzt (Neitzke und Kleinhückelkotten 2010). Dies bedeutet auch aus dieser Sicht, dass schlichte Land/Stadt Betrachtungen genauso unbrauchbar in der Prognose sind wie Projektionen von einem Stadtteilprojekt auf ein anderes, wenn die Verteilung der soziologisch relevanten Strata nicht bekannt ist.

Landflucht-Folgen

Die Tatsache, dass weltweit die urbanen Bereiche stärker wachsen und in vielen Ländern in den Städten teilweise riesige Problemquartiere entstehen (Squatter Camps, Slums) wird in ihren Auswirkungen auf das Gesundheitssystem seit Jahrzehnten von der Weltgesundheitsorganisation beobachtet, analysiert und Strategien für den Umgang mit diesen Phänomenen entwickelt (World Health Organisation (WHO) 2010). In Deutschland ist der Zuzug in die Städte historisch cum grano salis zu beobachten, auch wenn immer wieder gegenläufige Bewegungen das Bild relativieren. Auch ist das Bild sehr uneinheitlich: einige Regionen verlieren massiv Bevölkerung und im Wechselspiel dazu Infrastruktur, andere Länder ihre wirtschaftliche und soziale Zusammensetzung und blühen auf (Speckgürtel der großen Städte) (siehe Schlömer in diesem Band). Seit der Finanzkrise ist ein rapider Verfall der Immobilienpreise in Gebieten ohne Attraktivität hinzugekommen, der die Entwicklung weiter beschleunigt.

Ob der zunehmende Tourismus in Deutschland langfristig einen positiven Einfluss in ländlichen Regionen bekommt, bleibt abzuwarten. Da der Tourismus saisonal stark schwankt, benötigt er nicht nur Servicekräfte im Gaststättensektor, sondern auch im ärztlich-pflegerischen Bereich.

Telemedizinische Perspektiven

Das Projekt „Partnership for the Heart" (Köhler und Lücke 2007, Koehler et al. 2011) der Berliner Charité hat in Deutschland eine ähnlich bahnbrechende Bedeutung erhalten wie ähnliche Evaluationsprojekte in anderen Ländern – etwa in Schottland. Gerne werden die Ergebnisse als der Durchbruch der Telemedizin in Deutschland gesehen. Dabei wird nicht beachtet, dass das Berliner Projekt – im Gleichklang mit dem schottischen – herausarbeitet, dass Telemedizin indikationsabhängig positive und negative Ergebnisse bringt und dass Nebeneffekte auftreten, die bei der Planung zu berücksichtigen sind.

Vereinfacht gesagt, gilt für Telemedizin das gleiche, was auch für andere diagnostische oder therapeutische Interventionen gilt: Nutzen und Risiken stehen immer im Kontext der gerade vorliegenden Versorgungslage und können nur statistisch für bestimmte Situationen oder Regionen sauber abgeschätzt werden. Solche Kalkulationen sind am ehesten in speziellen und gut statistisch erfassbaren Bereichen möglich: im Luftverkehr, bei militärischen Einsätzen, in der Raumfahrt etc. Auch im Rettungswesen entstehen zunehmend Daten durch die Register der Akademie für Unfallchirurgie, die genauere Abschätzungen ermöglichen (siehe Deutsche Gesellschaft für Unfallchirurgie (DGU) et al. 2013).

Social Media Perspektive

Welche Bedeutung Social Media Ansätze in der Versorgung bekommen werden, ist noch völlig offen. Anders als in Deutschland ist in den USA der Einsatz von Internet-Kommunikation in der Patientenbehandlung durchaus untersucht worden und es gibt Verhaltensempfehlungen. In Deutschland ist diesbezüglich keine ernst zu nehmende Entwicklung eingetreten. Hier hat sich der langfristig verzögerte Aufbau einer nationalen Telematik-Plattform als weiteres Hindernis der Akzeptanz und der professionellen Nutzung der Kommunikationslösungen entpuppt. Da gerade im Jahre 2013 ein großer Schritt vorwärts geschehen soll (Ausschreibung der Umsetzung der Konzepte), ist zu erwarten, dass mindestens ein oder zwei weitere Jahre ohne aktive Adressierung dieser Thematik vergehen werden.

Beobachtungen aus Feldversuchen

Die bisher vorliegenden Auswertungen sind in Deutschland – im Gegensatz zu den positiven Ankündigungen der PR-Maschinerie des Forschungsministeriums und des VDE – sehr überschaubar. De facto liegen keine belastbaren Untersuchungen mit größeren Fallzahlen vor, da entsprechende Installationen nicht vorhanden sind. Insofern sind auch Aussagen über die strategischen Vorteile assistierender Technologien vor allem in sog. ländlichen Regionen Spekulation. Der gegenwärtige Stand entsprechender EU-Projekte deutet auf eine noch länger währende Unklarheit hin (Busqin et al. 2013). Die neuen Ansprüche – etwa des gemeinsamen Bundesausschusses – zunehmend mehr auf die tatsächlichen Vorteile in der Versorgung zu achten als auf die reinen Studienergebnisse, lassen keine kurzfristigen Durchbrüche in der Finanzierung solcher Ansätze in der Regelversorgung zu. Erst einige Projekte versuchen gezielt diese Fragestellung anzugehen (Fischer und Rost 2014, Fachinger et al. 2013, Gersch und Liesenfeld 2012).

Regionale Unterschiede der Akzeptanz neuer Lösungen

In den vergangenen Jahrzehnten seit dem 2. Weltkrieg haben sich durchaus unterschiedliche Versorgungsansätze in verschiedenen Regionen etabliert bzw. gehalten. Erinnert sei an das stark ausgeprägte Belegarztsystem in Bayern oder an die frühen Versuche mit telemedizinischen Ansätzen in Mecklenburg Vorpommern. Mit Sicherheit kann davon ausgegangen werden, dass auch Unterschiede im Umgang mit neuen Pflegeansätzen und assistierenden Technologien zu erwarten sind. So beobachten wir z. B. in AAL-Projekten in Süd- und Norddeutschland eine sehr unterschiedliche Bereitschaft sich im örtlichen Vereins- und Gemeinschaftsleben einzubringen – aber auch hier bleibt es bei punktuellen Betrachtungen – ohne daraus generelle Schlüsse ziehen zu können.

Robotik-Akzeptanz

In Deutschland wurde bis vor wenigen Jahren der Einsatz von Robotern für pflegerische Zwecke und auch im ärztlichen Einsatz vor allem aus ethischen Gründen radikal abgelehnt. Hier vollzieht sich inzwischen eine langsame Wandlung. Diese ist im Wesentlichen durch drei Erfahrungen bestimmt: der Einsatz von Robotern im privaten Raum schreitet fort: Rasenmäher, Staubsauger sowie die japanische Puppe für Demenzkranke („Robbe“) finden zunehmend Verbreitung (Meyer 2011). Auch der Bedarf nach technischen Hilfen im Intimbereich nimmt deutlich zu – etwa nach Reinigungssystemen, die in Toilettensitze integriert sind. Ebenfalls akzeptiert sind Versorgungsroboter in der Infrastruktur von Kliniken. Unvermeidlich wird der Einsatz von Heberobotern bei der Lagerung übergewichtiger Patienten werden. Diese Entwicklung hat bereits dazu geführt, dass ein Generalvorwurf der Entpersönlichung nicht mehr aufrechterhalten werden kann, sondern die ethische Diskussion zunehmend konkrete Handlungs- und Versorgungsszenarien anspricht.

Migrationsinseln

Migration nach Deutschland ist historisch „normal“ (Beier-de Haan 2005). Die Zuwanderungszahlen sind in den letzten Jahren der finanzpolitischen Krise dramatisch gestiegen (Handelsblatt 2013) und betreffen in Folge der Krise in den südeuropäischen Ländern vor allem auch junge qualifiziert ausgebildete Menschen von dort. Ob und welche Auswirkungen solche Bewegungen auf die Versorgung im ländlichen Raum – egal welcher Strukturierung – haben werden, ist nicht abzusehen. Der gegenwärtig hohe Beliebtheitsgrad Deutschlands mag durchaus dazu führen, dass ähnliche Verhältnisse wie in der Schweiz oder Großbritannien entstehen werden, mit hohen Anteilen ausländischer Professionals in den Berufen des Gesundheitswesens.

Digital Divide

Der Einsatz technischer Assistenzsysteme in der sozialen und pflegerischen Versorgung und auch im ärztlichen Bereich beschwört – wie immer – die Gefahr des sog. „digital divide" herauf (Prieger 2003, Korupp und Szydlik 2005, Döbler 2006, Shapiro und Rohde 2000, Sahay 2006). Hierunter versteht man die Wirkung, dass sich Personen mit Intelligenz, finanziellen Mitteln und Anpassungsfähigkeit mit Hilfe der neuen Verfahren, von denen, die diese Eigenschaften nicht genügend aufweisen, absetzen. Es entsteht eine soziale Kluft, entweder neuer Art oder als Verschärfung einer bereits bestehenden Kluft. Gerade im Gesundheitssystem ist dies in Deutschland nicht gewollt, obwohl teilweise real vorhanden – etwa bei der Nutzung des Internets zur Kontrolle ärztlicher Therapieempfehlungen. Dieser Effekt kann sich auch darauf beziehen, dass die schwächere Schicht mögliche negative Wirkungen einer neuen Entwicklung nicht eingrenzen kann. Dies gilt grundsätzlich (z. B. auch bei Fast Food), aber besonders beim Einsatz von IT-gestützten Werkzeugen oder Prozessen.

Betriebskosten assistierender Systeme

In den vergangenen zwanzig Jahren sind assistierende Systeme für Senioren und behinderte Personen technisch bis zur Marktreife entwickelt worden (Arbeitsgruppe Bestandsaufnahme BMBF/VDE Innovationspartnerschaft AAL 2011, BMBF/VDE Innovationspartnerschaft AAL 2012, Weiß et al. 2013). Gegenwärtig konzentriert sich die Thematik eher auf geeignete Geschäftsmodelle (Gersch und Liesenfeld 2012), curriculare Fragen der Aus- und Fortbildung verschiedener Berufsgruppen (Buhr 2009, Meyer et al. 2010) und Details der technischen Integration in den privaten Raum der Betroffenen (Wichert und Klausing 2014). Wie in Deutschland üblich, werden die Fragen viel zu spät adressiert und es gibt durchaus überraschende Feststellungen. Eine davon betrifft den zu erwartenden Wartungsaufwand für assistierende Technologien der gegenwärtigen Entwicklungsklasse: Fragen der örtlichen Installation (Ort, Sicherung, Stromversorgung, Wartung etc.) scheinen gegenwärtig noch deutlichen Aufwand zu verursachen, ohne darüber schon allgemeine Aussagen treffen zu können, da erst wenige Systeme über einige Zeit im Einsatz sind und diesbezüglich evaluiert werden.

Auch in den betreibenden Einrichtungen der sozialen Versorgung müssen solche Systeme etabliert werden. Nicht nur die berufliche Weiterbildung ist gefragt; insbesondere muss das mittlere und obere Management auf den Betrieb und den strategischen Einsatz von IT-Systemen vorbereitet werden – eine Aufgabe die bisher im gesamten deutschen Gesundheits- und Sozialsystem bei den Leistungserbringern nicht gelungen ist, obwohl seit über fünfzig Jahren IT-Technologie zum Einsatz kommt.

Nicht Technologie sondern Service

Die Ergebnisse vieler technischer Projekte der letzten zehn Jahre belegen, dass in den meisten Fällen nicht ein technisches Instrument allein, sondern vielmehr der dieses Gerät umgebende und stützende Service der entscheidende Erfolgsparameter ist (Podtschaske et al. 2011). Dies führt gegenwärtig zu einem Redesign vieler Ansätze sowohl bei den Technologieprovidern als auch bei den Einrichtungen der ambulanten und stationären Hilfe. So einfach dies festzustellen ist, desto schwieriger ist leider die Umsetzung, weil dies den Aufbau völlig neuer Hilfe-Mix-Strukturen und Prozesse sowie dafür vorbereiteter Professioneller und Systeme erfordert.

4 Konsequenzen

Keine einheitliche Entwicklung

Eine grundlegende Bilanz der zusammengestellten Aspekte zeigt, dass eine einheitliche Entwicklung neuer Verfahren insbesondere mit IT-Unterstützung nur in einem übergreifend statistischen Sinne abgeschätzt werden kann. Unter den realen Verhältnissen einer Gemeinde und ihres Umfeldes sind gravierende Abweichungen von diesem allgemeinen Durchschnitt möglich. In dieser frühen Phase der Entwicklung ergibt sich hieraus als erste Schlussfolgerung:

1. Zielführend ist gegenwärtig die gezielte Suche nach geeigneten Rahmenbedingungen, um unter diesen Umständen mit einer Vielzahl von Haushalten systematisch ausgewertete und sozialwissenschaftlich begleitete Services zu betreiben.

Option der Einwanderung

Inwieweit eine langfristig umfängliche Einwanderung von Menschen nach Deutschland eine Verschiebung der Verhältnisse bringt, ist nicht abzusehen, da dies wesentlich von den Anreizverfahren sowie der Zusammensetzung und Intention der Einwanderer abhängt (Brücker und Kohlhaas 2004). Vorzustellen sind auch regionale Siedlungsbereiche wie in den letzten zwei Jahrzenten im Umkreis der Stadt Celle zu beobachten: starker Zuzug kurdischer Bevölkerung (Gesemann und Aumüller 2013).

Die regionale Einwanderung nach Deutschland ist wiederum abhängig von globalen Wanderungsbewegungen wie sie in den 70er Jahren des vergangenen Jahrhunderts diskutiert wurden (Berndt 1994). Inzwischen hat sich gezeigt, dass die Weltbevölkerung weiter wächst, mit einer sehr schwierigen Phase der Alterslastigkeit in den bevorstehenden Jahrzehnten (Rafalimanana und Lai 2013).

In diesem Kontext ist auch nicht abschätzbar, ob der Anteil von Versorgungsbedürftigen, die ins Ausland ziehen, da dort preislich günstigere Versorgung angeboten werden kann, nennenswerten Einfluss auf die Entwicklung in Deutschland bekommt oder nicht. Historische Lernbeispiele sind nur begrenzt vorhanden; etwa die Wanderung US-amerikanischer Rentner nach Costa Rica in den 80er Jahren (Dixon et al. 2006).

Heterogene Lagen, die angepasste flexible Betriebsmodelle erfordern

Die Beispiele im Text zeigen klar, wie heterogen die Lage in verschiedenen ländlichen Regionen sein kann. Dementsprechend ist es erforderlich, von den allgemeinen Betrachtungen der Geschäftsmodelle weg zu kommen, die Förderung der Entwicklung filigranere Prognoseverfahren voranzutreiben und diese bereit zu stellen. Somit lautet die zweite Schlussfolgerung:

2. Die Entwicklung von Betriebsmodellen, die regionale und Servicebesonderheiten abbilden können, muss vorangetrieben werden.

Fortbildung des oberen und mittleren Managements des Sozialsektors

Ähnlich wie bei der ärztlichen Ausbildung muss hinterfragt werden, welche Kenntnisse und Fähigkeiten die anderen Gesundheitsberufe und vor allem das Management von Versorgungseinrichtungen und sozialen Organisationen haben müssen, um in Zukunft die Informationstechnologie konsequent und wertschöpfend für alle Beteiligten in den Versorgungsprozess einzubeziehen. Mitnichten müssen die unteren Hierarchieebenen der Einrichtungen zum Zwecke einer Akzeptanzsteigerung fortgebildet werden. Vor allem müssen die sehr heterogen ausgebildeten Vertreter des mittleren und oberen Managements lernen, in einer Welt ubiquitärer IT-Nutzung effektiv, effizient und ethisch einwandfrei agieren zu können. Dies erfordert erhebliche Anstrengungen in der beruflichen Fortbildung und die Revision vieler Ausbildungsgänge. Insbesondere der Aufbau von B. Sc. und M. Sc. Curricula in diesem Bereich muss diesen Gesichtspunkt reflektieren. Die dritte Schlussfolgerung lautet somit:

3. Nicht nur die handwerklichen Fertigkeiten müssen für die Nutzung technischer Assistenzsysteme in der gesundheitlichen Versorgung geschult werden, sondern auch und vor allem die Managementkenntnisse der mittleren und oberen Führung der Serviceanbieter.

Historische Reformen

In der Geschichte der Entwicklung einer gesundheitlichen Versorgung in den verschiedenen Nationen sind grundlegende Reformen so selten, dass sie leicht aufgezählt werden können (Saltman und Figueras 1997, Mackenbach und McKee 2013). Sie entstanden nur unter massivem Bedarfsdruck und wurden oft durch außerordentliche Persönlichkeiten initiiert. Das deutsche System hat sich nach dem 2. Weltkrieg in Reflektion der Eindrücke der Nazi-Herrschaft rekonstruiert, mit einer totalen Dominanz des ärztlichen Sektors (Wasem et al. 2006b, Wasem et al. 2006a, Wasem et al. 2001). Das hoch verrechtlichte und vernormte System ist in den letzten Jahrzehnten immer wieder nachgebessert worden – ohne dass z. B. die völlig unbefriedigende und überholte Versäulung sowie die Isolierung der nicht-ärztlichen Diensterbringer überwunden werden konnte (Europäisches Observatorium für Gesundheitssysteme 2000). Es ist deshalb unter den gegenwärtigen Mehrheitsverhältnissen unwahrscheinlich, dass der regulative Rahmen zugunsten einer besseren Versorgung auf dem Lande grundlegend geändert werden kann. Hieraus ergibt sich als weitere Bilanz:

4. Bis auf überschaubare Anpassungen muss der gegebene Rahmen Grundlage für die Geschäftsmodelle bleiben.

Fehlende Prognostizierbarkeit verlangt Fortbildung

Ein allgemeines sehr nachhaltiges Problem ist es, dass Konzepte und Fachsprache in einer sehr dynamischen Entwicklungsphase stecken und die Nomenklatur recht uneinheitlich verwandt wird. Dies erschwert Vergleiche. Darüber hinaus sind viele Projekte, gerade, wenn sie technische Assistenzsysteme einsetzen, von überschaubarem Umfang und erlauben in der Regel lediglich Einzelfallanalysen (Meyer und Schulze 2010, Strese et al. 2010, Arbeitsgruppe Bestandsaufnahme BMBF/VDE Innovationspartnerschaft AAL 2011). Übergreifende Analysen, wie sie in einzelnen EU-Projekten versucht werden, werfen viele Fragen bezüglich der Vergleichbarkeit der Subkollektive in verschiedenen Ländern auf (Kubitschke et al. 2010, I. Meyer et al. 2009, Waldhausen und Angermann 2013).

Man kann die Prognostik der Entwicklung des Gesundheitssystems vergleichen mit den Wetterprognosen: globale Prognosen sind heute über einige Tage mit gut zu kalkulierender Sicherheit leistbar. Langfristige Prognosen hängen nach wie vor von dem teilweise noch mangelhaften Wissen über Einflussfaktoren ab. Allerding ist die lokale Wettervorhersage und die Simulation der regionalen Klimata so komplex, dass Vorhersagen schwierig sind.

In vielerlei Hinsicht bestimmt allein die subjektive Wahrnehmung einer betroffenen Person deren Entscheidungsverhalten in Bezug auf den Einsatz neuer und/oder technisch assistierter Verfahren. Hier finden sich diejenigen wieder und bewerten diesen Zustand auch positiv, die auf den zweiten Gesundheitsmarkt als Finanzierungsquelle für neue Versorgungskonzepte in der sozialen und pflegerischen Versorgung hoffen. Allerdings weisen alle Studien bisher darauf hin, dass die Investitionsbereitschaft der Bundesbürger zurzeit noch etwa um den Faktor 25 unter den real zu erwartenden Kosten von entsprechenden Anlagen pro Haushalt liegt (Fachinger 2013, Fachinger et al. 2012). Selbst wenn in neuen Gerätegenerationen dieses um den Faktor 10 reduziert werden kann, sind im Kontext der vielen aufgelisteten Vor- und Nachteile keine sicheren Marktabschätzungen möglich.

5 Schlussfolgerung

Bilanzierend ist am Schluss dieser Ausführungen festzustellen, dass eine Prognose der Entwicklung der Versorgungssituation auf dem Lande oder im ländlichen Raum für Deutschland weder möglich noch in dieser Allgemeinheit sinnvoll ist. Vielmehr werden Studien benötigt, die die vielen Einflussfaktoren in regionalem Bezug erheben und miteinander in Beziehung setzen. Diese Daten können dann als Trainingsdaten für Simulationsverfahren verwendet werden, die andere, weniger beforschte Regionen als Hilfestellung für die Abschätzung ihrer Region nutzen können. Eine solche Entwicklung wird sicher ein Jahrzehnt benötigen. In Anbetracht der Dringlichkeit, die anstehenden Änderungen besser zu verstehen und rechtzeitig darauf reagieren zu können, ist dies eine große Herausforderung – für Forschungsförderung und Forscher gleichermaßen.

6 Zusammenfassung

Die gesundheitliche Versorgung der Bewohner im ländlichen Raum ist traditionell ein Kernthema jeder Gesundheitspolitik. Historisch hat es diesbezüglich große Wenden gegeben. Die Lage und ihre Entwicklung sind regional stark unterschiedlich. Gegenwärtig werden für Deutschland Prognosen formuliert, die zwei Entwicklungen zu integrieren versuchen: die Landflucht sowie den demografischen Wandel. Obwohl beide Prozesse cum grano salis abschätzbar und auch simulierbar sind, fällt die kleinräumige Betrachtung schwer. Auch deuten aktuelle Erkenntnisse der letzten Jahre darauf hin, dass der „ländliche Raum" ein regional vieldimensionales Gebilde darstellt, das nur im Kontext seiner Dimensionsausprägungen beschrieben und analysiert werden kann. Für die gesundheitliche Versorgung bedeutet dies, dass die wichtigste Vorsorge für die Zukunft darin besteht, das obere und mittlere Management der Gesundheitsdienste auf eine sehr wechselhafte und im Einzelnen schlecht prognostizierbare Entwicklung vorzubereiten. Dies heißt gleichzeitig, dass es sehr schwer sein wird, Geschäftsmodelle für innovative verschiedene Dienste mit überregionaler Gültigkeit zu entwerfen.

7 Literatur

Beier-de Haan, R. (2005). *Zuwanderungsland Deutschland: Migrationen 1500 - 2005.* Wolfratshausen: Edition Minerva.

Berndt, U. (1994). Zuwanderung im neuen Europa: Migrationsmuster und Migrantengruppen. In *Jahrbuch für Christliche Sozialwissenschaften, 35*, 24-40.

BMBF/VDE Innovationspartnerschaft AAL (Hrsg.) (2012). *Ambient Assisted Living – ein Markt der Zukunft: Potenziale, Szenarien, Geschäftsmodelle* (Vol. 7/2012, AAL-Schriftenreihe). Berlin: VDE Verlag.

BMBF/VDE Innovationspartnerschaft AAL, Arbeitsgruppe Bestandsaufnahme (Hrsg.) (2011). *Ambient Assisted Living (AAL). Komponenten, Projekte, Services. Eine Bestandsaufnahme* (Vol. 3/2011, AAL Schriftenreihe). Berlin und Offenbach: VDE-Verlag.

Born, K. M. (2011). Ländliche Räume in Deutschland: Differenzierungen, Pfadabhängigkeiten, Entwicklungslinien und -brüche. *Geographische Rundschau, 63*(2), 4-10.

Brücker, H., und Kohlhaas, M. (2004). Möglichkeiten der quantitativen und qualitativen Ermittlung von Zuwanderungsbedarf in Teilarbeitsmärkten in Deutschland – Eine Analyse der Effekte der Migration in heterogenen Arbeitsmärkten. *Expertise für den Sachverständigenrat für Zuwanderung und Integration*. Berlin: Deutsches Institut für Wirtschaftsforschung (DIW).

Buhr, R. (2009). Die Fachkräftesituation in AAL-Tätigkeitsfeldern. Perspektive Aus- und Wieterbildung. Berlin: Institut für Innovation und Technik in der VDI/VDE-IT.

Bundesministerium des Innern (2011). Demografiebericht. Bericht der Bundesregierung zur demografischen Lage und künftigen Entwicklung des Landes. Berlin: Bundesministerium des Innern.

Bundesministerium für Verkehr, Bau und Stadtentwicklung (BMVBS) (2013). *Bericht über die Wohnungs- und Immobilienwirtschaft in Deutschland.* Berlin: Bundesministerium für Verkehr, Bau und Stadtentwicklung (BMVBS).

Bundesregierung (2009). Unterrichtung durch die Bundesregierung. Gutachten 2009 des Sachverständigenrates zur Begutachtung der Entwicklung im Gesundheitswesen. Koordination und Integration – Gesundheitsversorgung in einer Gesellschaft des längeren Lebens. *Bundestags-Drucksache* 16/13770. Berlin: Deutscher Bundestag.

Bundesregierung (2012). Unterrichtung durch die Bundesregierung. Sondergutachten 2012 des Sachverständigenrates zur Begutachtung der Entwicklung im Gesundheitswesen. Wettbewerb an der Schnittstelle zwischen ambulanter und stationärer Gesundheitsversorgung. *Bundestags-Drucksache* 17/10323. Berlin: Deutscher Bundestag.

Busqin, P., Aarts, E., Csaba, D., Mollenkopf, H., und Uusikylä, P. (2013). *Final Evaluation of the Ambient Assisted Living Joint Programme*. Brüssel: European Commission, Directorate-General of Communications Networks, Content & Technology.

Deutsche Gesellschaft für Unfallchirurgie (DGU), Sektion Intensiv- & Notfallmedizin, S. N., und AUC – Akademie der Unfallchirurgie GmbH (2013). *TraumaRegister DGU®. Jahresbericht 2013*. Berlin: Sektion NIS der Deutschen Gesellschaft für Unfallchirurgie (DGU) / AUC – Akademie der Unfallchirurgie GmbH.

Dixon, D., Murray, J., und Gelatt, J. (2006). *America's Emigrants. US Retirement Migration to Mexico and Panama*. Washington: The Migration Policy Institute, New Global Initiatives.

Döbler, T. (2006). Digitale Spaltung in der Informationsgesellschaft. In S. Kimpeler, und E. Baier (Hrsg.), IT-basierte Produkte und Dienste für ältere Menschen – Nutzeranforderungen und Techniktrends. Tagungsband zur FAZIT Fachtagung "Best Agers" in der Informationsgesellschaft (S. 17-30). Karlsruhe: IRB-Verlag.

Europäisches Observatorium für Gesundheitssysteme (2000). *Gesundheitssysteme im Wandel. Deutschland.* Copenhagen: Europäisches Observatorium für Gesundheitssysteme.

Fachinger, U. (2013). Determinanten der Zahlungsbereitschaft – Anmerkungen zur Nachfrage nach technischen Unterstützungssystemen in der gesundheitlichen und pflegerischen Versorgung. In Deutsche Gesellschaft für Gesundheitsökonomie e. V. (Hrsg.), *Steuerung der Gesundheitsversorgung. 5. Jahrestagung 2013, Universität Essen, 11./12. März 2013* (S. 126-127). Essen: Deutsche Gesellschaft für Gesundheitsökonomie e. V.

Fachinger, U., Koch, H., Henke, K.-D., Troppens, S., Braeseke, G., und Merda, M. (2012). Ökonomische Potenziale altersgerechter Assistenzsysteme. Ergebnisse der „Studie zu Ökonomischen Potenzialen und neuartigen Geschäftsmodellen im Bereich Altersgerechte Assistenzsysteme". Forschungsprojekt im Auftrag des Bundesministeriums für Bildung und Forschung (BMBF). Offenbach: VDE Verlag.

Fachinger, U., Nellissen, G., und Siltmann, S. (2013). Geschäftsmodelle für AAL-Systeme: Baustein Finanzierung – Adäquate Berücksichtigung der Finanzierung in Geschäftsmodellen für AAL-Lösungen –. *Sozialwirtschaft aktuell, 2013*(13), 1-4.

Fischer, U. H. P., und Rost, K. (2014). Businessmodell zur Applikation von AAL-Userportalen zur Verbesserung der sozialen Teilhabe älterer Menschen in der Harzregion. In Bundesministerium für Bildung und Forschung (BMBF), AAL Ambient Assisted Living Association, und VDI/VDE/IT (Hrsg.), *Lebensqualität im Wandel von Demografie und Technik. 7. Deutscher AAL-Kongress mit Ausstellung. 21. – 22. Januar 2014, Berlin. Tagungsbeiträge.* Berlin: VDE Verlag.

Gersch, M., und Liesenfeld, J. (Hrsg.) (2012). AAL- und E-Health-Geschäftsmodelle. Technologie und Dienstleistungen im demographischen Wandel und in sich verändernden Wertschöpfungsarchitekturen. Wiesbaden: Gabler.

Gesemann, F., und Aumüller, J. (2013). *Potenzialbericht. Erste Ergebnisse der Erhebungen vor Ort. Forschungs-Praxis-Projekt: Integrationspotenziale ländlicher Regionen im Strukturwandel.* Darmstadt: Institut für Demokratische Entwicklung und Soziale Integration und Hochschule für Wirtschaft und Recht (HWR) Berlin.

Güttler, K., Schoska, M., und Görres, S. (Hrsg.) (2010). *Pflegedokumentation mit IT Systemen – eine Symbiose von Wissenschaft, Technik und Praxis.* Bern: Hans Huber.

Häckl, D. (2010). *Neue Technologien im Gesundheitswesen. Rahmenbedingungen und Akteure* (Schriftenreihe der HHL – Leipzig Graduate School of Management). Wiesbaden: Gabler.

Handelsblatt (2013). *Die neue Völkerwanderung – Oder warum immer mehr Menschen aus Südeuropa nach Deutschland kommen.* Beilage. Düsseldorf: Handelsblatt GmbH.

Hibbeler, B. (2012). Medizinstudium: Fakultät in Oldenburg eröffnet. *Deutsches Ärzteblatt, 109*(44), A-2166 / B-1768 / C-1735.

Koehler, F., Winkler, S., Schieber, M., Sechtem, U., Stangl, K., Böhm, M., et al. (2011). Impact of Remote Telemedical Management on Mortality and Hospitalizations in Ambulatory Patients With Chronic Heart Failure. The Telemedical Interventional Monitoring in Heart Failure Study. *Circulation, 123*, 1873-1880.

Köhler, F., und Lücke, S. (2007). „Partnership for the Heart": Klinische Erprobung eines telemedizinischen Betreuungssystems für Patienten mit chronischer Herzinsuffizienz. *Kardiotechnik,* (4), 110-113.

Korupp, S. E., und Szydlik, M. (2005). Causes and Trends of the Digital Divide. *European Sociological Review, 21*(4), 409-422.

Kremer-Preiß, U., und Stolarz, H. (2003). Neue Wohnkonzepte für das Alter und praktische Erfahrungen bei der Umsetzung – eine Bestandsanalyse –. Zwischenbericht im Rahmen des Projektes „Leben und Wohnen im Alter" der Bertelsmann Stiftung und des Kuratoriums Deutsche Altershilfe. Köln: Bertelsmann Stiftung, Kuratorium Deutsche Altershilfe (KDA).

Krüger-Brand, H. E. (2013). Mobile Versorgung – Praxis auf Rädern. *Deutsches Ärzteblatt, 110*(6), 198-199.

Kubitschke, L., Müller, S., Gareis, K., Frenzel-Erkert, U., Lull, F., Cullen, K., et al. (2010). *ICT & Ageing. European Study on Users, Markets and Technologies. Final Report. Report prepared by empirica and WRC on behalf of the European Commission, Directorate General for Information Society and Media.* Brüssel: European Commission, Directorate General for Information Society and Media, unit ICT for Inclusion.

Mackenbach, J. P., und McKee, M. (Hrsg.) (2013). *Successes and Failures of Health Policy in Europe. Four decades of divergent trends and converging challenges.* Maidenhead, UK: Open University Press.

Meyer, I., Hüsing, T., Didero, M., und Korte, W. B. (2009). *eHealth Benchmarking – Final Report.* Bonn: Empirica, Gesellschaft für Kommunikations- und Technologieforschung.

Meyer, S. (2011). Mein Freund der Roboter. Servicerobotik für ältere Menschen – eine Antwort auf den demographischen Wandel? (Vol. 4, AAL Schriftenreihe). Berlin und Offenbach: VDE-Verlag.

Meyer, S., Mollenkopf, H., und Eberhardt, B. (Hrsg.) (2010). *AAL in der alternden Gesellschaft – Anforderungen, Akzeptanz und Perspektiven. Eine Planungshilfe* (Vol. 2, AAL Schriftenreihe). Berlin und Offenbach: VDE-Verlag.

Meyer, S., und Schulze, E. (2010). *Smart Home für ältere Menschen: Handbuch für die Praxis*. Stuttgart: Fraunhofer-IRB-Verl.

Michell-Auli, P. (2012). *Denkansatz und Innovationen für eine moderne Altenhilfe*. Köln: Kuratorium Deutsche Altershilfe (KDA).

Neitzke, P., und Kleinhückelkotten, S. (2010). Kooperative Bewertung und Kommunikation der systemischen Risiken ubiquitärer Informations- und Kommunikationstechnologien. Schlussbericht. Hannover: Forschungsverbund AACCrisk.

Philipp-Metzen, H. E. (2011). Die Enkelgeneration in der familialen Pflege bei Demenz. Erfahrungen und Bilanzierungen – Ergebnisse einer lebensweltorientierten Studie. *Zeitschrift für Gerontologie und Geriatrie, 44*, 397-404.

Podtschaske, B., Friesdorf, W., Glende, S., und Nedopil, C. (2011). *Nutzerabhängige Innovationsbarrieren im Bereich altersgerechter Assistenzsysteme. 1. Studie im Rahmen der AAL-Begleitforschung des Bundesministeriums für Bildung und Forschung. Abschlussbericht.* Berlin: Technische Universität Berlin, Fachgebiet Arbeitswissenschaft und Produktergonomie (AwB), und YOUSE GmbH

Prieger, J. (2003). The supply side of the digital divide: Is there equal availability in the broadband Internet access market? *Economic Inquiry, 41*(2), 346-363.

Rafalimanana, H., und Lai, M. S. (2013). *World Population Ageing 2013*. New York: United Nations, Department of Economic and Social Affairs, Population Division.

Royal Flying Doctor Service of Australia (2013). *Setting the course for a modern service. Annual Report*. Sydney: Royal Flying Doctor Service of Australia.

Sachverständigenrat zur Begutachtung der Entwicklung im Gesundheitswesen (2012). *Wettbewerb an der Schnittstelle zwischen ambulanter und stationärer Gesundheitsversorgung. Sondergutachten 2012. Kurzfassung*. Berlin: Sachverständigenrat zur Begutachtung der Entwicklung im Gesundheitswesen.

Sahay, R. (2006). The Causes and Trends of the Digital Divide. *iSChannel. The Information Systems Student Journal, 1*, 36-38.

Saltman, R. B., und Figueras, J. (1997). *European Health Care Reform: Analysis of current Strategies* (Vol. 72, European Series). Kopenhagen: World Health Organization Regional Office for Europe.

Scholl, A. (2010). Nachbarschaftsprojekte in der gemeinwesenorientierten Seniorenarbeit: Lebendige Nachbarschaften initiieren und moderieren. Themenschwerpunkt. Köln: Kuratorium Deutsche Altershilfe (KDA), Forum Seniorenarbeit.

Sellemann, B., Flemming, D., und Hübner, U. (2010). Verbreitung von Informationssystemen in der Pflege. In K. Güttler, M. Schoska, und S. Görres (Hrsg.), *Pflegedokumentation mit IT Systemen – eine Symbiose von Wissenschaft, Technik und Praxis* (S. 71-86). Bern: Hans Huber.

Shapiro, R., und Rohde, G. L. (2000). *Falling through the net: Toward digital inclusion. A Report on Americans' Access to Technology Tools*. Washington, DC: National Telecommunications and Information Administration (NTIA) und Economic and Statistics Administration (ESA).

Strese, H., Seidel, U., Knape, T., und Botthof, A. (2010). Smart Home in Deutschland. Untersuchung im Rahmen der wissenschaftlichen Begleitung zum Programm Next Generation Media (NGM) des Bundesministeriums für Wirtschaft und Technologie. Berlin: Institut für Innovation und Technik (iit) in der VDI/VDE-IT.

Tesch-Römer, C., und Mardorf, S. (2009). Familiale und ehrenamtliche pflegerische Versorgung. In K. Böhm, C. Tesch-Römer, und T. Ziese (Hrsg.), *Gesundheit und Krankheit im Alter*. Berlin: Robert Koch-Institut.

Waldhausen, A., und Angermann, A. (2013). Technische Assistenzsysteme für ältere Menschen in der EU – eine Einführung. *Newsletter*(1/2013), 2-7.

Wasem, J., Greß, S., Hessel, F., Vincenti, A., und Igl, G. (2006a). Gesundheitswesen und Sicherung bei Krankheit und im Pflegefall. In M. G. Schmidt (Hrsg.), *Bundesrepublik Deutschland 1989-1994. Sozialpolitik im Zeichen der Vereinigung* (Vol. 11, S. 649-718, Geschichte der Sozialpolitik in Deutschland seit 1945). Baden-Baden: Nomos.

Wasem, J., Greß, S., Vincenti, A., Behringer, A., und Igl, G. (2006b). Gesundheitswesen und Sicherung bei Krankheit und im Pflegefall. In M. G. Schmidt (Hrsg.), *Bundesrepublik Deutschland 1982-1989. Finanzielle Konsolidierung und institutionelle Reform* (Vol. 7, S. 389-440, Geschichte der Sozialpolitik in Deutschland seit 1945). Baden-Baden: Nomos.

Wasem, J., Igl, G., Vincenti, A., Behringer, A., Schagen, U., und Schleiermacher, S. (2001). Gesundheitswesen und Sicherung bei Krankheit und im Pflegefall. In U. Wengst (Hrsg.), *Die Zeit der Besatzungszonen 1945 - 1949. Sozialpolitik zwischen Kriegsende und der Gründung zweier deutscher Staaten* (Vol. 2, S. 461-528, Geschichte der Sozialpolitik in Deutschland seit 1945). Nomos: Baden-Baden.

Weiß, C., Lutze, M., Compagna, D., Braeseke, G., Richter, T., und Merda, M. (2013). *Abschlussbericht zur Studie Unterstützung Pflegebedürftiger durch technische Assistenzsysteme*. Berlin: Bundesministerium für Gesundheit.

Wichert, R., und Klausing, H. (Hrsg.). (2014). *Ambient Assisted Living. 6. AAL-Kongress 2013. Berlin, Germany, January 22-23, 2013* (Advanced Technologies and Societal Change). Heidelberg u. a. O.: Springer.

World Health Organisation (WHO) (2010). *Hidden cities: unmasking and overcoming health inequities in urban settings.* Geneva: World Health Organization, The WHO Centre for Health Development, Kobe, und United Nations Human Settlements Programme (UN-HABITAT).

Materielle Versorgung im Alter: Zur regionalen Bedeutung von Alterssicherungssystemen

Uwe Fachinger

1 Motivation

In der Literatur wird seit langem die Versorgung von Menschen im ländlichen Raum problematisiert und darauf hingewiesen, dass die demographischen Änderungen – hier werden insbesondere regionale Wanderungen der jüngeren erwerbsfähigen Personen sowie die Alterung der verbliebenen Bevölkerung genannt – erhebliche Konsequenzen nicht nur für die Versorgung älterer Menschen, sondern grundsätzlich für die Lebenslagen aller Generationen in den jeweiligen Regionen haben werden (vgl. als Überblick beispielsweise Beirat für Raumordnung 2009, Seitz 2009, Domhardt et al. 2010, Inhetveen und Schmitt 2010, Beirat für Raumentwicklung 2012, Bundesinstitut für Bau-, Stadt- und Raumforschung (BBSR) im Bundesamt für Bauwesen und Raumordnung (BBR) 2012).

Dabei bilden die ökonomischen Gegebenheiten eine der grundlegenden Bedingungen für die Analyse der Konsequenzen, die sich aus diesen Prozessen ergeben (Schulz-Nieswandt 2000, S. 33 f., Küpper 2011, S. 43, Klie und Marzluff 2012). Die wirtschaftliche Situation innerhalb einer Region kann dabei als Aus- bzw. Ansatzpunkt für eine potenzielle Prosperität betrachtet werden. Allerdings wird auch darauf verwiesen, dass dies nicht losgelöst von der sozialräumlichen Entwicklung zu sehen, sondern in diese einzubinden sei, da hiervon die Versorgung älterer Menschen in der Region abhinge (siehe hierzu die Beiträge von Betz und Saal, Brauer, Gärtner, Neu und Nicolic sowie Zibell et al. in diesem Band und Schmähl 2000). Mit anderen Worten, der Fokus sollte nicht nur auf den den Haushalten zufließenden Einkommen und den Vermögensbeständen liegen, da die materielle Versorgung auch das Angebot an bzw. das Vorhandensein von Waren und Dienstleistungen beinhaltet. Allerdings wird die Nachfrage nach Waren und Dienstleistungen von der Einkommens- und Vermögenslage privater Haushalte maßgeblich bestimmt.

Bezogen auf die materielle Lage von privaten Haushalten wird in der Literatur allerdings in der Regel stark vereinfachend auf die Einkommen aus einer Erwerbstätigkeit verwiesen. Bezieht man sich auf diese Kategorie, dann könnte aus der Alterung und Schrumpfung der Bevölkerung ceteris paribus auch eine Reduzierung der Nachfrage folgen, da die (Ersatz-)Einkommen in der Nacherwerbsphase aus Systemen der Altersvorsorge im Vergleich zu den Einkommen aus Erwerbstätigkeit in der Regel geringer sind. Hier wird insbesondere für ländliche Regionen die Gefahr einer „Abwärtsspirale“ gesehen, die sich aus dem Bevölkerungsrückgang, der Alterung, einer Verschlechterung von Infrastrukturausstattung und von Erwerbsmöglichkeiten ergibt und dadurch bedingt auch eine Abwanderung induziert (Küpper 2011, S. III und S 52 f.; vgl. auch Fachinger und Stegmann 2012, Beetz 2007 sowie Voigt 1980). Diese Mobilität führt zu einer weiteren Reduzierung und schnelleren Alterung der verbleibenden Bevölkerung mit potenziell gravierenden Folgen für die Versorgungsstrukturen: Eine Verminderung der Nachfrage hat im Prinzip eine quantitative wie qualitative Reduzierung des Angebots an Waren und Dienstleistungen zur Folge, wodurch der Prozess der sukzessiven Verschlechterung der lokalen Versorgungssituation fortgesetzt und die Abwanderung noch verstärkt wird. Des weiteren kann die Arbeitsmarktsituation insbesondere Familien mit Kindern in ländlichen Regionen dazu veranlassen, in Agglomerationsräume mit einer höheren Arbeitsnachfrage und besseren Erwerbsmöglichkeiten sowie mit einem qualitativ und quantitativ besseren Angebot an Kinderbetreuung und Schulen zu ziehen (Friedrich Ebert Stiftung 2003, S. 31).

Aus kommunaler Sicht hat der beschriebene Prozess erhebliche Auswirkungen auf die Handlungsspielräume und Gestaltungsmöglichkeiten. Die Reduzierung des Erwerbspersonenpotenzials sowie die regionalwirtschaftlichen strukturellen Änderungen können zu einer Verringerung der Steuereinnahmen beitragen und damit die Bereitstellung der Grundversorgung mit lokalen öffentlichen Gütern und eine nachhaltige Sicherung der Finanzierung für die Gemeinden gefährden (Beirat für Raumentwicklung 2012, Wissenschaftlicher Beirat beim Bundesministerium der Finanzen 2010).

Wie stark die jeweiligen Regionen von den strukturellen Veränderungen betroffen sein werden, lässt sich nicht generell beantworten und hängt u. a. von der Struktur der Bedarfe sowie der materiellen Ressourcen der privaten Haushalte in den spezifischen Regionen ab. So ändert sich beispielsweise der Bedarf in Abhängigkeit von der jeweiligen Lebensphase, die die Haushalte durchlaufen. Selbiges gilt ebenfalls für die Struktur der Einkünfte.

2 Fragestellung

Zur Beantwortung der Frage, was die materielle Versorgung im Alter prägt bzw. wovon diese abhängig ist und welche Bedeutung den Alterssicherungssystemen zukommt, hilft ein Blick auf die verschiedenen potenziellen Einkunfts- und Abgabearten. Zur Verdeutlichung der Heterogenität der Komponenten, die bei der Analyse der materiellen Versorgung zu beachten sind, sind in der folgenden Tabelle wichtige Einkunfts- und Abgabearten aufgeführt. Es kann hier nicht im einzelnen auf die unterschiedlichen Einkunftsarten und deren Determinanten eingegangen werden (siehe hierzu ausführlicher Fachinger 2002, S. 13). Die Tabelle 1 soll verdeutlichen, dass die Fixierung auf Erwerbseinkünfte bei der Beurteilung der materiellen Situation von privaten Haushalten zu kurz greift, wenn man die Auswirkungen der strukturellen Veränderung auf regionaler Ebene bezüglich der Einkommenssituation beurteilen möchte.

Mit der Alterung der Bevölkerung geht eine Veränderung der Zusammensetzung der Einkommen auf der Mikroebene einher: die Erwerbseinkünfte reduzieren sich und die Bedeutung von Einkünften aus Altersvorsorgesystemen nimmt zu. Welche Konsequenzen die sich ändernde Struktur auf die Veränderung der Kaufkraft hat, ist schematisch und stark vereinfacht in der Abbildung 1 dargestellt. Es soll verdeutlicht werden, dass nicht nur die absolute Höhe von Relevanz ist, sondern auch die Stetigkeit des Einkommensflusses. Die Zusammensetzung aus transitorischen und permanenten Komponenten kann je Einkunftsart sehr unterschiedlich sein.[1] So weisen Einkünfte aus einer abhängigen Erwerbstätigkeit eine relativ hohe Mobilität auf (Fachinger 1991), d. h. auch ihre transitorische Komponente ist relativ hoch. Demgegenüber können die Leistungen aus den Regelsystemen der Alterssicherung – insbesondere der GRV und der Beamtenversorgung – zu den permanenten Einkommenskomponenten gezählt werden. Diese bedingen damit für die regionale Kaufkraft eine relativ hohe Stabilität ebenso wie andere Leistungen sozialer Sicherungssysteme, beispielsweise aus der Kranken- oder Pflegeversicherung sowie Transferzahlungen aus öffentlichen Haushalten wie z. B. Sozialhilfe und Wohngeld insbesondere bei höheren Altersgruppen.[2]

Die Änderung der materiellen Situation hat somit aus regionaler Sicht nicht nur negative Aspekte im Hinblick auf die Höhe der Kaufkraft zur Folge. Vielmehr liegen in der sich ändernden Zusammensetzung von transitorischen und permanenten Einkommenskomponenten auch entsprechende Potenziale. So bedingt die strukturelle Veränderung eine Zunahme der Zuverlässigkeit und Stetigkeit der Kaufkraft. Mit anderen Worten, derartige Einkunftsarten führen zu einer Stabilisierung der Nachfrage nach Gütern und Dienstleistungen.

---

1 Unter transitorischem Einkommen werden die Einkünfte zusammengefaßt, deren Höhe im Zeitablauf zufälligen Schwankungen unterliegen, wohingegen das permanente Einkommen in seiner Höhe langfristig konstant ist; siehe hierzu beispielsweise Modigliani 1986, S. 186, wonach das permanente Einkommen definiert ist als „(...) the maximum consumption that could be sustained indefinitely (...)".

2 Im Raumordnungsbericht 2011 wird beispielsweise auf die nach Regionen unterschiedlichen Auswirkungen der Finanzkrise von 2009 und damit auch auf die regionalunterschiedlich starke Abhängigkeit von gesamtwirtschaftlichen Effekten hingewiesen; Bundesinstitut für Bau-, Stadt- und Raumforschung (BBSR) im Bundesamt für Bauwesen und Raumordnung (BBR) 2012,S. 65 ff.

Tabelle 1: Einkunfts- und Abgabearten der materiellen Versorgung von Haushalten älterer Menschen sowie deren Determinanten

Einkunfts- und Abgabenarten	Determinanten
• Erwerbseinkünfte aus unselbständiger und selbständiger Tätigkeit;	• Erwerbstätigkeit im formellen und informellen Sektor;
• Vermögenseinkünfte (ohne Versicherungen);	• Sparen, Schenkungen und Vererbung;
• Renten und Pensionen von: Sozialversicherungen, Gebietskörperschaften, berufsständischen Versorgungswerken, Betrieben und Privatversicherungen;	• Leistungsrecht der sozialen Sicherungssysteme: Art und Umfang früherer Erwerbstätigkeit im formellen Sektor, Familienstand (z. B. bei Hinterbliebenenrenten), Gesundheitszustand (z. B. bei Invalidität) und Pflegebedürftigkeit;
• Weitere Transferzahlungen aus öffentlichen Haushalten wie z. B. Sozialhilfe und Wohngeld;	• Übrige Einkünfte, Haushaltsgröße, -zusammensetzung und -struktur, Mietausgaben usw.;
• Intrafamiliale monetäre Transfers;	• Familienbeziehungen und ökonomische Situation von Familienangehörigen;
Summe der Bruttoeinkommen	
• Lohn- und Einkommensteuer; • Sozialversicherungsbeiträge an: Rentenversicherung, Krankenversicherung, Pflegeversicherung und Bundesanstalt für Arbeit; • vergleichbare Beiträge bei nicht sozialversicherungspflichtiger Erwerbstätigkeit;	• Abgabesätze für Einkommen bzw. einzelne Einkunftsarten;
Summe der Nettoeinkommen	
• Auflösung von Geld- oder/und Sachvermögen;	• Vermögensbestand und Summe der Nettoeinkommen im Verhältnis zum „Bedarf";
• nichtmonetäre Einkommenselemente (Sachleistungen) u. a. aus öffentlichen Haushalten und aus Privathaushalten, z. B. intrafamiliale Transfers;	• Leistungsrecht und Familienbeziehungen;
• Preisvergünstigungen; • Indirekte Steuern;	• Art der Einkommensverwendung;
• Zuzahlungen im Krankheits- und Pflegefall;	• Leistungsrecht der sozialen Sicherungssysteme, Gesundheitszustand;
Materielle Lebenslage	

Quelle: Fachinger 2002, S. 13.

Abbildung 1: Schematische Darstellung der Einkommenskomponenten

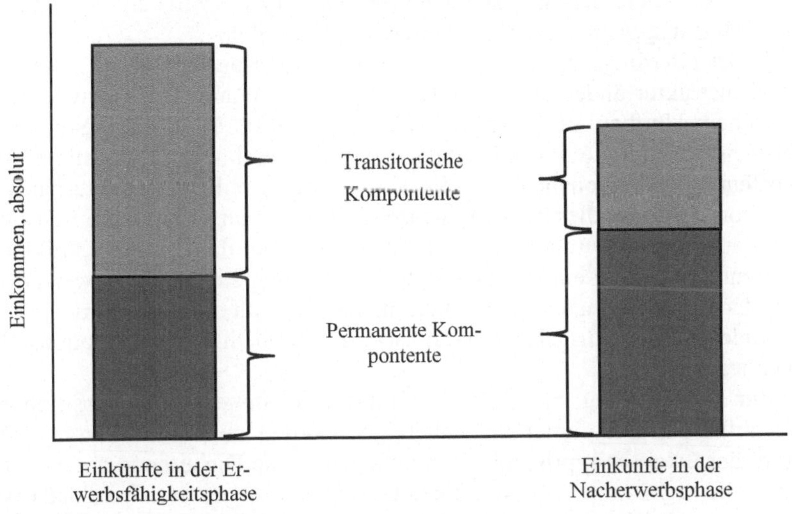

Quelle: Eigene Darstellung.

Zur Stabilität der Nachfrage trägt auch die geringe räumliche Mobilität in der Altersphase bei und selbst ein Wohnungswechsel in der näheren Umgebung wird aufgrund des sogenannten Remanenzeffektes vergleichsweise selten vorgenommen (zur Diskussion siehe Schuett et al. 2012, Friedrich 2008 sowie Schlömer in diesem Band). Mit andere Worten, Personen, die in der Nacherwerbsphase umziehen, möchten im Prinzip in der frei gewählten – und nicht beispielsweise durch den Ort der Erwerbstätigkeit bestimmten – Wohnung möglichst bis zum Lebensende verbleiben. Dies trägt ebenfalls zur besseren Planbarkeit der Kommunen bezogen auf die Bedarfe der vorhandenen Haushalte sowie der örtlichen Wirtschaft, beispielsweise der Dienstleistungsanbieter, bei.

Die individuellen Bedarfe unterliegen in der Regel nicht vergleichbaren kurzfristigen Schwankungen wie die Einkommen (Fachinger und Himmelreicher 2012, Fachinger 2001). Sofern keine „Strukturbrüche" auftreten, z. B. in Folge des Eintritts eines sozialen Risikos wie Krankheit, Tod der Partnerin bzw. des Partners oder Pflegebedürftigkeit, verändern sich die Bedarfe sukzessive im Prozeß der physiologischen bzw. kognitiven Alterung. Dies führt bei einer sich ändernden, d. h. alternden und schrumpfenden Bevölkerung, zu strukturellen Änderungen der Nachfrage.

Nachfrageänderungen werden ferner durch die sich reduzierenden Einkommen aufgrund von damit einher gehenden Einkommens- und Substitutionseffekten bedingt (Luckenbach 1988). Der Einkommenseffekt ist die Veränderung des Konsums, die auf die Veränderung der Kaufkraft zurückzuführen ist. Im vorliegenden Fall wird er durch die Reduzierung des Einkommens ausgelöst. Dadurch verringert sich die reale Kaufkraft des Einkommens und es können ceteris paribus insgesamt weniger Güter erworben werden.

Es ist allerdings davon auszugehen, dass der Haushalt in der Folge seine Ausgabenstruktur ändert, statt die Nachfrage nach Waren und Dienstleistungen in gleichem Umfang zu reduzieren (Fachinger 2001, S. 252 ff.). So sind beispielsweise bestimmte Dienstleistungen wie Haareschneiden oder die Nutzung des öffentlichen Personennahverkehrs nicht beliebig teilbar. Der Haushalt ist allein schon aufgrund dieser Gütereigenschaft gezwungen, bestimmte Substitutionen vorzunehmen. Durch die Substitution ändert sich die Ausgabenstruktur und es kommt den Gütern eine andere relative Bedeutung zu, die sich jeweils als Relation der Güter zueinander und damit als relative Güterpreise ausdrücken lässt. Die Änderung der Ausgabenstruktur ist das Abbild dieser Substitutionseffekte von Gütern.

Zur Einschätzung, in welchem Umfang Einkommens- und Substitutionseffekte auftreten, sind ferner die Gütereigenschaften zu berücksichtigen. Dabei wird in der Ökonomik prinzipiell vereinfachend eine Dichotomie unterstellt. Einerseits die sogenannten „notwendigen Güter“ bzw. Güter des Grundbedarfs und andererseits die Kategorie der „Luxusgüter“. Im allgemeinen geht man davon aus, dass bei einer Reduzierung der Kaufkraft die Ausgaben für Luxusgüter überproportional im Vergleich zu denen der Güter des Grundbedarfs reduziert werden. Das Ausmaß dieser Einkommens- und Substitutionseffekte, die zudem entgegengesetzt wirken können, ist allerdings a priori unbestimmt und lässt sich nur empirisch ermitteln.

Zur Beurteilung und zum Vergleich der Versorgungsituation und deren Entwicklung wären zudem die regionalen Preisunterschiede im Hinblick auf die Nachfrage nach Waren und Dienstleistungen sowie der Inanspruchnahme kommunaler Angebote zu beachten. So werden für Deutschland Nord-Süd- sowie Ost-West-Unterschiede und Differenzen zwischen ländlichen und städtischen Regionen konstatiert (Kawka 2010, Bundesinstitut für Bau- 2009, S. 59 ff.).

Die vorausgehenden Aspekte wurden bisher bei der Diskussion im Zusammenhang mit den Auswirkungen des regionalen Strukturwandels in ländlichen Räumen in der Literatur nicht intensiv behandelt. Insbesondere die Wirkungen von Alterssicherungssystemen wie der gesetzlichen Rentenversicherung (GRV) auf regionaler Ebene, die im folgenden im Vordergrund der Analyse stehen, fanden in der wissenschaftlichen Diskussion wenig Beachtung.[3]

3 Brenke 2006 beispielsweise betrachtet das Aggregat der sozialen Transfers. Siehe zu regionalen Einkommensunterschieden auch Fachinger und Stegmann 2012, Ragnitz 2011 sowie Gatzwieler und Milbert 2003.

3 Potenzielle Wirkungen

3.1 Einleitung

Stellt man die Frage nach den potenziellen Wirkungen der monetären Leistungen von Alterssicherungssystemen auf regionaler Ebene, so ist zwischen verschiedenen Ebenen zu unterscheiden. Einerseits betreffen die strukturellen Änderungen die materielle Situation auf einzel- und regionalwirtschaftlicher Ebene unmittelbar. Sie wirken sich direkt auf die Kaufkraft bzw. die Konsumnachfrage der privaten Haushalte sowie deren Verstetigung bzw. Stabilisierung aus. Andererseits existieren aber auch vielfältige mittelbare Wirkungen durch die Interdependenzen der sozialen Sicherungssysteme und deren subsidiäre Ausgestaltung (Fachinger et al. 2010, Barth 2005). Im folgenden wird auf beide Aspekte eingegangen und es werden einige zentrale Gesichtspunkte diskutiert.

3.2 Direkte Wirkungen

3.2.1 Allgemein

Aus gesamtwirtschaftlicher Perspektive stellen die Leistungen aus Alterssicherungssystemen einen relevanten Faktor auch für die Gesamtnachfrage dar, wobei die Ausgaben des quantitativ bedeutsamsten Systems, die GRV, rund 10,0 % des Bruttoinlandsproduktes (BIP) im Jahr 2012 betrugen, wie der Tabelle 2 entnommen werden kann.

Tabelle 2: Leistungen nach Institutionen, 2012

Institutionen	Absolut in Mill. Euro	Relativ in %	Anteil am BIP in % (BIP = 2.592.600 Mill. Euro)
Rentenversicherung	259.836	74,5	10,0
Alterssicherung der Landwirte	2.862	0,8	0,1
Versorgungswerke	4.515	1,3	0,2
Private Altersvorsorge	200	0,1	0,0
Pensionen	46.376	13,3	1,8
Betriebliche Altersversorgung	23.830	6,8	0,9
Zusatzversorgung	11.230	3,2	0,4
insgesamt	348.849	100,0	13,5

Quelle: Deutscher Bundestag 2013b, S. 170.

Rechnet man die Leistungen aus der Alterssicherung der Landwirte, den berufsständischen Versorgungswerken, der privaten Altersvorsorge, der Beamtenversorgung, der betrieblichen Altersvorsorge und der Zusatzversorgung des öffentlichen Dienstes gemäß Sozialbudget hinzu, so lag der Anteil im Jahr 2012 bei rund 13,5 v. H. des BIP.

Die Tabelle 2 zeigt aber auch, welche Bedeutung der GRV im Vergleich zu den anderen Systemen der Altersvorsorge zukommt. So ist das Volumen der GRV um das fünfeinhalbfache höher als das der Beamtenversorgung und beträgt mehr als das zehnfache der betrieblichen Altersversorgung. Aufgrund des Anteils von 10,0 % am BIP wirken sich zudem Änderungen, die die Höhe der Leistungen betreffen, auch auf gesamtwirtschaftlicher Ebene aus.

Betrachtet man die einzelwirtschaftliche Ebene exemplarisch für Zweipersonenhaushalte, so ist den beiden folgenden Abbildungen die Relevanz in absoluten als auch relativen Werten zu entnehmen.

Abbildung 2: Zusammensetzung der Einkommen von Zweipersonenhaushalten, absolut in Euro, 2008

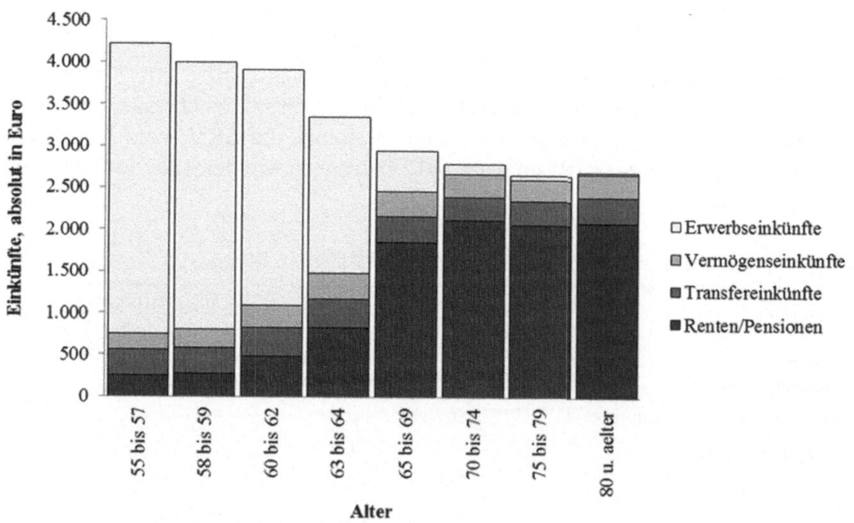

Quelle: Eigene Auswertung auf der Basis des Scientific Use Files der EVS 2008.

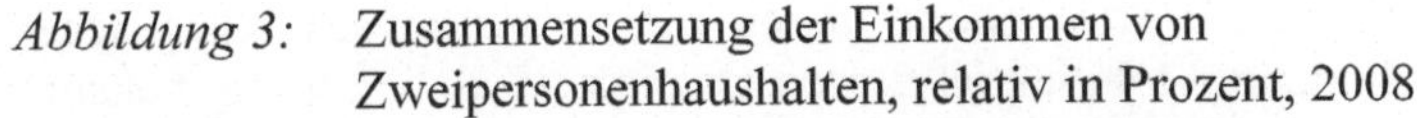

Abbildung 3: Zusammensetzung der Einkommen von Zweipersonenhaushalten, relativ in Prozent, 2008

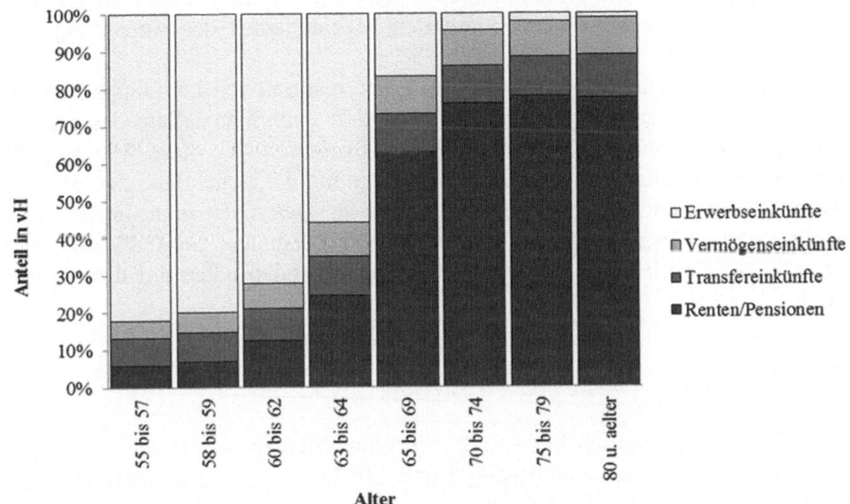

Quelle: Eigene Auswertung auf der Basis des Scientific Use Files der EVS 2008.

In den Abbildungen wird die relative und absolute Bedeutung von Renten und Pensionen für Personen ab der Alterskategorie 63 ersichtlich. Erwerbseinkünfte sind in diesen Alterskategorien unbedeutend. Eine Alterung der Bevölkerung bedeutet damit eine beträchtliche Verschiebung der Relevanz insbesondere von Erwerbseinkünften hin zu denen aus Alterssicherungssystemen. Ferner wird deutlich, dass je älter die Bezugsperson ist, desto stärker hängt das Haushaltseinkommen von den Leistungen aus Alterssicherungssystemen ab. Demgegenüber sind die Transfereinkünfte in ihrer absoluten Höhe in den Alterskategorien etwa gleich. Bei den Einkünften aus Vermögen liegt zwischen den Alterskategorien 60 bis 62 und 63 bis 64 ein deutlicher Niveaubruch vor, bedingt u. a. durch Zahlungen aus privaten Altersvorsorgesystemen. Anteilsmäßig sind diese dann aber in den höheren Altersgruppen ab 65 bis 69 in etwa gleich.

Allerdings lassen sich aus derartigen Daten keine Informationen über die Entwicklung der Einkommen der jeweiligen privaten Haushalte im Zeitablauf herleiten.[4] Bekannt ist aber, dass die individuellen Einkünfte aus einer Erwerbstätigkeit eine hohe Instabilität bzw. Mobilität aufweisen (Fachinger und Himmelreicher 2012 mit zahlreichen Verweisen sowie ausführlich Fachinger 1991). In der Altersphase reduzieren sich die Höhe und der Anteil dieser Ein-

4 Siehe zur Problematik der Identifikation von Alters-, Kohorten- und Periodeneffekten beispielsweise Fachinger 2001, S. 34 ff.

kommenskomponente. Sie wird ersetzt durch die Einkünfte aus Alterssicherungssystemen. Zu deren Mobilität ist derzeit zwar grundsätzlich wenig bekannt (Künemund et al. 2013a, Künemund et al. 2013b), allerdings kennt man zumindest für einzelne Alterseinkunftsarten den Mechanismus der Anpassung (Fachinger et al. 2013).[5]

Es bleibt festzuhalten, dass aufgrund des quantitativen Umfanges Leistungen aus Alterssicherungssystemen grundsätzlich den finanziellen Gestaltungsspielraum auf regionaler Ebene beeinflussen. Inwieweit sich diese Wirkung entfaltet, hängt allerdings von der relativen Bedeutung der Leistungen der Alterssicherungssysteme in den jeweiligen Regionen ab. Betrachtet man die Relevanz der einzelnen Alterseinkünfte, so ist diese für die Leistungen der GRV mit etwas mehr als 74,5 % am höchsten. Daher wird im folgenden näher auf diese eingegangen.

3.2.2 Gesetzliche Rentenversicherung

Die GRV zahlt monatlich etwa 25,2 Millionen Renten aus (Stand Dezember 2012; Deutsche Rentenversicherung Bund 2013a, S. 3). Dies entspricht rund 18,8 Mrd. Euro pro Monat an Einkommen, das den privaten Haushalten zugeht. Hinzukommen ca. 473 Mio. Euro pro Monat an Ausgaben für Rehabilitationsleistungen (Deutsche Rentenversicherung Bund 2013b, S. 9), die allerdings zweckbestimmt sind und nicht beliebig verwendet werden können (Fachinger et al. 2012c, S. 16 ff., Reimann 2011). Zu bedenken ist ferner, dass die letztgenannten Leistungen nur an Personen im erwerbsfähigen Alter gezahlt werden – sie zielen auf die Integration der Personen in den Arbeitsmarkt ab.

Eine grundsätzliche Vorstellung von der Relevanz der Ausgaben der GRV erhält man, wenn man den durchschnittlichen Rentenzahlbetrag auf Ebene der kreisfreien Städte und Landkreise betrachtet (Abbildung 4). Die Zahlen verdeutlichen nicht nur die Bedeutung, die der Alterssicherung auf der Mikroebene der privaten Haushalte zukommt, sondern auch die gesamtwirtschaftliche Relevanz der Leistungen, die sich u. a. aufgrund der strukturellen demographischen Unterschiede (siehe Schlömer in diesem Band) auf regionaler Ebene unterschiedlich auswirken. Dabei treten beträchtliche Disparitäten auf kleinräumiger Ebene auf.

---

5 Mit Anpassung ist die im Zeitablauf erfolgende auf gesetzlicher oder vertraglicher Vorgaben Basis beruhende Veränderung der Höhe einer Einkunftsart gemeint. Hierdurch soll beispielsweise eine Reduzierung der Realkaufkraft vermieden oder die Sicherung eines Lebenshaltungsniveaus im Zeitablauf erreicht werden; siehe beispielsweise Fachinger 2011.

Abbildung 4: Durchschnittlicher Rentenzahlbetrag der Gesetzlichen Rentenversicherung je Einzelrentner 65 Jahre und älter in Euro, Kreise und kreisfreie Städte, 2010

	bis unter	740,6
740,6	bis unter	784,0
784,0	bis unter	833,0
833,0	bis unter	883,2
883,2	und mehr	

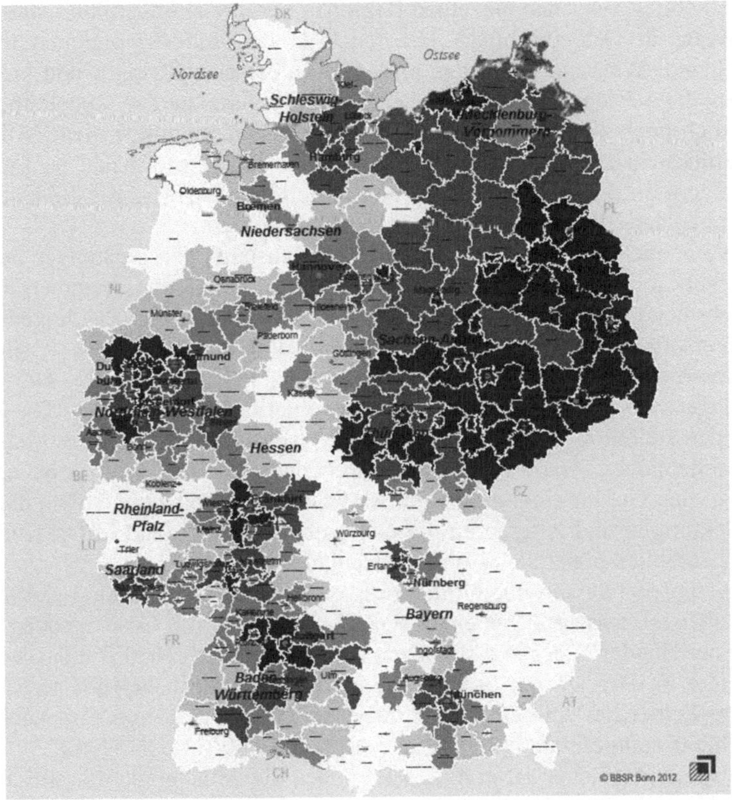

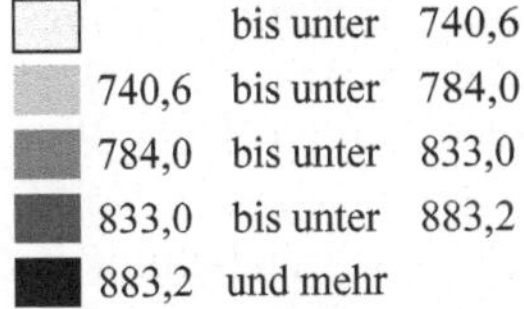

Quelle: Bundesinstitut für Bau-, Stadt- und Raumforschung (BBSR) im Bundesamt für Bauwesen und Raumordnung (BBR), Datenquelle Deutsche Rentenversicherung Bund.

Die Leistungen der Alterssicherungssysteme sind nicht gleichverteilt über die Regionen in Deutschland. So hängt die relative ökonomische Relevanz u. a. von der Anzahl der Leistungsempfänger sowie von der durchschnittlichen Höhe der

Leistungen in den jeweiligen Regionen ab. Gegenstand der folgenden Ausführungen ist daher eine differenzierte Sicht auf die regionalen Unterschiede.

Die Abbildung 4 zeigt, dass die Werte der durchschnittlichen Rentenzahlbeträge erheblich zwischen einzelnen Regionen variieren. Augenfällig sind die hohen Werte in Ostdeutschland, aber auch in den Industrieregionen in Westdeutschland. Während allerdings in den westdeutschen Kreisen und kreisfreien Städten die verfügbaren Einkommen der Haushalte in der Regel überdurchschnittlich hoch sind, gilt dies für die ostdeutschen Regionen nicht (Abbildung 5). Berücksichtigt man zusätzlich die anteilsmäßig hohe Anzahl an Leistungsempfängern an der Gesamtbevölkerung (Abbildung 6), wird die Bedeutung der Leistungen der GRV für diese Regionen offensichtlich.

Wenn auch auf der Ebene der privaten Haushalte den Leistungen aus anderen Regel- sowie Zusatz- und ergänzenden Alterssicherungssystemen teilweise eine sehr hohe Bedeutung zukommt – wie beispielsweise den Zahlungen der Beamtenversorgung oder den berufsständischen Versorgungswerken –, sind diese gesamtwirtschaftlich von geringer Bedeutung (siehe Tabelle 2). Die Versorgungslage wird somit vor allem von Leistungen der GRV geprägt. Die Rentenzahlungen stellen in bestimmten Regionen – spezielle im Osten Deutschlands – einen erheblichen Anteil an der Kaufkraft dar. Der Anteil an Leistungen der GRV an den Gesamteinkommen der Einwohner über 60 Jahre sowie der Anteil der 60-Jährigen und Älteren an der Gesamtbevölkerung sind in Ostdeutschland jeweils erheblich höher als in Westdeutschland.

Die potenzielle Gründe für diese regionalen Unterschiede sind vielfältig, beruhen aber teilweise auf gezielten Maßnahmen durch die Gesetzgebung auf der Ebene der Bundesländer und sind nach dem Beitritt der neuen Bundesländer insbesondere im Bereich der Sozial- und Verteilungspolitik bewußt herbeigeführt worden. Ferner hat eine erhebliche Arbeitskräftemobilität von Ost- nach Westdeutschland stattgefunden (Statistisches Bundesamt 2011a, S. 57 ff.).

Insgesamt gesehen ist in diesen Regionen die Abhängigkeit von Leistungen der GRV vergleichsweise hoch. Hierdurch ergeben sich spezifische Lagen. So ist die materielle Situation in diesen Regionen prinzipiell relativ verläßlich, da die transitorische Komponente dieser Einkünfte aufgrund der entsprechenden Dynamisierung bzw. Anpassungsformel[6] geringer ist als die der Einkünfte aus Erwerbstätigkeit. Daher läßt sie sich auch relativ sicher über einen längeren Zeitraum einschätzen. Es ergibt sich somit eine hohe Sicherheit und Nachhaltigkeit durch die Leistungen der GRV. Insgesamt gesehen tragen die Leistungen zum Erhalt der Kaufkraft privater Haushalte bei und stützen nachhaltig die Güternachfrage.

---

6 Zu den gesetzlichen und vertraglichen Grundlagen sowie den institutionellen Regelungen siehe ausführlich Fachinger et al. 2014b.

Abbildung 5: Verfügbares Einkommen je Einwohner in Euro, Kreise und kreisfreie Städte, 2009

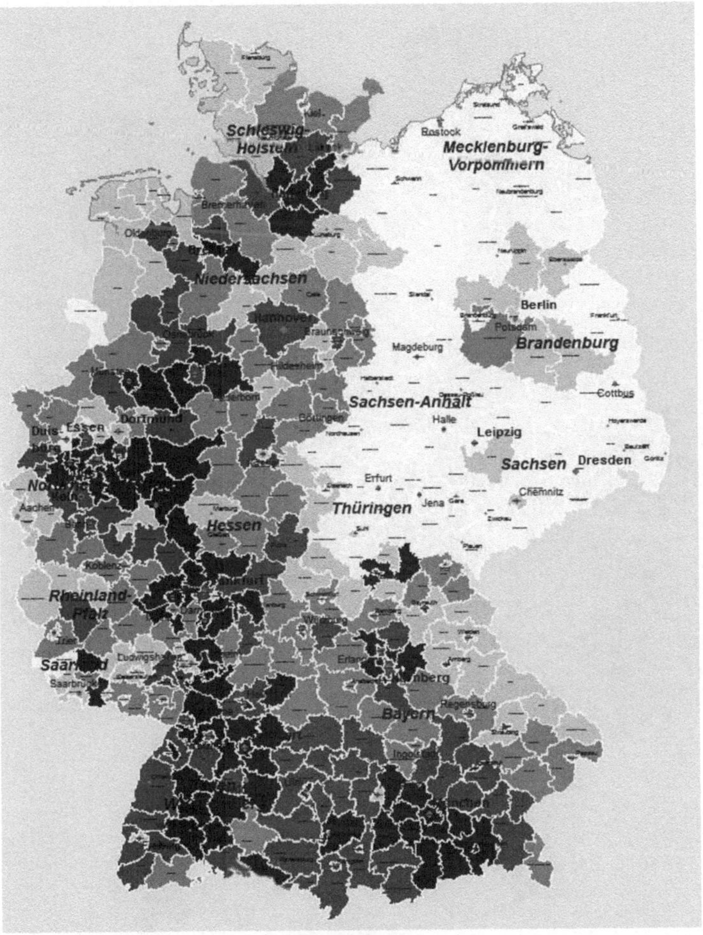

	bis unter	1.364,0	
1.364,0	bis unter	1.501,0	
1.501,0	bis unter	1.578,7	
1.578,7	bis unter	1.692,0	
1.692,0	und mehr		

Quelle: Bundesinstitut für Bau-, Stadt- und Raumforschung (BBSR) im Bundesamt für Bauwesen und Raumordnung (BBR), Datenquelle Arbeitskreis Volkswirtschaftliche Gesamtrechnung der Länder.

Abbildung 6: Anteil der Einwohner 60 Jahr und älter an den Einwohnern in Prozent, Kreise und kreisfreie Städte, 2009

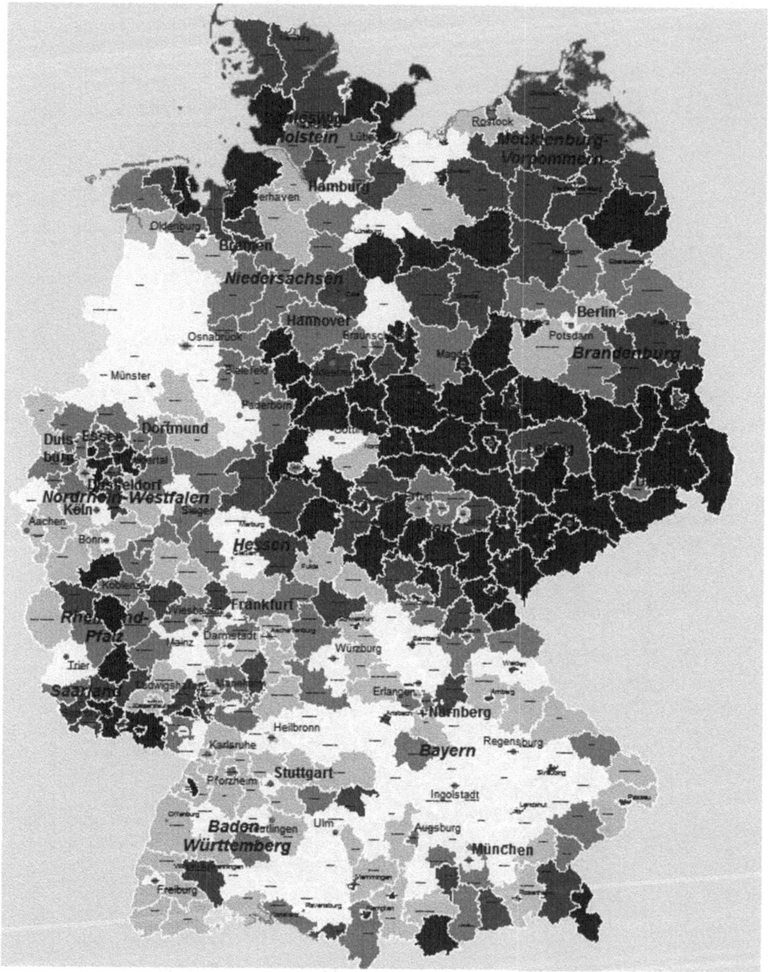

bis unter 24,3	26,9 bis unter 28,3
24,3 bis unter 25,6	28,3 und mehr
25,6 bis unter 26,9	

Quelle: Bundesinstitut für Bau-, Stadt- und Raumforschung (BBSR) im Bundesamt für Bauwesen und Raumordnung (BBR), Datenquelle Raumordnungsprognose des BBR 2030.

Das Ausmaß der Leistungen bedingt aber auch eine höhere Abhängigkeit der Regionen von sozial- bzw. verteilungspolitischen Regulierungen, die die GRV betreffen. So erhöht der Paradigmenwechsel zum einen die Unsicherheit hinsichtlich der Höhe der Alterseinkünfte und damit deren transitorische Komponente (Fachinger und Künemund 2014, Fachinger et al. 2013, Schmähl 2010a, Schmähl 2010b). Zum anderen wird in der GRV gemäß derzeitigem Gesetzesstand eine sukzessive Absenkung des Rentenniveaus der Zugangsrenten und der Bestandsrenten erfolgen, bedingt durch die Veränderung der Rentenanpassung sowie durch die mit jedem Zugangsjahr bis 2040 sukzessiv steigende Besteuerung der Renten. Im Ergebnis führt dies zu einer Reduzierung des Gesamteinkommens der privaten Haushalte älterer Menschen, von denen die Regionen mit einem höheren Anteil an Leistungen aus der GRV besonders betroffen sein werden. Hierdurch wird sich allerdings nicht nur die Höhe der Nachfrage nach Waren und Dienstleistungen verändern, sondern aufgrund der Substitutionseffekte auch deren Struktur.

3.2.3 Ausgaben

In der Abbildung 7 ist zur Verdeutlichung der strukturellen Unterschiede der Ausgaben je Altersklasse die absolute Höhe für 13 Ausgabekategorien exemplarisch für Zweipersonenhaushalte angegeben. So wird deutlich, dass grundsätzlich fünf Gütergruppen die Ausgaben in den jeweiligen Altersklassen dominieren: Wohnen und Energie, Nahrungsmittel inklusive Getränke, Verkehr, Freizeit sowie gesundheitliche und pflegerische Versorgung.

Allerdings kommt den Gütergruppen nicht in allen Alterskategorien dieselbe quantitative Bedeutung zu. So sind die Absolutbeträge der Ausgaben für die gesundheitliche und pflegerische Versorgung in den älteren Gruppen höher und die für Verkehr und Freizeit deutlich niedriger als in den jüngeren Altersgruppen.

Die strukturellen Unterschiede werden bei einer Betrachtung der relativen Werte, die in der Abbildung 8 dargestellt sind, offensichtlich. Bemerkenswert ist der erheblich höhere Anteil an Ausgaben für die gesundheitliche und pflegerische Versorgung in den höheren Alterskategorien. Die Ausgaben für die Gütergruppe Wohnen und Energie ist gleichfalls in den älteren Gruppen anteilsmäßig höher, wohingegen die relativen Anteile für Verkehr und Freizeit sukzessive ab der Altersgruppe 63 bis 64 niedriger sind. Ursächlich hierfür können einerseits die in den Alterskategorien unterschiedlichen Bedarfe der Haushalte sein, andererseits die durch die geringeren Haushaltseinkommen bedingten Einkommens- und Substitutionseffekte.

Abbildung 7: Ausgabenstruktur privater Haushalte 2008, absolut in Euro

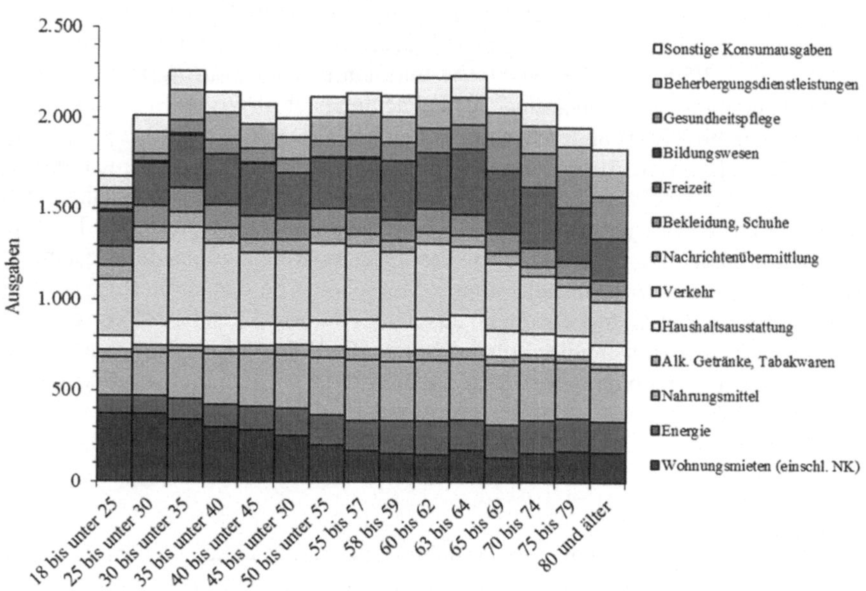

Quelle: Eigene Auswertung auf der Basis des Scientific Use Files der EVS 2008.

Die Abbildungen vermitteln einen Eindruck von den mit einer Schrumpfung und Alterung der Bevölkerung potenziell einhergehenden strukturellen Änderungen der Nachfrage. Es deutet sich an, dass anteilsmäßig der Nachfrage nach Dienstleistungen nicht nur im Bereich der gesundheitlichen und pflegerischen Versorgung, sondern potenziell auch im Bereich der Gütergruppen Freizeit und Verkehr auf regionaler Ebene eine hohe Relevanz zukommt.

Zusammenfassend können die Ergebnisse als Indizien für die wirtschaftlichen Potenziale dienen, die sich in der Ausprägung einer Dienstleistungsgesellschaft manifestieren. Neben den Ausgaben für Wohnen und Ernährung werden die Bedarfe nach adäquater Versorgung im Hinblick auf Gesundheit, Pflege, Mobilität und Freizeitaktivitäten potenziell eine entsprechende Nachfrage generieren können.

Allerdings ist dies vor dem Hintergrund der sich mit zunehmendem Alter verringernden physiologischen und kognitiven Fähigkeiten zu sehen. Hier wird in der Literatur in jüngster Zeit vermehrt auf die Nutzung von assistierenden Systemen verwiesen, die vielfältige Möglichkeiten der Unterstützung bieten (Fachinger et al. 2012a, Fachinger und Henke 2010, Oswald et al. 2005).

Abbildung 8: Ausgabenstruktur privater Haushalte 2008, relativ in Prozent

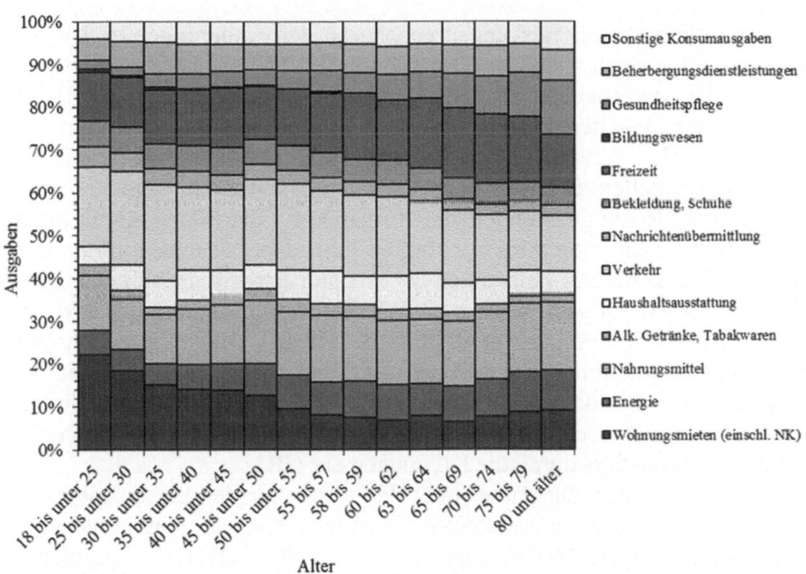

Quelle: Eigene Auswertung auf der Basis des Scientific Use Files der EVS 2008.

Derartige Techniken sind nicht nur innerhalb einer Wohnung und in urbanen Regionen hilfreich, sondern bieten gerade in ländlichen Regionen aufgrund der Verwendung von Informations- und Kommunikationstechnologien prinzipiell die Möglichkeit einer adäquaten Versorgung. Allerdings erfordert dies nicht nur – neben der u. a. dafür erforderlichen Infrastruktur – die Akzeptanz der Techniken (Fachinger et al. 2012b) durch die Nutzer und Dienstleister, sondern gegebenenfalls auch andere Organisations- bzw. Kooperationsmodelle (Fachinger und Henke 2010).

Die Entwicklung steht diesbezüglich jedoch eher am Anfang. So gibt es bisher nur relativ wenige ausgereifte Techniken, die zum Einsatz kommen könnten, zu denen beispielsweise Hausnotruf- sowie Sicherheitssysteme gehören (siehe hierzu auch Limbourg sowie Zibell et al. in diesem Band sowie Fachinger et al. 2014a). Des weiteren ist der Einsatz bestimmter Technologien in der ambulanten gesundheitlichen und pflegerischen Versorgung erst in jüngster Zeit durch entsprechende gesetzliche Regelungen ermöglicht worden (Fachinger et al. 2012c).

3.3 Mittelbare Wirkungen

Neben den unmittelbaren Wirkungen gehen von den Änderungen in den Altersvorsorgesystemen auch vielfältige mittelbare Wirkungen aus. So werden beispielsweise die Ausgaben der Sozialhilfeträger für Pflegeleistungen sowie für die Grundsicherung im Alter und bei Erwerbsminderung tangiert (Udsching 2005, Ruland 2005, Schulte 2005). Da die Leistungen der gesetzlichen Pflegeversicherung die individuellen Bedarfe nicht vollständig abdecken, sind die privaten Haushalte in der Regel gezwungen, die Ausgaben für die Pflege mit zu finanzieren. Eine Reduzierung von Alterseinkünften führt dann zwangsläufig dazu, dass immer mehr Haushalte auf Leistungen der Sozialhilfeträger im Rahmen der Hilfe zur Pflege angewiesen sein werden (Duschek und Mitarbeiterinnen und Mitarbeiter 2012, S. 69 f., Rothgang et al. 2012, S. 138 ff.). Dies zeigt sich beispielsweise darin, dass mit annähernd 80 % die Bezieher älter als 65 Jahre sind (allgemein Statistisches Bundesamt 2011b, S. 8 ff.). Diese privaten Haushalte verfügen in der Regel nur noch eingeschränkt über Möglichkeiten der Kompensation des Einkommensausfalls durch die Kürzungen der GRV.

Ferner ist auf das Zusammenspiel der Änderung der Leistungshöhen aus den Sicherungssystemen zu verweisen. Beispielhaft sei dies im folgenden anhand der Anpassung der Renten und der der Regelbedarfe veranschaulicht. Sofern die Rentenanpassung niedriger ausfällt als die Anpassung der Regelbedarfe, kommt es zu einer zusätzlichen finanziellen Belastung der Sozialhilfeträger[7] (Duschek und Mitarbeiterinnen und Mitarbeiter 2012, S. 62 ff.).

In der GRV ist eine jährliche Rentenanpassung zum 1. Juli durch Anwendung der Rentenformel unter Berücksichtigung des festgesetzten aktuellen Rentenwertes vorgesehen (§§ 65, 68 SGB VI), dabei orientiert sich die Rentenanpassung grundsätzlich an der Entwicklung der Bruttolohn- und -gehaltssumme je durchschnittlich beschäftigten Arbeitnehmer (§ 68 SGB VI)[8]. Die potenzielle Erhöhung gemäß der Änderung der Bruttolohn- und –gehaltssumme wird allerdings durch drei Faktoren reduziert: den sogenannten „Riester-Faktor", den Nachhaltigkeitsfaktor sowie den Nachholfaktor (Seiter 2012, S. 422 ff., Steffen 2011). Dies führt dazu, dass die Rentenbezieherinnen und -bezieher sukzessive hinter der allgemeine Wohlstandsentwicklung, wie sie sich in der Entwicklung der Einkommen aus Erwerbstätigkeit widerspiegelt, zurückbleiben.

Demgegenüber erfolgt die Anpassung der Grundsicherung im Alter in Abhängigkeit von der Entwicklung der Ausgaben für die „regelbedarfsrelevanten Güter und Dienstleistungen" und der der Nettolöhne und -gehälter (§§ 28a SGB

7 Im Jahr 2010 erhielten 411.025 Menschen Hilfe zur Pflege; Duschek und Mitarbeiterinnen und Mitarbeiter 2012, S. 253. Der niedrigste Stand wurde mit 289.299 im Jahr 1998 verzeichnet und seit 2002 hat sich die Anzahl um über 31 % erhöht; Statistisches Bundesamt 2012, S. 27.

8 Siehe ausführlich zur Dynamisierung von Altersrenten und den Effekten auf die Armutsvermeidung Künemund et al. 2013b.

XII). Es handelt sich somit um einen Mischindex, wobei die Veränderung der Verbrauchsausgaben zu 70 % und die der Nettolöhne und -gehälter zu 30 % berücksichtigt werden. Dieses Instrument der Leistungsanpassung bedingt allerdings, dass für den Fall sinkender Realeinkommen (Preissteigerung höher als Steigung der Löhne) die Realkaufkraft nicht aufrechterhalten werden kann. Da die Leistung existenzsichernd sein soll, bedeutet dies eine Verschlechterung der materiellen Situation und eine Zunahme der absoluten Armut. Für den Fall konstanter oder steigender Reallöhne führt diese Anpassungsformel dazu, dass die Realkaufkraft zwar steigt – die Haushalte aber nur zu 30 % an dieser allgemeinen Wohlfahrtssteigerung partizipieren. Mit anderen Worten, die relative Armut nimmt zu.

Des weiteren ist zu berücksichtigen, dass von den Rentenzahlungen noch Beiträge an die Kranken- und Pflegeversicherung zu zahlen sind. So reduzierte sich beispielsweise der Rentenzahlbetrag bzw. der Auszahlungsbetrag[9] im Jahr 2004, da der Beitragszuschuss der Rentenversicherung zur gesetzlichen Pflegeversicherung durch die Aufhebung des § 106a SGB VI entfiel (Steffen 2012, S. 52). Seitdem müssen die Leistungsempfänger der GRV den Beitrag vollständig selber zahlen. Dies bedeutet, dass zukünftige Beitragssatzänderungen – und es ist naheliegend, von Erhöhungen auszugehen – die Kaufkraft der Empfänger von Alterssicherungsleistungen mit beeinflussen. Dies betrifft aber nicht nur die Sozialversicherungen – auch die privaten Sicherungssysteme nehmen Beitragsanpassungen vor. So betrug beispielsweise die Beitragssteigerung in der privaten Krankenversicherung im Zeitraum von 2000 bis 2010 etwa 5 % pro Jahr (Bundesregierung 2012).

Weitere Aspekte, die insbesondere im Zusammenhang mit den Ausgaben der Sozialhilfeträger für Pflegeleistungen zu berücksichtigen sind, ist die Höhe der Leistungen der Pflegeversicherung und deren Anpassung im Zeitablauf. Zwar wurden die Leistungshöhen in der Vergangenheit vereinzelt angepaßt (Deutscher Bundestag 2013a, S. 40), es gibt jedoch keinen Regelmechanismus. So besteht lediglich eine Prüfpflicht gemäß § 30 SGB XI wobei sich die Leistungsanpassung an der Preisentwicklung in den letzten drei Kalenderjahren orientieren soll. Allerdings darf die Anpassung nicht höher ausfallen als die Bruttolohnentwicklung über denselben Zeitraum. Da sich die Anpassung der Leistungen nicht nur an der Entwicklung der Preise für Pflegeleistungen orientiert – deren Steigerung aufgrund der arbeitsintensiven Tätigkeit potenziell höher ausfällt, als die der Inflationsrate – kann sich dieser Effekt noch verstärkend auswirken.

Als mittelbare Wirkungen ist zudem auf die Effekte hinsichtlich der ehrenamtlichen Tätigkeit und familiale Unterstützung zu verweisen (Künemund 2006, Künemund 2001). Diese sind u. a. abhängig von der materiellen Situation der

9 Siehe zu den Begrifflichkeiten z. B. Deutsche Rentenversicherung Bund 2010, S. XI ff.

privaten Haushalte. Damit bewirkt eine Änderung der Einkommenssituation auch eine Änderung des ehrenamtlichen Engagement sowie der familialen monetären und instrumentellen Hilfeleistungen. Dies wiederum kann den öffentlichen Leistungsumfang bzw. die Rahmenbedingungen für die Bereitstellung sozialer Dienstleistungen beeinflussen. Sollte eine Kompensation ehrenamtlichen Engagements notwendig sein, so wäre dies gegebenenfalls durch zusätzliche Mittel, die bereitgestellt werden müssten, oder durch eine Substitution vermittels der Reduzierung anderer Leistungen der kommunalen Träger möglich.

Auch wenn sich keine konkreten Aussagen ableiten lassen, so zeigt die kurze Übersicht über die mittelbaren Wirkungen, welchen Einfluß von den Leistungen von Alterssicherungssystemen auf die regionalen Gegebenheiten ausgeht. Die Handlungsoptionen können bei Nichtberücksichtigung beeinträchtigt werden.

4 Fazit

Im Hinblick auf die materielle Versorgung älterer Menschen im ländlichen Raum kommt den Leistungen von Alterssicherungssystemen eine hohe Bedeutung zu. Sie beeinflussen insgesamt gesehen die regionale Kaufkraft mit vielfältigen direkten und indirekten Wirkungen, die je nach regionaler Spezifität unterschiedlich ausfallen. Insgesamt gesehen tragen die Leistungen von Alterssicherungssystemen aufgrund ihres hohen Anteils der permanenten Komponente zur Stabilisierung und Nachhaltigkeit der Nachfrage privater Haushalte bei. Aufgrund der sich im Lebensablauf ändernden Bedarfen wird sich die Struktur der Nachfrage nach Waren und Dienstleistungen verändern und die Güternachfrage in den Bereichen der gesundheitlichen und pflegerischen Versorgung sowie Freizeit und Verkehr könnte zumindest anteilsmäßig an Bedeutung zunehmen.

Die Analyse zeigt aber nicht nur die potenziellen strukturellen Änderungen der Nachfrage aufgrund der demographischen Entwicklung auf, sondern weist auch auf Probleme hin, die durch das sich sukzessive reduzierende Leistungsniveau der Regelsicherungssysteme der Altersvorsorge verursacht werden. Da ältere Menschen weniger am Wirtschaftswachstum und damit an der Wohlfahrtsentwicklung beteiligt werden, bedeutet dies eine sukzessive Abkopplung der Regionen mit überproportional hohem Anteil an Leistungsempfängern aus den Regelsicherungssystemen der Altersvorsorge. Damit besteht ceteris paribus die Gefahr, dass die Differenzen zwischen urbanen und ländlichen Regionen hinsichtlich des Wohlfahrtsgefälles sukzessive zunehmen (so schon Voigt 1980). Prinzipiell besteht durch die sich verschlechternden Einkommensverhältnisse der älteren Bevölkerung zudem die Gefahr der Zunahme von sozialen Problemlagen mit entsprechenden Auswirkungen auf die Finanzlage der Kommunen.

Die Reduzierung des Nachfragepotenzials könnte zudem zu einem circulus vitiosus führen. Der Nachfrageausfall kann, falls eine kritische Grenze überschritten wird, eine qualitative sowie quantitative Reduzierung des Angebots an Waren und Dienstleistungen zur Folge haben. Sofern bestimmte Waren und Dienstleistungen zur Deckung spezifischer Bedarfe nicht mehr oder nur noch eingeschränkt verfügbar sind, kann dies zu Abwanderung privater Haushalte führen. Diese würde wiederum eine weitere Reduzierung der regionalen Kaufkraft zur Folge haben und damit den Prozess fortsetzen.

Es kann davon ausgegangen werden, dass die Landkreise und kreisfreien Städte von den direkten und indirekten Effekten in unterschiedlichem Ausmaß betroffen werden. In welchem Umfang und wie konkret dies für einzelne Regionen zutrifft, bedarf einer eingehenden regionalspezifischen Analyse, wobei das Zusammenspiel aus altersspezifischem Nachfrageverhalten und regionaler demografischer Struktur ein weiter zu vertiefendendes Thema ist.

5 Literatur

Barth, H. J. (2005). Fiskalische Interdependenzen sozialer Sicherung in Deutschland. In Deutsche Rentenversicherung Bund (Hrsg.), *Jahrestagung 2004 des Forschungsnetzwerks Alterssicherung (FNA) am 2. und 3. Dezember 2005* (Vol. 60, S. 23-30, DRV-Schriften). Bad Homburg: WDV Wirtschaftsdienst.

Beetz, S. (Hrsg.) (2007). *Die Zukunft der Infrastrukturen in ländlichen Räumen* (Vol. 14, Materialien). Berlin: Berlin-Brandenburgische Akademie der Wissenschaften.

Beirat für Raumentwicklung (2012). *Region 2020: zur Zukunft peripherer, strukturschwacher, ländlicher Regionen. Denkanstöße zur gleichwertigen Entwicklung und Handlungsansätze zur Daseinsvorsorge. Empfehlungen des Beirates für Raumentwicklung (2011)*. Berlin: Beirat für Raumentwicklung.

Beirat für Raumordnung (2009). *Demografischer Wandel und Daseinsvorsorge in dünn besiedelten peripheren Räumen. Stellungnahme des Beirates für Raumordnung.* Berlin: Beirat für Raumordnung.

Brenke, K. (2006). Zunehmende regionale Einkommensunterschiede in Deutschland, aber starke Ausgleichswirkungen durch Pendlereinkommen und Sozialtransfers. *DIW Wochenbericht, 73*(11), 141-150.

Bundesinstitut für Bau-, Stadt- und Raumforschung (BBSR) (Hrsg.) (2009). *Regionaler Preisindex*. Bonn: Bundesinstitut für Bau-, Stadt- und Raumforschung (BBSR).

Bundesinstitut für Bau-, Stadt- und Raumforschung (BBSR) im Bundesamt für Bauwesen und Raumordnung (BBR) (Hrsg.) (2012). *Raumordnungsbericht 2011*. Bonn: Bundesinstitut für Bau-, Stadt- und Raumforschung (BBSR) im Bundesamt für Bauwesen und Raumordnung.

Bundesinstitut für Bau-, Stadt- und Raumforschung (BBSR) im Bundesamt für Bauwesen und Raumordnung (BBR) (Hrsg.) (2012). *INKAR 2012. Indikatoren und Karten zur Raum- und Siedlungsentwicklung* (Vol. CD-ROM, INKAR. Indikatoren und Karten zur Raum- und Siedlungsentwicklung). Bonn: Bundesinstitut für Bau-, Stadt- und Raumforschung (BBSR) im Bundesamt für Bauwesen und Raumordnung (BBR).

Bundesregierung (2012). Antwort der Bundesregierung auf die Kleine Anfrage der Abgeordneten Harald Weinberg, Diana Golze, Matthias W. Birkwald, weiterer Abgeordneter und der Fraktion DIE LINKE. Beitragssteigerungen bei privaten Krankenversicherungen. *Bundestags-Drucksache* 17/9330. Berlin: Deutscher Bundestag.

Deutsche Rentenversicherung Bund (Hrsg.) (2010). *VDR Statistik Rentenzugang des Jahres 2009* (Vol. 178, Statistik der Deutschen Rentenversicherung). Frankfurt: Deutsche Rentenversicherung Bund.

Deutsche Rentenversicherung Bund (Hrsg.) (2013a). *Rentenbestand am 31.12.2012* (Vol. 192, Statistik der Deutschen Rentenversicherung). Würzburg: Deutsche Rentenversicherung Bund.

Deutsche Rentenversicherung Bund (Hrsg.) (2013b). *Rentenversicherung in Zahlen 2013.* Berlin: Deutsche Rentenversicherung Bund.

Deutscher Bundestag (2013a). Schriftliche Fragen mit den in der Woche vom 26. September 2011 eingegangenen Antworten der Bundesregierung. *Bundestags-Drucksache* 17/7239. Berlin: Deutscher Bundestag.

Deutscher Bundestag (2013b). Unterrichtung durch die Bundesregierung.Sozialbericht 2013. *Bundestags-Drucksache* 17/14332. Berlin: Deutscher Bundestag.

Domhardt, H.-J., Egger, T., Niederer, P., Oliveri, M., Rollando, A., Stephan, C., et al. (2010). Transnationale Vergleichsstudie der ACCESS Regionen und Testgebiete zur Erreichbarkeit der Grundversorgung im ländlichen Raum. *Arbeitspapiere zur Regionalentwicklung* 10. Kaiserslautern: Lehrstuhl Regionalentwicklung und Raumordnung, Technische Universität Kaiserslautern.

Duschek, K.-J., und Mitarbeiterinnen und Mitarbeiter (2012). Ergebnisse der Sozialhilfestatistik 2010. *Wirtschaft und Statistik,* (3), 244-257.

Fachinger, U. (1991). *Lohnmobilität in der Bundesrepublik Deutschland. Eine Untersuchung auf der Basis von prozeßproduzierten Längsschnittsdaten der gesetzlichen Rentenversicherung* (Vol. 409, Volkswirtschaftliche Schriften). Berlin: Duncker & Humblot.

Fachinger, U. (2001). *Einkommensverwendungsentscheidungen von Haushalten* (Vol. 83, Sozialpolitische Schriften). Berlin: Duncker & Humblot.

Fachinger, U. (2002). Einnahmen und Ausgaben Hochbetagter. In Deutsches Zentrum für Altersfragen (Hrsg.), *Expertisen zum Vierten Altenbericht der Bundesregierung. Band II, Ökonomische Perspektiven auf das hohe Alter* (S. 7-209). Hannover: Vincentz.

Fachinger, U. (2011). Lebensstandardsicherung in der bundesdeutschen Regelsicherung - Zur Frage eines angemessenen Rentenniveaus. In Deutsche Rentenversicherung Bund (Hrsg.), *Dynamisierung von Alterseinkünften im Mehr-Säulen-System. Jahrestagung 2011 des Forschungsnetzwerks Alterssicherung (FNA) am 27. und 28. Januar 2011 in Berlin* (Vol. 94, S. 49-67, DRV-Schriften). Bad Homburg: WDV, Gesellschaft für Medien und Kommunikation.

Fachinger, U., Erdmann, B., und Preuß, M. (2010). Das komplexe System der sozialen Sicherung. *Wirtschaftsdienst, 90*(5), 327-331.

Fachinger, U., und Henke, K.-D. (Hrsg.) (2010). *Der private Haushalt als Gesundheitsstandort. Theoretische und empirische Analysen* (Vol. 31, Europäische Schriften zu Staat und Wirtschaft). Baden-Baden: Nomos.

Fachinger, U., Henke, K.-D., Schöpke, B., und Troppens, S. (2014a). *Gesund altern: Sicherheit und Wohlbefinden zuhause. Marktpotenzial und neuartige Geschäftsmodelle altersgerechter Assistenzsysteme* (Vol. 38, Europäische Schriften zu Staat und Wirtschaft). Baden-Baden: Nomos.

Fachinger, U., und Himmelreicher, R. K. (2012). Income Mobility – Curse or Blessing? Mobility in Social Security Earnings: Data on West-German Men since 1950. *Schmollers Jahrbuch, 132*(2), 175-204.

Fachinger, U., Koch, H., Henke, K.-D., Troppens, S., Braeseke, G., und Merda, M. (2012a). *Ökonomische Potenziale altersgerechter Assistenzsysteme. Ergebnisse der „Studie zu Ökonomischen Potenzialen und neuartigen Geschäftsmodellen im Bereich Altersgerechte Assistenzsysteme". Forschungsprojekt im Auftrag des Bundesministeriums für Bildung und Forschung (BMBF)*. Offenbach: VDE Verlag.

Fachinger, U., und Künemund, H. (2014). Zur Unmöglichkeit der Aufrechterhaltung eines angemessenen Gesamtversorgungsniveaus. *Vierteljahreshefte zur Wirtschaftsforschung, 80*(2).

Fachinger, U., Künemund, H., und Neyer, F.-J. (2012b). Alter und Technikeinsatz. Zu Unterschieden in der Technikbereitschaft und deren Bedeutung in einer alternden Gesellschaft. In J. Hagenah, und H. Meulemann (Hrsg.), *Mediatisierung der Gesellschaft?* (S. 239-256). Münster: Lit-Verlag.

Fachinger, U., Künemund, H., Schulz, M. F., und Unger, K. (2013). Die Dynamisierung kapitalgedeckter Altersversorgung. *Wirtschaftsdienst, 93*(10), 686-694.

Fachinger, U., Künemund, H., Unger, K., Koch, H., Schmähl, W., und Laguna, E. (2014b). *Die Dynamisierung von Alterseinkommen – Chancen und Risiken eines neuen Mischungsverhältnisses staatlicher, betrieblicher und privater Alterssicherung* (Vol. 104, DRV-Schriften). Berlin: Deutsche Rentenversicherung Bund.

Fachinger, U., Nellissen, G., und Siltmann, S. (2012c). Assistierende Technologien – Neue (sozialrechtliche) Ansatzpunkte zur Realisierung des ökonomischen Potentials? *Discussion Paper* 12/2012. Vechta: Fachgebiet Ökonomie und Demographischer Wandel, Institut für Gerontologie.

Fachinger, U., und Stegmann, M. (2012). Die regionalwirtschaftliche Bedeutung der Gesetzlichen Rentenversicherung. *Zeitschrift für Gerontologie und Geriatrie, 45*(5), 385-391.

Friedrich Ebert Stiftung (Hrsg.) (2003). *Arbeitsmarktpolitik und Strukturwandel: Stirbt der Osten aus? Folgen der Abwanderung und mögliche Gegenstrategien.* Erfurt: Friedrich Ebert Stiftung, Landesbüro Thüringen.

Friedrich, K. (2008). Binnenwanderungen älterer Menschen – Chancen für Regionen im demographischen Wandel. *Informationen zur Raumentwicklung, 2008*(3/4), 185-193.

Gatzweiler, H.-P., und Milbert, A. (2003). Regioinale Einkommensunterschiede in Deutschland. *Informationen zur Raumentwicklung, 2003*(3/4), 125-145.

Inhetveen, H., und Schmitt, M. (2010). Prekarisierung auf Dauer? Die Überlebenskultur bäuerlicher Familienbetriebe. In A. D. Bührmann, und H. J. Pongratz (Hrsg.), *Prekäres Unternehmertum. Unsicherheiten von selbstständiger Erwerbstätigkeit und Unternehmensgründung* (S. 111-136, Wirtschaft und Gesellschaft). Wiesbaden: VS Verlag.

Kawka, R. (2010). Regionale Preisunterschiede in den alten und neuen Ländern. *ifo Dresden berichtet, 2010*(2), 5-16.

Klie, T., und Marzluff, S. (2012). Engagement gestaltet ländliche Räume. Chancen und Grenzen bürgerschaftlichen Engaments zur kommunalen Daseinsvorsorge. *Zeitschrift für Gerontologie und Geriatrie, 45*(8), 748-755.

Künemund, H. (2001). *Gesellschaftliche Partizipation und Engagement in der zweiten Lebenshälfte. Empirische Befunde zu Tätigkeitsformen im Alter und Prognosen ihrer zukünftigen Entwicklung*. Berlin: Weißensee Verlag.

Künemund, H. (2006). Tätigkeiten und Engagement im Ruhestand. In C. Tesch-Römer, H. Engstler, und S. Wurm (Hrsg.), *Altwerden in Deutschland. Sozialer Wandel und individuelle Entwicklung in der zweiten Lebenshälfte* (S. 289-327). Wiesbaden: VS Verlag für Sozialwissenschaften.

Künemund, H., Fachinger, U., und Schmähl, W. (2013a). Die Dynamisierung von Altersrenten – ein vergessenes Instrument der Armutsvermeidung? In H.-G. Soeffner (Hrsg.), *Transnationale Vergesellschaftungen. Verhandlungen des 35. Kongresses der Deutschen Gesellschaft für Soziologie*. Wiesbaden: Springer VS Verlag für Sozialwissenschaften (CD-ROM).

Künemund, H., Fachinger, U., Schmähl, W., Unger, K., und Laguna, E. P. (2013b). Rentenanpassung und Altersarmut. In C. Vogel, und A. Motel-Klingebiel (Hrsg.), *Altern im sozialen Wandel: Die Rückkehr der Altersarmut?* (S. 193-212). Wiesbaden: VS Verlag für Sozialwissenschaften.

Küpper, P. (2011). *Regionale Handlungsansätze bei der Reaktion auf den Demografischen Wandel in dünn besiedelten, peripheren Räumen* (Vol. 53, IÖR Schriften). Berlin: Rhombos Verlag.

Luckenbach, H. (1988). Nachfrage des Haushalts. In W. Albers, et al. (Hrsg.), *Handwörterbuch der Wirtschaftswissenschaft (HdWW)* (Vol. 5, S. 300-314). Stuttgart u. a. O.: Fischer, J. C. B. Mohr (Paul Siebeck) und Vandenhoeck & Ruprecht.

Modigliani, F. (1986). *The debate over stabilization policies*. Cambridge: Cambridge University Press.

Oswald, F., Hieber, A., Wahl, H.-W., und Mollenkopf, H. (2005). Ageing and person – environment fit in different urban neighbourhoods. *European Journal of Aging, 2*, 88-97.

Ragnitz, J. (2011). Regionale Lohnunterschiede in Deutschland. *ifo Dresden berichtet, 18*(2), 26-32.

Reimann, A. (2011). Die Rehabilitation in der Rentenversicherung. In E. Eichenhofer, H. Rische, und W. Schmähl (Hrsg.), *Handbuch der gesetzlichen Rentenversicherung SGB VI* (S. 473-496). Köln: Luchterhand.

Rothgang, H., Müller, R., Unger, R., Weiß, C., und Wolter, A. (2012). *BARMER GEK Pflegereport 2012. Schwerpunktthema: Kosten bei Pflegebedürftigkeit*. Schwäbisch Gmünd: BARMER GEK.

Ruland, F. (2005). Die Interdependenzen zwischen Rentenversicherung und familiärem Unterhalt. In Deutsche Rentenversicherung Bund (Hrsg.), *Jahrestagung 2004 des Forschungsnetzwerks Alterssicherung (FNA) am 2. und 3. Dezember 2005* (Vol. 60, S. 71-83, DRV-Schriften). Bad Homburg: WDV Wirtschaftsdienst.

Schmähl, W. (2000). Sozialpolitische Rahmenbedingungen für Alter(n) auf dem Lande: Ressourcen, Politikfelder und Entwicklungstendenzen. In U. Walter, und T. Altgeld

(Hrsg.), *Altern im ländlichen Raum. Ansätze für eine vorausschauende Alten- und Gesundheitspolitik* (S. 40-58). Frankfurt: Campus.

Schmähl, W. (2010a). Die wachsende Bedeutung der Dynamisierung von Alterseinkünften für die Lebenslage im Alter. *Wirtschaftsdienst, 90*(4), 248-254.

Schmähl, W. (2010b). Dynamisierung von Alterseinkünften - einige grundsätzliche Anmerkungen. *Deutsche Rentenversicherung, 65*(2), 314-326.

Schuett, N., Unger, K., und Erdmann, B. (2012). Standortentscheidungen von Ruheständlern. *Discussion Paper* 05/2012. Vechta: Fachgebiet Ökonomie und Demographischer Wandel, Institut für Gerontologie.

Schulte, B. (2005). Alterssicherung und Sozialhilfe (Grundsicherung). In Deutsche Rentenversicherung Bund (Hrsg.), *Jahrestagung 2004 des Forschungsnetzwerks Alterssicherung (FNA) am 2. und 3. Dezember 2005* (Vol. 60, S. 102-114, DRV-Schriften). Bad Homburg: WDV Wirtschaftsdienst.

Schulz-Nieswandt, F. (2000). Altern im ländlichen Raum – eine Situationsanalyse. In U. Walter, und T. Altgeld (Hrsg.), *Altern im ländlichen Rauem. Ansätze für eine vorausschauende Alten- und Gesundheitspolitik* (S. 21-39). Frankfurt: Campus.

Seiter, H. (2012). Rentenberechnung, Rentenzahlung, Rentenanpassung. In E. Eichenhofer, H. Rische, und W. Schmähl (Hrsg.), *Handbuch der gesetzlichen Rentenversicherung SGB VI* (S. 401-424). Köln: Luchterhand.

Seitz, H. (2009). Demographie und soziale Infrastruktur am Beispiel des Freistaates Thüringen. *ifo Dresden berichtet, 1/2009,* S. 18-27.

Statistisches Bundesamt (Hrsg.) (2011a). *Bevölkerung und Erwerbstätigkeit. Wanderungen. 2008* (Fachserie 1, Reihe 1.2). Wiesbaden: Statistisches Bundesamt.

Statistisches Bundesamt (2011b). *Pflegestatistik 2009. Pflege im Rahmen der Pflegeversicherung. Deutschlandergebnisse.* Wiesbaden: Statistisches Bundesamt.

Statistisches Bundesamt (Hrsg.) (2012). *Hilfe zur Pflege 2009* (Statistik der Sozialhilfe). Wiesbaden: Statistisches Bundesamt.

Steffen, J. (2011). Rentenanpassung 2011. "Nachholfaktor" kommt erstmals zur Anwendung. Auch Ost-Renten profitieren von Kurzarbeit (West). *Hintergrund Sozialpolitik.* Bremen: Arbeitnehmerkammer Bremen.

Steffen, J. (2012). *Sozialpolitische Chronik. Die wesentlichen Änderungen in der Arbeitslosen-, Renten-, Kranken- und Pflegeversicherung sowie bei der Sozialhilfe (HLU) und der Grundsicherung für Arbeitsuchende – von den siebziger Jahren bis heute.* Bremen: Arbeitnehmerkammer Bremen.

Udsching, P. (2005). Interdependenzen von Renten- und Pflegeversicherung. In Deutsche Rentenversicherung Bund (Hrsg.), *Jahrestagung 2004 des Forschungsnetzwerks Alterssicherung (FNA) am 2. und 3. Dezember 2005* (Vol. 60, S. 67-70, DRV-Schriften). Bad Homburg: WDV Wirtschaftsdienst.

Voigt, R. (1980). Veränderte Rahmenbedingungen im ländlichen Raum. Unterprivilegierung ländlicher Räume – Folge reduzierten Wachstums oder systemimmanenter Prozeß? In E. Thomas (Hrsg.), *Politikfeldanalysen 1979. Wissenschaftlicher Kongress der DVPW 1. – 5. Oktober 1979 in der Universität Augsburg. Tagungsbericht* (S. 662-675). Opladen: Westdeutscher Verlag.

Wissenschaftlicher Beirat beim Bundesministerium der Finanzen (2010). Reform der Grundsteuer. Stellungnahme des Wissenschaftlichen Beirats beim Bundesministerium der Finanzen. Berlin: Wissenschaftlicher Beirat beim Bundesministerium der Finanzen.

III Exemplarische Analysen und Modelle

Zukunft der Nahversorgung in ländlichen Räumen: Bedarfsgerecht und maßgeschneidert[1]

Barbara Zibell, Javier Revilla Diez, Ingrid Heineking, Petra Preuß, Hendrik Bloem und Franziska Sohns[2]

1 Einführung: Nahversorgung und Zukunftsforschung in der Raumplanung

Hintergrund für das Forschungsprojekt, auf dem die Ausführungen im folgenden Beitrag beruhen, ist der Rückgang wohnortnaher Versorgungseinrichtungen mit Waren des täglichen Bedarfs, der sich im Zuge des demographischen Wandels in zwar unterschiedlicher Ausprägung, aber mit deutlich zunehmender Dynamik vollzieht. Die wirtschaftlichen Konzentrationsprozesse im Einzelhandel führen zum „Rückzug aus der Fläche", d. h. zu Rückgang der Zahl an Lebensmitteleinzelhandelsstandorten und damit zum Ausdünnung der Versorgungsdichte. Dies macht sich in peripheren, ländlichen Lagen und schrumpfenden Regionen insbesondere dadurch bemerkbar, dass immer größere Entfernungen zum Einkaufen zurückgelegt werden müssen. Kleinere Läden in dörflich-ländlichen Strukturen werden im Laufe dieses Prozesses meist ersatzlos geschlossen. Der Wegfall dieser und anderer Infrastrukturen hat unmittelbare Konsequenzen auf die Lebensqualität einer zunehmend alternden Gesellschaft („lange Wege") und führt zur Schwächung der Ortsmitten als Zentren des sozialen Austauschs und als Treffpunkte des gesellschaftlichen und kulturellen Lebens.

Die Zukunft der Nahversorgung beschäftigt – nicht zuletzt vor dem Hintergrund des Postulats der „Herstellung gleichwertiger Lebensverhältnisse" gemäß Artikel 72 GG – seit einiger Zeit auch die raum- und planungswissenschaftlichen Disziplinen. Die Sicherung einer wohnortnahen Versorgung ist längst nicht mehr nur Thema für die kommunale Praxis, sondern auch für wissenschaftliche Stu-

---

1 Die Arbeiten an diesem Beitrag wurden im Frühjahr 2013 abgeschlossen.

2 Das Forschungsprojekt ZukunftNAH „Zukunftschancen bedarfsgerechter Nahversorgung in ländlichen Räumen Niedersachsens" war ein Kooperationsprojekt an der Leibniz Universität Hannover und wurde gefördert durch den Europäischen Fonds für Regionale Entwicklung (EFRE) (das Projekt ist mittlerweile abgeschlossen, Laufzeit 01.01.2012 bis 31.12.2013, siehe Zibell und Revilla-Diez 2014). Leitung: Prof. Dr. sc. techn. Barbara Zibell, Institut für Geschichte und Theorie der Architektur, Abteilung Planungs- und Architektursoziologie an der Fakultät für Architektur und Landschaft; Projektpartner: Prof. Dr. Javier Revilla Diez, Institut für Wirtschafts- und Kulturgeographie, Abteilung Wirtschaftsgeographie an der Naturwissenschaftlichen Fakultät; Wissenschaftliche Mitarbeiterinnen und Mitarbeiter: Hendrik Bloem, Ingrid Heineking, Petra Preuß und Franziska Sohns.

dien und Forschungsprojekte. In diesem Sinne ist auch das Projekt, aus dem an dieser Stelle berichtet werden soll, angetreten, einen Beitrag nicht nur zur Erkenntnis, sondern auch zur Lösung einer aktuellen und existentiellen Problematik zu leisten.

Dabei ist es ein Spezifikum der Planungswissenschaften, dass sie – als eine junge und zukunftsgerichtete Disziplin – weniger analytisch vorgeht als vielmehr kreativ, explorativ. Auch wenn Analysen und wissensbasierte Erkenntnisse wichtige Bestandteile bilden, bleibt die planungswissenschaftliche Forschung nicht allein hierauf gerichtet. Analysen und Theorien liefern vielmehr die Voraussetzungen, um neue und innovative Lösungsansätze zu konzipieren. Gerade in Prozessen, die Themen- und Handlungsfelder berühren, die aufgrund gesellschaftlicher und wirtschaftlicher Entwicklungen nicht in herkömmlicher Weise zu betrachten sind, sondern dazu auffordern, Zusammenhänge neu zu denken („out of the box") und Akteurinnen bzw. Akteure zusammenzuführen, deren Denk- und Handlungswelten sich bisher wenig berührt haben, spielen Inter- und Transdisziplinarität eine zentrale Rolle.

Beides berücksichtigt das diesem Beitrag zugrunde liegende Forschungsvorhaben: Es ist interdisziplinär, indem Raumplanung und Wirtschaftsgeographie, Architektur und Städtebau ihre Kompetenzen zusammenführen, um einen Mehrwert an Erkenntnis zu produzieren und diesen für die Konzeption von Lösungsansätzen, Modellen und Projekten nutzbar zu machen. Und es ist transdisziplinär, indem es:

- ein methodisches Vorgehen wählt, das wissenschaftliches und praktisches Wissen verbindet,
- von einer gesellschaftlichen Problemstellung ausgeht (demographischer Wandel und Nahversorgung in ländlichen Räumen), nicht von Fragen, die ausschließlich wissenschaftsinternen Diskursen entspringen, und
- praktisch tätige Akteurinnen und Akteure in den Forschungsprozess einbezieht.

Die Qualität der Ergebnisse ist dabei ganz wesentlich vom Zusammenspiel der Beteiligten, nicht nur von der wissenschaftlichen Brillanz Einzelner abhängig.

Planungswissenschaftliche Forschung ist insofern Zukunftsforschung, indem sie ihre eigenen Methoden als Werkzeuge in offene Prozesse einbringt. Erkenntnisse werden generiert, indem Theorie und Praxis in iterativen Verfahren zusammengeführt, dabei laufend korrigiert und angepasst werden.

2 Nahversorgung und demographischer Wandel in ländlichen Räumen

Der demographische Wandel und die zu beobachtenden Entwicklungstendenzen im Einzelhandel führen vor allem im ländlichen Raum zu einer Ausdünnung der Lebensmitteleinzelhandelsstandorte. Die Nahversorgung mit Gütern des täglichen Bedarfs ist bereits heute in zahlreichen Gemeinden zu einem Problem geworden, dass die Lebensqualität der betroffenen Bevölkerung maßgeblich einschränkt. Gerade für kleine Orte mit weniger als 700 Einwohnerinnen und Einwohnern wird es zunehmend schwieriger, die Daseinsgrundfunktionen aufrechtzuerhalten, zu denen auch das "Sich Versorgen" gehört (Kuhlicke et al. 2005, S. 166, Steffen und Weeber 2002, S. 80 ff.).

Nach Berechnungen des Instituts für ökologische Wirtschaftsforschung (Kuhlicke et al. 2005) lebten bereits 2005 rund 40 % der ländlichen Bevölkerung ohne Lebensmitteleinzelhandel (LEH) im eigenen Ort. Mit der Ausdünnung des LEH werden die zu überbrückenden Distanzen zwischen Wohn- und Versorgungsstandorten immer größer, obwohl die Nahversorgung als besonders distanzsensibel gilt. Die Erreichbarkeit von Versorgungsmöglichkeiten mit einem ausreichenden Angebot an Gütern des täglichen Bedarfs sollte zum Beispiel nach dem Einzelhandelserlass des Landes Nordrhein-Westfalen zehn Gehminuten nicht überschreiten (vgl. Ministerium für Bauen und Verkehr und Ministerium für Wirtschaft 2008, S. 21). Neben der Erreichbarkeit spielt allerdings auch die Qualität der Versorgung eine wichtige Rolle, wozu nicht zuletzt gestalterische und ortsspezifische Identitäten gehören. Neben Lebensmitteln ist zudem auch der Zugang zu wichtigen Dienstleistungen wie Post, Banken, Gesundheitseinrichtungen für die Lebensqualität ausschlaggebend (Acocella 2007, S. 8).

Der demographische Wandel, der im ländlichen Raum häufig durch Abwanderung und Überalterung der Bevölkerung geprägt ist, verändert die Nachfrage nach Lebensmitteln sowohl im Volumen als auch in der Struktur. Ältere Menschen, immobile Menschen, Alleinstehende, Alleinerziehende sowie Personen und Haushalte ohne eigenen PKW sind besonders stark von der Unterversorgung betroffen. Angesichts der veränderten Rahmenbedingungen im ländlichen Raum reagiert der LEH mit Konzentrationsprozessen und einem Rückzug aus der Fläche, der bei gleichzeitiger Vergrößerung der Betriebsflächen mit einer abnehmenden Zahl an Einzelhandelsstandorten einhergeht. Einzelhandelsbetriebe haben in der Vergangenheit zentrale Lagen im Ortskern aufgegeben und sich an Ausfallstraßen am Ortsrand, meist außerhalb der Wohngebiete und am Rande gewerblicher Agglomerationen, niedergelassen (Heinritz et al. 2003, S. 147).

In den letzten Jahren sind vielfältige Lösungsvorschläge zur Verbesserung der Nahversorgung im ländlichen Raum entwickelt worden. Grob lassen sich diese in stationäre und mobile Konzepte unterteilen (Tabelle 1). Die stationären Konzepte umfassen sehr unterschiedliche Formen: Integrationsmärkte beschäftigen Menschen mit Behinderung, Kleinflächenkonzepte sind stärker gewinnorientiert und an Franchisemodelle geknüpft, Kombinationsmodelle bringen unterschiedliche Dienstleister unter einem Dach zusammen, selbstorganisierte Nahversorgungskonzepte beruhen auf zivilgesellschaftlichem Engagement.

Tabelle 1: Auswahl möglicher Lösungen bei mangelnder Nahversorgung

Stationäre Konzepte	Mobile und flexible Konzepte
Integrationsmärkte: personelle Integration von Menschen mit Behinderung oder Personen mit schlechten Berufsaussichten (CAP-Märkte, Bonus-Märkte)	*Mobile Verkaufswagen*: Tourenverkauf, Rein- und Mischsortiment (Eismann, Bofrost, Bäckerei- und Fleischerwagen)
Kooperations- & Kombinationsmodelle: Ladengemeinschaften, Gast-Kaufhaus, privat-private und öffentlich-private Kooperationen (Komm-In)	*Fahrdienste & Mobilitätskonzepte*: private, kooperative, ehrenamtliche, Rufbusse, Fahrgemeinschaften und Nachbarschaftshilfe (F-Bus, L-Bus, R-AST)
Kleinflächenkonzepte: gewinnorientiert, häufig in Franchise-Form (Ums Eck, Ihr Kaufmann, MarktTreff)	*Lieferservice*: von Lebensmittelmärkten (Edeka)
	Wochen- & Bauernmärkte: zeitpunktbezogene Versorgung
Selbstorganisierte Nahversorgungskonzepte: kostendeckungsorientiert und auf bürgerschaftlichem Engagement beruhend (Bürgerladen Otersen, MarktTreff)	*Internet- und Versandhandel*: häufig Nischensortimente (gourmondo.de, amazon.de)
	Direktvermarktung: landwirtschaftliche Erzeugnisse, Angebot zeitlich eingeschränkt (Hofverkauf, SB-Verkauf)

Quelle: Zusammenstellung durch B. Frank aus Benzel 2006, S. 56 ff., Bundesministerium für Verkehr und Bundesinstitut für Bau-, Stadt- und Raumforschung 2009, S. 18 f., Wirtschaftsministerium Baden-Württemberg und Einzelhandelsverband Baden-Württemberg 2010, S. 28 ff., Fischer 2006, S. 73 ff., Hahne 2009, S. 5 ff., Kuhlicke et al. 2005, S. 94 ff.

Die Bandbreite dieser Lösungsvorschläge deutet darauf hin, dass sich die Voraussetzungen für selbsttragende Konzepte sehr unterscheiden. So benötigen Integrationsmärkte ein Einzugsgebiet von 2.000 Einwohnerinnen bzw. Einwohnern und eine Mindestverkaufsfläche von 400 qm. Kleinflächenkonzepte, die oft vom Lebensmittelgroßhandel betrieben werden, eignen sich aus betriebswirtschaftlichen Erwägungen nur für Gemeinden mit über 1.000 Einwohnerinnen und Einwohnern. Kombinationsmodelle lassen sich nur realisieren, wenn es tatsächlich noch verschiedene Dienstleister gibt. Selbstorganisierte Nahversorgungskonzepte leben vom ehrenamtlichen Engagement, was im ländlichen Raum nicht notwendigerweise stärker ausgeprägt sein muss als anderswo. Zudem bestehen oft Probleme durch die mangelnden kaufmännischen Kenntnisse der Betreiberinnen und Betreiber (Bundesministerium für Verkehr und Bundesinstitut für Bau-, Stadt- und Raumforschung 2009, S. 18 ff., Fischer 2006, S. 80, Hahne 2009, S. 5).

Große Hoffnungen wurden in den letzten Jahren in mobile Versorgungskonzepte gesetzt. Vielerorts stellt mobile Versorgung die einzige Möglichkeit der Nahversorgung im ländlichen Raum dar. Das geringe Warenangebot und die eingeschränkten Öffnungszeiten durch kurze Standzeiten führen allerdings dazu, dass diese mobilen Angebote nur einen kleinen Teil der Bevölkerung erreichen. Eine weitere, sehr wichtige Schwäche der mobilen Angebote ist, dass sie den stationären Handel als Ort der Kommunikation und eines zeitungebundenen „sich Treffens" nicht ersetzen können (Kuhlicke et al. 2005, S. 168).

Die kurz skizzierten Lösungsansätze verfügen über unterschiedliche Vor- und Nachteile, aber auch über sehr verschiedene Voraussetzungen. Hinzu kommt, dass der Begriff des ländlichen Raums der tatsächlichen Heterogenität dieses Raumtyps nur unzureichend Rechnung tragen kann.[3] So sind in diesem Raumtyp Regionen anzutreffen, die nach wie vor ein starkes Bevölkerungswachstum erzielen und auch junge Altersgruppen generieren, aber auch solche, die seit vielen Jahren von starker Abwanderung und Überalterung geprägt sind. Es lassen sich zudem Regionen identifizieren, die durch ihre Nähe zu Ober- und Mittelzentren sowie Verkehrsachsen günstigere Rahmenbedingungen für den Lebensmitteleinzelhandel aufweisen, als auch Regionen, die sich weitab der Zentren in der Peripherie befinden. Vor diesem Hintergrund müssen Nahversorgungskonzepte stets auf die kontextspezifischen Bedingungen eingehen, die vor Ort anzutreffen sind. Nur so ist eine langfristige, zuverlässige und eine an den Bedürfnissen der betroffenen Bevölkerung ausgerichtete Nahversorgung möglich.

2.1 Räumliche Aspekte des Alterns im ländlichen Raum

Altern tut jeder Mensch von Geburt an. Wenn jedoch vom so genannten „Alter" die Rede ist, dann ist in der Regel jener Lebensabschnitt gemeint, der auf das Erwerbsleben resp. aktive Kindererziehungszeiten folgt und im Zuge des demographischen Wandels heute einen eigentlichen dritten Lebensabschnitt umfasst, also die Gruppe der ab 60-/65-, künftig vermehrt auch ab 68- oder 70-Jährigen.[4]

3 Siehe hierzu ausführlich den Beitrag von Schlömer in diesem Band.

4 Detaillierte Informationen zu sog. „Altersbildern" vgl. Sachverständigenkommission zur Erstellung des Sechsten Altenberichts der Bundesregierung 2010.

„Alter“ ist jedoch nicht gleich „Alter“, auch nicht im ländlichen Raum. Die Gruppe der ab 60- bis 65-Jährigen ist nicht nur in Bezug auf die Phasen „junges“ und „mittleres“ Alter bzw. Hochbetagtheit in sich heterogen, sondern – je nach Status und Einkommen, kultureller Herkunft und sozialem Milieu – auch bezogen auf Mobilität und Konsumverhalten (siehe beispielsweise Naegele 2010). Die ältere und hochbetagte Bevölkerung lässt sich kaum zu einer einheitlichen Gruppe zusammenfassen (Bundesministerium für Familie 2002), sie unterscheidet sich vielmehr nach gesundheitlichen, finanziellen, kulturellen und familiären Merkmalen, nach Geschlecht, Lebenszyklusphase („empty nesters“, Großeltern, Urgroßeltern; vgl. Heinze und Naegele 2010, S. 113), und Haushaltsart bzw. -größe (von Einpersonen bis Mehrgenerationen).

Im Kontext der Nahversorgung spielen neben der familiären Situation Erreichbarkeit und Mobilität bzw. gesundheitliche Einschränkungen eine besondere Rolle.[5] Ältere, alleinlebende Frauen verfügen heute seltener über einen Führerschein und sind daher auf eine wohnortnahe, zu Fuß oder mit dem Fahrrad erreichbare Nahversorgung mehr angewiesen als Frauen in Zwei- oder Mehrpersonenhaushalten, die – bei gleichzeitiger Erwerbstätigkeit oder vielfältigem ehrenamtlichen Engagement – ein hohes Maß an Mobilität aufweisen und im Alltag oft umfangreiche Wegeketten bewältigen können. Ältere Männer, die in Partnerschaften leben, übernehmen häufig – wenn sie (noch) mit dem PKW unterwegs sind – Wege auch über die wohnortnahe Versorgung hinaus und kombinieren diese mit vielfältigen vereinsbezogenen, politischen oder postberuflichen Aktivitäten.

Nicht nur diese unterschiedlichen Lebensformen beeinflussen individuelles Handeln, sondern auch die Biografie der heutigen „jungen Alten“. Als Kinder einer Generation wachsenden Wohlstands nehmen sie Teil an den Errungenschaften des technischen Fortschritts und formulieren daraus entsprechend differenzierte Wünsche und Ansprüche an den Konsum von Gütern und Dienstleistungen, der sich u. a. im zunehmenden Bedürfnis nach Wahlfreiheit widerspiegelt. Die Ergebnisse einer Studie über das Älterwerden im ländlichen Raum Österreichs zeigen, dass sich die heute bereits hochbetagte Land-, aber auch Stadtbevölkerung zwar vielfach noch durch (anerzogene) Genügsamkeit, Bescheidenheit und „Zufriedenheit“ mit den eigenen Lebensumständen auszeichnet, bei den jüngeren Seniorinnen und Senioren in Land und Stadt jedoch bereits eine Angleichung der Wertesysteme an die jüngere Bevölkerung festzustellen ist.

> „(...) Daraus entsteht sehr unterschiedliches Raumverhalten, d. h. die Aktionsradien (auto-) mobiler älterer Menschen unterscheiden sich wesentlich von jenen, die auf fußläufige Erreichbarkeit von Einrichtungen angewiesen sind. (...)“; Fischer 2009, S. 95.

[5] Siehe zum Aspekt der Mobilität den Beitrag von Limbourg in diesem Band.

Es sind jedoch nicht nur physisch-räumliche Aspekte, die den ländlichen Lebensalltag prägen, sondern auch sozialräumliche Realitäten, die Integration in ein Netzwerk „Dorf". Der Grad an Eingebundensein in die dörfliche Gemeinschaft bestimmt das nachbarschaftliche Miteinander und beeinflusst das mögliche Maß an Nachbarschaftshilfe und Unterstützung (vgl. Fischer 2009, S. 98 f.). Alteingesessene haben es da meist leichter als Zugezogene am Ortsrand, die – zum Beispiel in der Familiengründungsphase – „aufs Land" gezogen sind, im Grunde aber „urbane" Lebensstile pflegen. Diese Älteren haben mit dem Dorf nicht mehr zu tun als die Gemeinsamkeit des physischen Wohnstandorts, sie sind häufig wenig eingebunden in die sozialen Netze vor Ort. Wenn der letzte Lebensmittelladen schließt, sind diese Gruppen – sofern ihnen ein Wegzug nicht (mehr) möglich ist – auf alternative Angebote in besonderem Maße angewiesen.

Ungeachtet jeder Gruppenzugehörigkeit steht jedoch außer Frage, dass (ältere) Menschen – sobald sie mobilitätseingeschränkt sind und allein leben oder aufgrund fehlender Erwerbstätigkeit über mehr Zeit verfügen als andere – andere Ansprüche an das Einkaufen richten. Folglich müssen bei der Entscheidung für Art und Qualität der Nahversorgung auch veränderte Kriterien herangezogen werden. Die herkömmlichen Kriterien wie günstiger Preis, großes Sortiment, autoaffine Erreichbarkeit resp. große Anzahl Stellplätze reichen da kaum noch aus.

Eine Studie des Gottlieb-Duttweiler-Instituts (GDI) hat für die älteren Menschen in der Schweiz bereits 2005 in Aussicht gestellt, dass künftig

> „(...) die stärker dominierende und trendsetzende ältere Bevölkerung eine kürzer werdende Einkaufsliste hat und mehr Dienstleistungen jenseits des klassischen Handelsangebots beansprucht (...) [und dass, Anm. d. Verf.] (...) im Food-Bereich ›Nähe, Frische, Freude‹ den Kern des Erfolgs ausmachen wird. Das Argument Preis ist wichtig, aber nicht prioritär (...)"; Bosshart und Staib 2005, S. 5.

Gute Erreichbarkeit und übersichtliche Ladengröße (d. h. kurze Wege), Ankunftszonen, Entschleunigungsbereiche, Kommunikationszonen, Ausruhmöglichkeiten, Übersichtlichkeit und Erreichbarkeit des Sortiments, Hilfe und Nachfragemöglichkeit dürften selbst bei einer künftig bis ins hohe Alter viel mobileren Gesellschaft wichtige Faktoren sein. Das Bedürfnis, ggf. täglich einzukaufen, käme bei den nicht mehr mobilen Kundinnen und Kunden noch hinzu (verringerte Transportlogistik). Auch die neue gemeinsame Studie von GDI und KPMG AG erkennt die zunehmende Bedeutung des Eingehens auf individuelle Kundinnen- und Kundenwünsche: „Emotionalität schlägt Effizienzoptimierung" (GDI und KPMG AG 2013, S. 33).

> „(...) Um mit ihnen [den Kundinnen bzw. Kunden, Anm. d. Verf.] ins Gespräch zu kommen, muss signalisiert werden, dass Gespräche erwünscht sind. Dafür muss Emotion an die Stelle von Effizienz treten – oder ihr zumindest gleichberechtigt zur Seite gestellt werden. (...)";GDI und KPMG AG 2013, S. 34.

Wenn Emotionalität wichtiger wird, dann hat das auch Konsequenzen für die Qualität der Bauten, in denen das Einkaufen stattfindet und die heute in ihrem Erscheinungsbild meist austauschbar sind und zunehmend beschränkt auf einseitige Signale und Signaturen überdimensionaler Werbelogos. Dies lässt sich an der Architektur (Gebäude, Umfeld, Innenraumgestaltung) wie eine Botschaft ablesen, die ausgerichtet ist auf eine (auto-)mobile Kundschaft und ein möglichst schnelles und reibungsloses Ankommen und Abfahren, was in den weitläufigen, zum Straßenraum hin angeordneten Stellplatzanlagen seinen Ausdruck findet. Der Wunsch nach Beschleunigung, auch beim Einkauf selbst, wird durch die zunehmenden Betriebsgrößen jedoch wieder in Frage gestellt: Langes Suchen in endlosen Gänge zwischen hohen Warenregalen, mit einer Fülle an immer gleichen Waren, und das Stehen in langen Warteschlangen an den Kassen, hinter Menschen mit üppig beladenen Einkaufswagen, machen gerade den schnellen, kleinen Einkauf (Convenience) zu einer Geduldsprobe. Dazu kommt die mit zunehmender Betriebsgröße wachsende Anonymität, die dem Kommunikationsbedürfnis einer älter werdenden Kundschaft resp. einer solchen, die Zeit mitbringt und vom Einkauf mehr erwartet als das bloße Pflücken zahlloser Waren aus hohen und langen Regalwänden, nicht zu entsprechen vermag. Während diese Architektur zweifelsfrei vermittelt „Hier kannst Du zügig kaufen, anonym und selbstbedient, schnell und günstig, hier gibt es alles und davon viel“, bleibt die Frauge für die ältere und immobilere Bevölkerung: Will ich denn groß, beschleunigt, anonym einkaufen und schaffe ich das überhaupt?

Ältere Kundinnen und Kunden benötigen weniger eine überaus große Auswahl an Produkten in unterschiedlichen (Niedrig-)Preissegmenten, sondern mit Markenartikeln bzw. regionalen und/oder Bio-Produkten übersichtlich bestückte Sortimente. Außerdem zeigen ältere Kundinnen bzw. Kunden ein besonderes Interesse an altersgerechten Produkten und Einkaufsmöglichkeiten. Dies beinhaltet leicht zu öffnende Verpackungen, gut lesbare Preisetiketten, Lupen an den Einkaufswagen, integrierte Ruhezonen vor und in den Läden, ausreichend dimensionierte Gänge, die mit Rollatoren (wie auch mit Kinderwagen) bequem befahrbar sind, sowie barrierefreie Zugänglichkeiten, Lieferservices u. a. m. In diesem Sinne hat das Bundesministerium für Familien, Senioren, Frauen und Jugend zusammen mit dem Handelsverband Deutschland (HDE) und verschiedenen Unternehmen des Einzelhandels, Verbänden und Institutionen im Rahmen der Initiative „Wirtschaftsfaktor Alter“ ein Qualitätszeichen „Generationenfreundliches Einkaufen“ entwickelt, um die Umsetzung dieser Kriterien und eine Anpassung an die veränderten Anforderungen zu fördern (LINGA – Landesinitiative Niedersachsen Generationengerechter Alltag 2010).

Und auch eine globale Studie von A. T. Kearney aus dem Jahr 2011 kommt zum Schluss:

„(...) Older people enjoy shopping, not only as a necessity but also as a social and leisure experience (…)"; Walker und Mesnard 2011, S. 5.

Einkaufsorte sind nicht nur Orte des Konsumierens von Gütern, sie dienen auch als (zum Teil zufällige) Kommunikations- und Treffpunkte und erfüllen auf diese Weise fast „beiläufig" das Bedürfnis nach Kontakt und Gemeinschaft. Daher ist es von besonderer Bedeutung, dass Einkaufsorte zentral gelegen und leicht zu erreichen sind.

2.2 Definition einer bedarfsgerechten und maßgeschneiderten Nahversorgung

In der Fachliteratur gibt es keine einheitliche Definition des Begriffs „Nahversorgung", meist versteht man darunter jedoch eine „wohnortnahe" Versorgung mit Gütern des kurzfristigen und täglichen Bedarfs. Dazu gehören Betriebe des LEH ebenso wie einzelhandelsnahe Dienstleistungen, also Banken, Friseure oder Postdienste. Die durchschnittliche Entfernung dieser Einrichtungen zu Wohnstandorten sollte aus Sicht der räumlichen Planung 500 m nicht überschreiten und somit in guter fußläufiger Erreichbarkeit für die Bevölkerung liegen (vgl. Grünewald 2010).

Auch wenn Nahversorgung mehr als die Versorgung mit Lebensmitteln umfasst, dient der LEH als Anker für andere dienstleistungsnahe Einrichtungen. Von diesen „Magnetbetrieben" gehen die höchsten Impulse für die Besucherfrequenz eines Standortes aus und sie erhöhen gleichzeitig die Besucher- und Nutzerzahlen in benachbarten kulturellen oder öffentlichen Einrichtungen. Treten dort rückläufige Frequenzen auf, sind davon regelmäßig auch andere zentrenrelevante Nutzungen betroffen (vgl. Grünewald 2010). Solange also LEH am Ort (noch) betrieben wird, schlägt das Herz eines Ortes; bricht er weg, wird es schwierig, eine andere öffentlich orientierte Nutzung (wieder) anzusiedeln. Es sollte also im Interesse jeder Kommune liegen, sich für die Präsenz des Lebensmitteleinzelhandels in ihrer Gemeinde einzusetzen und in irgendeiner Form für die Zukunft zu sichern, um das örtliche Leben und die örtliche Gemeinschaft zu pflegen und zu erhalten.

Die rechtlichen Rahmenbedingungen hierzu sind jedoch unscharf, die meisten Kommunen und Unternehmen verstehen den LEH als eine privatwirtschaftliche Aufgabe, die dem Markt zu überlassen ist. Einzig die so genannten „Neuen Bundesländer" können sich hier noch an andere Zeiten erinnern. So gehörte in den ehemaligen sozialistischen Republiken die Versorgung mit Gütern des täglichen Bedarfs durch „Konsumläden" zur selbstverständlichen Grundausstattung jedes städtischen Wohnkomplexes. Auch der „Dorfkonsum" war als Einrichtung der staatlichen Handelsorganisation (HO) oder der Konsumgenossenschaft Bestandteil der örtlichen Versorgung.

Während der Begriff der „Nahversorgung" heute vor allem im raumordnerisch-planerischen Kontext Verwendung findet und als Problematik hier auch erforscht wird (Bundesministerium für Verkehr und Bundesinstitut für Bau-, Stadt- und Raumforschung 2009), ist „Daseinsvorsorge" ein geographischer resp. verwaltungsrechtlicher Begriff, der in der politischen und sozialwissenschaftlichen Diskussion eine Rolle spielt. Er umschreibt die staatliche Aufgabe zur Bereitstellung der für das menschliche Dasein als notwendig erachteten Güter und Leistungen. Hierzu zählen öffentliche Einrichtungen wie Verkehrs- und Beförderungsanlagen, Einrichtungen der Gas-, Wasser- und Elektrizitätsversorgung, Abfall- und Abwasserbeseitigung, Bildungs- und Kultureinrichtungen, Krankenhäuser, Friedhöfe, Bäder usw.

Rechtswissenschaftliche Beiträge zur Daseinsvorsorge im demographischen Wandel beziehen sich denn auch auf die Fülle all dieser öffentlichen Aufgaben – von technischen Infrastrukturen bis zu sozialen Einrichtungen, sie sparen jedoch den – aus raumwissenschaftlicher Sicht als hochgradig relevant eingestuften – Bereich der Nahversorgung systematisch aus (vgl. Brosius-Gersdorf 2007). Während Wasser und Energie neben Schulen und Kindergärten, ja selbst Museen in diesem Zusammenhang betrachtet werden, kommen Einrichtungen des LEH nicht vor. Denn auch wenn grundsätzlich eine verfassungsrechtliche Erfüllungsbzw. Gewährleistungsverantwortung der Gemeinden im Bereich der Daseinsvorsorge besteht (Art. 20 Abs. 1 GG Sozialstaatsprinzip i. V. m. Art. 28 Abs. 2 GG Selbstverwaltungsgarantie), sind die Felder, in denen die Gemeinden zur Aufgabenwahrnehmung verpflichtet sind, im Grundgesetz nicht ausdrücklich geregelt. Sie ergeben sich vielmehr aus einer Reihe von Gesetzen – zur Energieversorgung, Abwasser- und Abfallentsorgung sowie Versorgung mit Schulen und Kinderbetreuungseinrichtungen, die damit zu Pflichtaufgaben der Gemeinden erklärt wurden (vgl. Brosius-Gersdorf 2007, S. 325).[6] Für die Versorgung mit Lebensmitteln existiert ein solches Gesetz bisher nicht. Das Raumordnungsgesetz (ROG) regelt jedoch in § 2 Abs. 3 ROG, dass die Versorgung mit Dienstleistungen und Infrastrukturen der Daseinsvorsorge, insbesondere die Erreichbarkeit von Einrichtungen und Angeboten der Grundversorgung zur Sicherung von Chancengerechtigkeit für alle Bevölkerungsgruppen in den Teilräumen in angemessener Weise zu gewährleisten sind.

Aus diesem Grund – und weil die Nahversorgung als ein wesentliches raumordnerisches Prinzip nicht zuletzt auch im Zentrale-Orte-Konzept verankert ist – bildet der Bereich der Lebensmittelversorgung als Leitinfrastruktur der Daseinsvorsorge im Rahmen des Forschungsvorhabens ZukunftNAH den zentralen Anknüpfungspunkt für die Sicherung der Zukunftsfähigkeit ländlicher Räume. Dass Zukunft nur gesichert werden kann, wenn sie „bedarfsgerecht und maßgeschneidert" auf die jeweils vorgefundenen Kontexte eingeht und deren spezifi-

[6] Siehe auch http://kommunalwiki.boell.de/index.php/Daseinsvorsorge [Zugriff 1. Mai 2014].

sche Potentiale aufgreift, zeigen erste Ergebnisse aus dem transdisziplinären Vorhaben, die im Folgenden vorgestellt werden.

3 ZukunftNAH. Ein Forschungsprojekt zur Zukunft der Nahversorgung in ländlichen Räumen Niedersachsens

Kernthema des am 01. Januar 2012 angelaufenen Forschungsprojektes ZukunftNAH[7] ist die Frage nach den Zukunftschancen der Nahversorgung in ländlichen Räumen Niedersachsens. Hierbei liegt der Schwerpunkt auf der Erforschung der wechselseitigen Beziehungen zwischen (Nah-)Versorgungsstrukturen, Raumsystemen und Einkaufsverhalten. Besondere Berücksichtigung findet das Zusammenspiel der Akteurinnen und Akteure (Governance), die aktiv auf die Versorgungsstruktur eines Raumes einwirken. Drei Akteursgruppen – Kommune als Planungsträgerin, Unternehmen als Anbieter und Bevölkerung als Nachfrager – stehen dabei im Fokus und werden auf ihre Ansprüche, Wünsche und Bedürfnisse sowie deren Wechselwirkungen untereinander untersucht. Die unterschiedlichen Ist-Situationen und Voraussetzungen in den ländlichen Regionen Niedersachsens verlangen dabei eine detaillierte Herangehens- und differenzierte Sichtweise auf das Themen- und Handlungsfeld. Aus diesem Grund wurden zur Kooperation im Rahmen dieses Vorhabens verschiedene Teilräume des Bundeslandes ausgewählt.[8]

So dienen als Untersuchungsgebiete Regionen von der Wesermarsch über das Emsland bis zum Landkreis Northeim, welche die heterogenen Siedlungs-, Versorgungs- und Bevölkerungsstrukturen des Landes im demographischen Wandel abbilden. Siebzehn Gemeinden sind als Kooperationspartnerinnen involviert. Trotz der erwartungsgemäß spezifischen Situationen in den Untersuchungsgebieten sind Analogien in der Ausgangssituation feststellbar: Eine meist noch sichere Versorgung in größeren, eine bereits kritische Lage in kleineren Orten prägt den ländlichen Raum. Deutlich wird, dass unattraktive Ortskerne, fehlende Innenentwicklung und ein strukturschwacher weitläufiger Raum eine eher negative Entwicklung verstärken. Problematisch sind die fehlende Nachfolge sowie fehlende Risikobereitschaft inhabergeführter Einzelhandelsgeschäfte. Allen Kooperationsgemeinden gemein ist die - zwar unterschiedlich schnell und stark, aber überall - voranschreitende Alterung der Bevölkerung und damit einhergehend eine zu erwartende deutliche Erhöhung des Anteils der über 65-Jährigen bis 2030.

Im Folgenden wird ein Überblick über die methodische Vorgehensweise sowie die bisherigen Ergebnisse des Forschungsprojektes gegeben, indem die

7 Vgl. hierzu Fußnote 1.
8 Vgl. hierzu und zu den folgenden Ausführungen Zibell und Revilla-Diez 2012.

Analyseergebnisse der Ausgangssituationen mit ihren Stärken und Schwächen und die sich daraus ergebenden Chancen und Risiken sowie Herausforderungen und Potenziale aufgezeigt werden. Eine Sonderauswertung in Bezug auf die Alterung gibt darüber hinaus einen Eindruck über die jeweiligen Besonderheiten in den Regionen sowie die strategischen Umgangsweisen der vor Ort Betroffenen.

3.1 Methodisches Vorgehen

Im Rahmen empirischer Untersuchungen und Bestandsaufnahmen wurden die lokalen und regionalen Standortbedingungen in den Untersuchungsgebieten in Bezug auf Siedlungs- und Verkehrsstruktur, Demographie und Versorgungssituation sowie Entscheidungswege / -strukturen und Zukunftschancen der Nahversorgung erfasst. Dazu gehörten neben der Auswertung von Sekundärstatistiken zur Beschreibung der Rahmenbedingungen in Bezug auf den demographischen Wandel und der Erhebung und Auswertung von planungsrelevanten Rahmenbedingungen in Form von Planwerken und Konzepten insbesondere die eigenen differenzierten Erhebungen zum LEH in den Kooperationsgemeinden einschließlich der Überprüfung vor Ort hinsichtlich Lage, Größe, Erreichbarkeit und Qualität.

Zur Verdeutlichung des Ist-Zustandes und zur Einschätzung erkennbarer Problemlagen in den Untersuchungsgebieten wurden leitfadengestützte Interviews mit Vertretern der 17 Kooperationsgemeinden hinsichtlich prozessbezogenen Ressourcen (Verwaltungsstrukturen, Entscheidungswege resp. Governance[9]) und Ansiedlungspolitik sowie Bewertung der Zukunftschancen der jeweiligen Nahversorgungssituation geführt. Darüber hinaus gaben Interviews mit selbstständigen örtlichen Einzelhandelsunternehmerinnen und -unternehmern grundlegende Informationen zu den Strukturen der Betriebe und ihrer Rahmenbedingungen in den jeweiligen Einzugsgebieten, zur Wahl und Bewertung von Standorten sowie zu Warenbezug und Logistik. Für Einblicke in den überörtlichen Kontext sorgten Gespräche mit Landkreisvertretern und Interviews mit Vertretern aus den Zentralen großer Einzelhandelsunternehmen hinsichtlich der für die Nahversorgung im ländlichen Raum relevanten Strukturen und Geschäftsfelder sowie hinsichtlich der Kriterien der Standortbewertung, Standortwahl und der im ländlichen Raum wesentlich zum Erfolg von LEH-Unternehmen beitragenden Faktoren.

---

9 In Anlehnung an Arthur Benz (Benz et al. 2007) wird bei der Verwendung des Begriffs Governance davon ausgegangen, dass innerhalb der jeweiligen politisch-gesellschaftlichen Einheit Steuerung und Regelung nicht nur vom Staat, sondern auch von der Privatwirtschaft und von Vereinen, Verbänden, Interessenvertretungen etc. wahrgenommen wird.

3.2 Zwischenergebnisse

Die Ergebnisse aus Interviews und Bestandsaufnahmen wurden im Rahmen einer SWOT-Analyse ausgewertet. Bei den Stärken und Schwächen der einzelnen Ausgangssituationen wurde besonderes Augenmerk auf die Versorgungslage in den sowohl räumlich als auch prozessbezogen sehr unterschiedlich aufgestellten Gemeinden und auf das Zusammenspiel der Akteure (Governance) gelegt. Im Zusammenhang mit der Versorgungslage wurden die drei Themenfelder Siedlungsstruktur und verkehrliche Anbindung, Versorgungseinrichtungen und deren Erreichbarkeit sowie Bevölkerungsstruktur und -entwicklung betrachtet, die in Beziehung zueinander stehen und Wechselwirkungen aufweisen. Insgesamt konnten folgende Einflussfaktoren ausgemacht werden:

- Positive Einflussfaktoren
  kompakte Siedlungsstruktur, grundzentrale Funktion, Schulstandort, günstige Bodenpreise, verkehrsgünstige Lage, gute Erreichbarkeit, Barrierefreiheit der Läden, Bäckereien als Basis für erweiterte Nahversorgungsangebote, regionale Anbieter bzw. Anbieterinnen, mobile Versorgungsangebote, Wochenmärkte, Raiffeisen-Märkte als Potenzial, keine Wettbewerber im engeren Umkreis.
- Negative Einflussfaktoren
  unzureichende Anbindung der Ortsteile an den zentralen Ort, Ladenleerstände und mangelnde gestalterische Qualität der Ort(skern)e, fehlende Serviceangebote, Rückgang der Sortimentsvielfalt und -qualität, Platzmangel in den Geschäften, fehlende Spezialisierung, Konkurrenz durch autoaffine Agglomerationen an den Ortsrändern, wenig Hofläden, Rückgang der Bevölkerung.

Das Zusammenspiel der Akteurinnen und Akteure wurde nach den Themenfeldern Kommunikationskultur Gemeinde, Beteiligungsverhalten Bevölkerung und Kooperationsbereitschaft Unternehmen betrachtet. Dabei haben sich folgende Einflussfaktoren als relevant herausgestellt:

- Positive Einflussfaktoren
  optimistische Einstellung der Akteure und Akteurinnen trotz schwieriger Rahmenbedingungen, aktive Stärkung der Ortskerne, kooperatives Vorgehen zwischen Politik, Verwaltung und Unternehmen, zielgruppenorientierter (z. B. altengerechter) Wohnungsbau in den Ortskernen (= Kundschaft), Ansätze von Nachbarschaftshilfe – Junge versorgen Alte mit, Treffpunkt Laden, Tourismus als Basis für Kundschaft, Bürgervereine, Arbeitskreise, engagierte Schlüsselpersonen, überörtliche Netzwerke, Verankerung der Händlerpersönlichkeiten im Ort.

- Negative Einflussfaktoren
  zentralisierte Entscheidungsstrukturen, Steuerung nur durch formelle Verfahren, Nachfolgeprobleme, fehlendes Bewusstsein der Bevölkerung für die Notwendigkeit der Unterstützung des örtlichen Handels, Einkaufen auf dem (Arbeits-)Weg, fehlende Unterstützung von Initiativen, geringe Flexibilität der Unternehmen.

Die vergleichende Auswertung der Stärken und Schwächen über alle Kooperationsgemeinden entlang der beiden Achsen „Versorgungslage“ und „Zusammenspiel der Akteurinnen und Akteure“ zeigte ein heterogenes Bild: Während die Ergebnisse beim Zusammenspiel der Akteurinnen und Akteure von fast nur „sporadisch und unverbindlich“ bis hin zu „intensiv und zielorientiert“ reichten (der ungünstigste anzunehmende Fall mit einer völligen Unverbindlichkeit war in den untersuchten (Samt-)Gemeinden nicht feststellbar, ebenso aber auch kein deutlich zielorientiertes, strategisches Zusammenspiel), bildete sich die Versorgungslage von „noch gut“ bis „vielfältig“ ab. Diese breite Streuung der Ausgangssituationen ist als Ansatzpunkt für die Weiterentwicklung des Forschungsprojektes positiv zu bewerten. Wenn auch in fast allen Gemeinden bislang die Nahversorgung noch zufriedenstellend gesichert ist, zeichnen sich doch bereits deutliche Schwächen mit unterschiedlich großen Herausforderungen ab, für die das Vorhaben Strategien und Lösungsansätze aufzeigen sollte. Ein deutschlandweites Benchmarking hilft dabei, gute Beispiele der Nahversorgung auf dem Land zu erfassen, beispielhaft von erfolgreichen Prozessen und Projekten zu lernen und deren Übertragbarkeit auf die Möglichkeiten in den Untersuchungsgebieten einzuschätzen.

Parallel zur Analyse der Ausgangssituationen wurden auf Basis von Geoinformationsdaten die zurückzulegenden Wegeentfernungen zum nächstgelegenen Versorgungsstandort ausgewertet (GIS-Analyse),[10] um potenzielle Erreichbarkeiten und später auch deren Veränderungen aufzeigen zu können. Weite Wege und der Bedarf nach (Auto-)Mobilität im Versorgungsalltag können dadurch eindrücklich belegt werden. In der Tabelle 2 sind für die untersuchten Gemeinden die kumulierten Anteile der Einwohnerinnen und Einwohner je Entfernungsklasse dargestellt, um vergleichend abschätzen zu können, wie hoch die Wegeentfernung zum jeweils nächstgelegenen Standort des Lebensmitteleinzelhandels für die Mehrheit der Einwohnerinnen und Einwohner ist.

In der Wesermarsch wohnt demnach fast ein Viertel der Bevölkerung weiter als 2,5 km von einer Nahversorgungseinrichtung entfernt. Im kompakter strukturierten südlichen Niedersachsen (LK Northeim) wohnt in der Summe fast 40 % der Bevölkerung im Umkreis von 500 m zu einer Versorgungseinrichtung. Trotz der weitläufigen Siedlungsstrukturen im Emsland zeigen sich die realen Entfer-

10 GIS = Geographische Informationssysteme.

nungen hier nicht entsprechend groß, da noch ein vergleichsweise enges Netz an Versorgungseinrichtungen vorhanden ist.

Tabelle 2: Anteil der Einwohnerinnen bzw. Einwohner je Entfernungsklasse in Prozent (Entfernung in Metern (m) zur erweiterten Nahversorgung[11]) in den Untersuchungsräumen

Entfernung	Wesermarsch	Emsland	Landkreis Northeim
unter 100m	4,20 %	3,10 %	5,90 %
100m bis unter 300m	13,00 %	14,50 %	22,80 %
300m bis unter 500m	26,50 %	31,30 %	38,30 %
500m bis unter 1.000m	54,50 %	63,50 %	66,60 %
1.000m bis unter 2.500m	77,50 %	88,40 %	84,30 %
2.500m und weiter	100 %	100 %	100 %
Nachrichtlich Gesamtbevölkerung.	32.250[a)]	64.600	20.400

Anmerkung: a) Eigene Berechnungen je Gebäude auf Grundlage der Einwohner- und Einwohnerinnenzahlen 2010 nach NIW-Daten.

Quelle: Eigene Berechnungen auf Grundlage der Bestandsaufnahme.

Aus den Gesprächen mit den ausgewählten selbstständigen Lebensmitteleinzelhändlerinnen und -händlern in den Kooperationsgemeinden wurde deutlich, dass für deren Erfolg in kleineren Ortschaften des ländlichen Raums vor allem die Verankerung der Händlerpersönlichkeit im Ort und die bewusste Unterstützung durch die ansässige Bevölkerung (Einkauf vor Ort) sowie das Fehlen von Wettbewerbsstandorten im engeren Umkreis verantwortlich sind. Die Strategien, die von den einzelnen Händlerinnen und Händler verfolgt werden, um für die Kunden bzw. Kundinnen attraktiv zu sein, sind vielfältig und reichen von der Integration verschiedenster Zusatzleistungen (z. B. Post), längeren Öffnungszeiten und individuellen Bestellungen auf Kundenwunsch bis hin zur Belieferung kleiner Filialen durch ein Hauptgeschäft oder mobilen Angeboten ohne festes Ladenlokal. Häufige Probleme kleiner Geschäfte sind Platzmangel und dadurch bedingt eine geringe Sortimentstiefe. Ein oftmals gewünschtes Einkaufserlebnis kann unter diesen Rahmenbedingungen nicht in vergleichbarer Weise wie in

11 Erweiterte Nahversorgung bezieht Verbrauchermärkte, Supermärkte, Discounter, Dorfläden, Hofläden, Spezialitätengeschäfte, das Lebensmittelhandwerk, mobile Versorger sowie Wochenmärkte mit ein.

größeren Super- oder Verbrauchermärkten geboten werden. Hinzu kommt, dass die Konditionen für den Warenbezug bei geringem Umsatz und damit kleinen Bestellmengen ungünstiger sind und die erhöhten Kosten über den Preis an die Kundinnen und Kunden weitergegeben werden müssen, was wiederum, bei einem preisorientierten Einkaufsverhalten, die Attraktivität für die Kundinnen bzw. Kunden reduziert.

Die großen Unternehmen des LEH stellen an neue oder zu übernehmende Standorte in der Regel Mindestanforderungen hinsichtlich Lage, Kundenpotenzial im Einzugsgebiet und dessen sozioökonomische Eigenschaften, Verkaufsfläche und weiterer Parameter. Allerdings werden die Standortanforderungen an kleinere, inhabergeführte Betriebsformen wie nahkauf; nah und gut; nah und frisch oder Ihre Kette durchaus offener gehandhabt. Dies gilt auch für erforderliche Mindestgrößen, die ein Betrieb im LEH benötigt, um langfristig tragfähig wirtschaften zu können.

Aus der Analyse der Chancen und Risiken wurden in der Summe folgende Rahmenbedingungen als besonders entscheidend für die Versorgungssituation vor Ort herausgearbeitet:

- Bevölkerungsstruktur und demographische Entwicklung,
- Siedlungsstruktur und Siedlungsentwicklung,
- Struktur und Entwicklung des LEH,
- Mobilitätsverhalten und potenzielle Erreichbarkeit (Untersuchung der Einzugsgebiete von Versorgungsstandorten bzw. Entfernungen von Einkaufsmöglichkeiten durch GIS-basierte Analysen),
- Governance und Beteiligungskultur.

In den Untersuchungsräumen sind dazu folgende Ergebnisse besonders erwähnenswert (Tabelle 3): Die fünf Kooperationsgemeinden aus der Wesermarsch müssen sich ebenso wie die Kooperationsgemeinden im Landkreis Northeim bis 2030 auf Rückgang und Alterung der Bevölkerung einstellen; der Anteil an über 65-Jährigen wird auf mehr als 30 % prognostiziert und liegt damit deutlich über dem niedersächsischen Durchschnitt. In 2010 lag der Anteil der über 65-Jährigen in den Gemeinden der Wesermarsch, anders als im Landkreis Northeim, zumeist noch bei unter 20 %, der Prozess der (Über-)Alterung beginnt hier somit gerade erst. Begünstigt wird in beiden Regionen die überproportionale Alterung durch den gleichzeitig starken Rückgang der Bevölkerung.

Bezogen auf die Nahversorgung muss aufgrund der Schrumpfung mit einer abnehmenden Kaufkraft gerechnet werden; trotzdem kann durch den wachsenden Anteil älterer, ggf. immobiler Menschen ein erhöhtes Potenzial für den Einkauf am Ort angenommen werden, eine Chance, welche die Händlerinnen und Händler bereits heute bei ihren Planungen berücksichtigen sollten. Die Kommunen aus dem westlichen Niedersachsen (Emsland) können im Moment noch von moderaten Bevölkerungszuwächsen ausgehen, jedoch wird auch hier die Alterung der Bevölkerung ab 2030 spürbar sein.

Tabelle 3: Bevölkerungsstruktur und -entwicklung in den Kooperationsgemeinden, Anteil der über 65-Jährigen im Jahr 2010 und Vorausberechnungen für das Jahr 2030, absolut und Änderung in Prozent

Ort	Bevölkerung in 2010	Altersgruppe über 65 Jährige in 2010	Bevölkerung in 2030	Altersgruppe über 65 Jährige in 2030
Kooperationsgemeinden in der Wesermarsch				
Gemeinde Berne	7.004	1.298	5.547	1.778
		18,5 %	- 20,8 %	32,0 %
Gemeinde Butjadingen	6.389	1.603	4.811	2.136
		25,1 %	- 24,7 %	44,4 %
Gemeinde Jade	5.832	1.033	5.050	1.671
		17,7 %	- 13,4 %	33,1 %
Gemeinde Ovelgönne	5.606	989	4.535	1.627
		17,6 %	- 19,1 %	35,9 %
Gemeinde Stadland	7.687	1.566	6.050	2.346
		20,4 %	- 21,3 %	38,8 %
Kooperationsgemeinden im Landkreis Northeim				
Stadt Hardegsen	8.293	1.856	6.245	2.375
		22,4 %	- 24,7 %	38,0 %
Gemeinde Katlenburg-Lindau	7.404	1.556	6.190	1.767
		21,0 %	- 16,4 %	28,5 %
Stadt Moringen	7.308	1.351	5.642	1.603
		18,5 %	- 22,8 %	28,4 %
Stadt Northeim	29.980	6.955	23.235	7.682
		23,2 %	- 22,5 %	33,0 %
Stadt Uslar	15.100	4.026	10.645	4.441
		26,7 %	- 29,5 %	41,7 %
Kooperationsgemeinden im Emsland				
Gemeinde Bunde	7.571	1.606	7.276	2.180
		21,2 %	- 3,9 %	30,0 %
Lähden (Samtgemeinde Herzlake)	9.855	1.841	9.343	2.925
		18,7 %	- 5,2 %	31,3 %
Samtgemeinde Lathen	11.109	2.274	11.831	3.432
		20,5 %	+ 6,5 %	29,0 %
Samtgemeinde Neuenkirchen	10.368	1.502	9.072	2.377
		14,5 %	- 12,5 %	26,2 %
Samtgemeinde Nordhümmling	12.205	1.956	11.534	3.079
		16,0 %	- 5,5 %	26,7 %
Samtgemeinde Sögel	15.859	2.775	16.557	4.479
		17,5 %	+ 4,4 %	27,1 %
Samtgemeinde Werlte	16.050	2.414	16.788	3.677
		15,0 %	+ 4,6 %	21,9 %

Quelle: NBank Bevölkerungsprognose des NIW, Basisjahr 2010; eigene Berechnungen.

Leerstände in den Ortskernen bestimmen in den Regionen der Wesermarsch und des südlichen Niedersachsens die Siedlungsentwicklung und damit in vielen Fällen das teils historische Ortsbild; neben negativen Auswirkungen bedeutet dies auch ein hohes Potenzial an Flächen und Gebäuden für Neuentwicklungen und große Handlungsspielräume für die Innenentwicklung. Durch möglichen Stillstand in der Entwicklungsplanung verlieren Zentrale Orte jedoch durch Leerstände und Brachflächen an Zentralität; Verödung und Verlust an Lebensqualität in den Ortskernen können die Folge sein. Die Orte im Emsland sind aufgrund meist hoher Nachfrage und der bewussten Steuerung innerörtlicher Entwicklungen derzeit nicht von Leerständen bedroht.

Noch ist die tägliche Versorgung in den zentralen Orten möglich; dies kann als positive Ausgangslage für den ansässigen Einzelhandel gewertet werden, wenn man von einer Kaufkraftbindung im Ort ausgeht. Teilweise fehlt in der Wesermarsch der Hard-Discounter, so dass die Bevölkerung für den Wocheneinkauf in die nächstgelegene Stadt fährt. Die Struktur des Einzelhandels im Landkreis Northeim beschränkt sich vielerorts mittlerweile auf größere Agglomerationen an autoaffinen Standorten. Das Einkaufen auf dem Weg, zum Beispiel zur Arbeit oder anderen Aktivitäten, ist hier sowohl für die Bevölkerung als auch für Vorbeifahrende komfortabel, jedoch für mobilitätseingeschränkte Personen beschwerlich. Die weitläufige Siedlungsstruktur im Emsland macht großflächige Entwicklungen häufig auch innerorts möglich.

Eine stationäre Nahversorgung in den ländlichen Ortsteilen ist in der Wesermarsch nicht mehr optimal gegeben, im Landkreis Northeim häufig gar nicht mehr präsent. Zwar sind alt eingesessene Standorte hier teils noch vorhanden und gut etabliert, jedoch treten Nachfolgeprobleme bereits deutlich zutage. Eine fehlende Dienstleistungsorientierung und Managementfähigkeit der Inhaberinnen und Inhaber tragen hier zum Niedergang der Nahversorgung bei. Potenziale für Hofläden und mobile Dienste sind groß und werden besonders im südlichen Niedersachsen bereits von Rollenden Supermärkten bedient. Soziale Treffpunkte gehen damit jedoch mehr und mehr verloren. Der entlang der Küste Niedersachsens starke Tourismus gilt hingegen als Garant für den Erhalt eines modernen Einzelhandels und stärkt somit die Lebensqualität besonders in den Küstenorten. Die stationäre Nahversorgung in den ländlichen Ortsteilen des Emslandes kann als optimal bezeichnet werden, Lebensmittel mit Frischwaren, Bäckerei und Café werden möglichst kompakt an einem Ort angeboten und von der Bevölkerung bewusst angenommen.

Der Versorgungsalltag ist in allen untersuchten ländlichen Regionen von einer hohen Automobilität geprägt (siehe hierzu ausführlich Limbourg in diesem Band). Die einseitige Ausrichtung auf den Individualverkehr mit dem (eigenen) Pkw unterstützt den Kaufkraftabfluss in Nachbarkommunen und erschwert die Zukunftsfähigkeit von traditionellen Einzelhandelsstrukturen in kleineren Ortslagen ohne Parkplatzangebot. Weite Wege zur täglichen Versorgung werden in

Kauf genommen, denn viele Haushalte erledigen ihre Einkäufe unterwegs zwischen Wohnort und Arbeitsstätte; vernachlässigt werden dabei die mobilitätseingeschränkten Bevölkerungsgruppen (alte Menschen, Menschen mit Behinderungen sowie unter 18-Jährige u. a. ohne Führerschein). Ein selbstständiges Leben bis ins hohe Alter wird so zumindest in Frage gestellt, die Abhängigkeit von sozialen Netzen oder dezentral organisierten Versorgungsstrukturen erhöht. Eine gute Erreichbarkeit innerorts ermöglicht hingegen einen stärkeren Fuß- und Radverkehr und begünstigt damit auch die zentralen Ortslagen. Die Bereitschaft zur Nutzung anderer Verkehrsmittel ist vor allem bei Älteren und Touristinnen bzw. Touristen vorhanden.

Besonders die Kommunen in der Wesermarsch zeichnen sich traditionell durch ein hohes Maß an Beteiligungskultur innerhalb der Bevölkerung aus. Bürgervereine prägen eine engagierte Bevölkerung besonders in den ländlichen Ortsteilen, engagierte Landfrauen gelten als großes Potenzial. Teilweise können sogar Genossenschaftsgründungen darauf aufbauen. Im südlichen Niedersachsen und im Landkreis Osnabrück zeigen aktuelle Beispiele der Bürgerbeteiligung eine positive Resonanz mit zukunftsweisenden Ergebnissen.

Werden die Gruppen der so genannten „Alten" bzw. Alternden und deren Wünsche und Bedürfnisse in ländlichen Räumen in den Vordergrund gestellt, so ergeben sich zusätzliche Herausforderungen – auch für die Nahversorgung. Alte und Alternde bilden eine wachsende Gruppe von Nachfragern und Nachfragerinnen und potenziellen Anbietern und Anbieterinnen von Nahversorgung in ländlichen Räumen. Sie sind somit besonders von den Entwicklungen im LEH betroffen und bestimmen durch ihre spezifische Nachfrage auch dessen Entwicklung. So wird die Alterung bereits als „Triebkraft des Wandels" im Lebensmitteleinzelhandel bezeichnet (Gottlieb Duttweiler Institute und KPMG AG 2013, S. 16).

4 Alterung als Herausforderung und Potential für die Nahversorgung in ländlichen Räumen

In Gemeinden, in denen heute schon ein großer Anteil älterer Menschen lebt,[12] ist die baulich-räumliche Situation häufig durch Leerstände ehemaliger Ladengeschäfte in Ortskernen, teils auch in Einfamilienhausgebieten gekennzeichnet. Die weitere Entwicklung wird – wie zum Beispiel in der Gemeinde Hardegsen (Landkreis Northeim) – bereits auf den Kernort konzentriert, um diesen zu stärken, wodurch die ländlichen Ortsteile jedoch gleichzeitig an Funktionen verlieren. Ein solcher Wandel ist in jedem Fall politisch und planerisch zu begleiten oder durch neue unternehmerische Konzepte zu kompensieren. Neuausweisun-

12 Dies betrifft in den Untersuchungsräumen besonders die Gemeinde Butjadingen sowie die Städte Hardegsen, Northeim und Uslar.

gen von Wohnbauflächen sind kein Thema mehr, da die Nachfrage nach Bauland eher gering ist. Innenentwicklung – u. a. in Verbindung mit der Nachnutzung von Brachflächen für kombinierte Wohn- und Versorgungsangebote – stellt sich als Aufgabe in zentralen Lagen größerer Orte; dabei kommt der Aufenthaltsqualität der öffentlichen Räume besondere Bedeutung zu.

Gemeinden, in denen die Alterung noch weniger weit fortgeschritten ist, müssen sich auf diese Zukunftsperspektive erst noch einstellen. Eine Strategie betroffener Kommunen liegt insbesondere in der Erstellung von Leerstandskatastern als Grundlage für Entwicklungs- und Umnutzungskonzepte in Verbindung mit einer aktiven Begleitung von Schrumpfungsprozessen.

4.1 Aktuelle Problemlagen und Herausforderungen

Soziale Kontakte beim täglichen Einkauf sind in Orten mit einem hohen Anteil älterer Menschen besonders wichtig; so herrscht in den noch bestehenden Läden nur selten Anonymität. Im Gegenteil: Man kennt sich, man spricht miteinander, der Einkauf dient als Katalysator für Austausch und Kommunikation. Allerdings zeichnen massive Nachfolgeprobleme den Einzelhandel in den Dörfern aus – häufig handelt es sich um die letzte Versorgungsmöglichkeit am Ort, die von Schließung bedroht ist. Die Nachfolge von bestehenden Geschäften sollte daher frühzeitig thematisiert und ggf. durch Beratung der Industrie- und Handelskammern (IHK) o. ä. unterstützt werden.

Eine fortgeschrittene Alterung der Bevölkerung muss nicht nur als Problem wahrgenommen, sie kann auch als Chance und Potenzial für mobile Angebote gesehen werden. Häufig besteht in überalterten Regionen bereits ein Netz von mobilen Anbietern und Anbieterinnen, welche die Nahversorgung in den ländlichen Ortsteilen aufrechterhalten. Um die Erreichbarkeit zentraler Versorgungseinrichtungen zu sichern, werden darüber hinaus auch Bürgerbusse angeboten und in Anspruch genommen. Bereits die Haltestelle eines Stadtbusses kann ein wichtiger Standortvorteil sein. Inoffizielle Mitfahrmöglichkeiten in die Kernorte sowie familiäre und nachbarschaftliche Hilfe untereinander komplettieren die Möglichkeiten der Erreichbarkeit, auch ohne Zugriff auf den eigenen PKW.

In Orten, in denen ein großer Anteil älterer Menschen lebt, ist das Vereinsleben häufig noch gut aufgestellt und das Bürgerengagement vergleichsweise groß; weniger ausgeprägt ist das in Orten mit ausgedehnten Neubaugebieten und geringer sozialer Integration der Zugewanderten.

Für die Zukunft des Einzelhandels auch ohne vollständigen LEH vor Ort wird u. a. eine Erweiterung der Sortimente bestehender Bäckereien als Chance gesehen, um langfristig eine Grundausstattung an Nahversorgung in den Dörfern zu gewährleisten. Liefer- und Bestellservices aus der Kernstadt in die Dörfer werden ebenfalls ein (ökonomisches) Potenzial zugeschrieben (Eberhardt und Fachinger 2010, S. 47 ff.).

4.2 Steuerungsmöglichkeiten der Kommunen

Die kommunalen Steuerungsmöglichkeiten für eine Verbesserung der Versorgungslage werden von den Kooperationsgemeinden grundsätzlich als eher gering eingeschätzt, allenfalls wird der Unterstützung und Förderung von Genossenschaftsmodellen eine Chance gegeben. Gleiches gilt für die Schaffung planerischer Voraussetzungen unter Einbezug von Bevölkerung und ansässigen Unternehmen. Möglichkeiten zur Stärkung des Bewusstseins für das Thema Nahversorgung sehen die Kooperationsgemeinden zum Beispiel in einer positiven Pressearbeit, in Befragungen und Imagekampagnen sowie Leitbildprozessen und Zukunftswerkstätten. Dabei wird insbesondere der Einbezug der älteren Bevölkerung für wesentlich gehalten.

Der Einsatz kommunaler Demographiebeauftragter als Ansprechpartner und Unterstützer vor Ort gilt – so zum Beispiel für die Gemeinde Ovelgönne in der Wesermarsch – als Perspektive zur Bewältigung der zu erwartenden Probleme, ebenso der so genannte „Demographie-Check“als neue Methode für ländliche Gemeinden (Bauer und Brosius-Gersdorf 2008, S. 405 ff.).

Als Erfolg versprechend für die Sicherung der Nahversorgung werden besonders (Pilot-)Projekte gesehen, die auf der Basis der zu erforschenden Wünsche einer alternden Gesellschaft entwickelt werden könnten. Das laufende Forschungsprojekt ZukunftNAH führt hierzu im Rahmen eines studentischen Projektes derzeit Befragungen vor Ort durch. Im Weiteren sind sogenannte „Regionale Foren“ in den beteiligten Untersuchungsräumen geplant, um die Diskussion und Entwicklung bedarfsgerechter und maßgeschneiderter Konzepte und Projekte mit den Akteurinnen und Akteuren vor Ort zu inspirieren. Dabei stehen u. a. Möglichkeiten der Wiedernutzung aufgegebener Ladenflächen und Gebäude in wohnortnahen Lagen (z. B. Schleckerfilialen) im Fokus.

Die Beteiligung an regionalen Modellprojekten und alternativen Trägermodellen wird als zusätzliche Chance gesehen. Hoffnung wird auch auf neue Technologien für den stationären Handel sowie Ergänzungen durch internetgestützte Bestellterminals gesetzt.

4.3 Vorhandene Ansätze für bedarfsgerechte und maßgeschneiderte Lösungen

Einige Lebensmitteleinzelhändlerinnen und-händler in den untersuchten Regionen haben die zukünftigen Trends und Entwicklungen erkannt und versuchen bereits, diese in ihre Unternehmensstrategien zu integrieren. So gibt es im westlichen Niedersachsen, in der Region Hümmling, ein stationär, aber dezentral organisiertes, inhabergeführtes Unternehmen, das von einem einzelnen Händler[13] mit mehreren kleineren Filialen in unmittelbarer Umgebung betrieben wird. Alle Filialen sind – basierend auf dem Kerngeschäft des Betreibers – mit einer Bäckerei ausgestattet, die neben dem Verkauf von Lebensmitteln samt Cafébereich wie selbstverständlich in die Räumlichkeiten integriert ist. Der Laden behält somit seine wichtige Funktion als Treffpunkt und Kommunikationsort und ist ein wesentlicher Bestandteil des Unternehmenskonzeptes. Das Hauptgeschäft in Lorup (Samtgemeinde Werlte) beliefert die Filialen in den nahe gelegenen Orten Rastorf (Samtgemeinde Werlte), Spahnharrenstätte (Samtgemeinde Sögel), Breddenberg und Hilkenbrook (Samtgemeinde Nordhümmling) mit Waren. Dadurch muss der die Hauptfiliale beliefernde Großhandel nicht jede Filiale einzeln anfahren. Dies senkt die Anlieferungskosten und wirkt sich zusätzlich positiv auf die Höhe der Artikelanzahl (Bestellmenge) und Produktauswahl aus, erfordert jedoch einen hohen Zeiteinsatz des Unternehmers.

Mit diesem Konzept einer dezentralen stationären Versorgung – Lebensmittelangebot in Verbindung mit einem Treffpunktbereich und Kommunikationsort – wird langfristig auf eine Einkaufsarchitektur gesetzt, welche auf die Bedürfnisse der (alternden) Bevölkerung im ländlichen Raum Bezug nimmt. Das Einkaufsverhalten wird durch ortsnahe Standorte in angemessener Größe (kurze Wege), durch ein hohes ortsspezifisches Identifikationspotenzial, durch nach außen wahrnehmbare Übersichtlichkeit und einladend wirkende Innenräume mit Aufenthaltsqualität und Ausruhzonen sowie ein übersichtliches, gut erreichbares Sortiment positiv beeinflusst.

Neben der stationären Versorgung gibt es im Bereich der mobilen Unternehmenskonzepte den Verkauf durch so genannte „Rollende Supermärkte".[14] In den Kooperationsgemeinden des Landkreises Northeim werden - ausgehend von den Standorten Göttingen und Körner (bei Mühlhausen, Thüringen) - mit insgesamt 16 Verkaufsfahrzeugen mehr als 450 kleine und große Ortschaften in Niedersachsen und Thüringen angefahren. Ein rollender Verkaufswagen fährt 2.225 Artikel, darin enthalten sind frische und tiefgekühlte Lebensmittel, Obst und Gemüse, Backwaren und andere Waren für den täglichen Bedarf sowie Tabak und Presseartikel. Artikel, die nicht regulär im rollenden Supermarkt zu finden sind, werden auf Bestellung mitgebracht. Auch die (immobile) Bevölkerung in Butjadingen in der Wesermarsch wird durch einen rollenden Verkaufswagen, den so genannten „Rollenden Tante-Emma-Laden" aus Waddens, versorgt.

---

13 MARKANT-Markt Siemer, Landkreis Emsland, Niedersachsen.

14 In den Kooperationsgemeinden des Landkreises Northeim ist Lemke`s Rollender Supermarkt unterwegs.

Stationäre Einzelhändlerinnen und Einzelhändler bieten darüber hinaus bisweilen Lieferservices in die unmittelbare Umgebung, um ihre Kundschaft zu halten. Das gilt vor allen Dingen für „alteingesessene", inhabergeführte Ladengeschäfte, die eine Stammkundschaft aufweisen, wenn das gewünscht bzw. gebraucht wird. Das gilt aber durchaus auch für von Ketten betriebene Einzelhandelseinrichtungen, die erkannt haben, dass ein Lieferservice die Kundschaft binden kann, wie z. B. REWE in Moringen, Landkreis Northeim.

Neben der Option, die Waren zu den Kunden und Kundinnen zu liefern, besteht auch die Möglichkeit, die Kundschaft zu den Waren zu bringen. So gibt es Beispiele für ehrenamtlich organisierte Bürgerbussysteme, wie in der Wesermarsch, die Kunden und Kundinnen aus unterschiedlichen Dörfern regelmäßig „einsammeln" und zu einem nächstgelegenen grundfunktionalen Ort befördern.

Das laufende Forschungsprojekt „ZukunftNAH" konnte zeigen, dass Lösungsansätze sehr individuell auf unterschiedliche Räume zugeschnitten werden müssen. Die Bandbreite an bestehenden, bundesweiten (und darüber hinaus auch in angrenzenden Nachbarländern vorfindbaren) Ansätzen kann bei der Konzeption maßgeschneiderter „Vorort-Lösungen" als Entscheidungshilfe dienen, ausschlaggebend ist jedoch immer die vorgefundene Situation vor Ort und das Engagement aller Betroffenen und Beteiligten. Bürger und Bürgerinnen, Unternehmen sowie Politik und Verwaltung sind dabei gleichermaßen gefordert, um passgenaue und kontextspezifische Konzepte im Bewusstsein des demografischen Wandels zu erarbeiten.

Die Zukunft des LEH, nicht nur im ländlichen Raum, wird – so bestätigt dies auch die zitierte Studie von GDI und KPMG – aus vielerlei Gründen viel sozialer sein als heute. Die Kommunikationsfunktion des Einkaufens wird wieder wichtiger: Im Zentrum steht die individuell bekannte Kundschaft, Schlüssel ist der kontinuierliche Dialog und Voraussetzung sind Händlerpersönlichkeiten mit individueller Innovationskraft, Innovationsfreudigkeit und unternehmerischem Mut (vgl. GDI und KPMG AG 2013, S. 43). Ein transdisziplinäres Forschungsprojekt kann dies nur anstoßen, anpacken und durchführen müssen es die Menschen vor Ort.

5 Literatur

Acocella, D. (2007). Wie nah ist die Nahversorgung noch. Planerin. *Fachzeitschrift für Stadt-, Regional- und Landesplanung, 13*(3), 8-10.

Bauer, H., und Brosius-Gersdorf, F. (2008). Die demografische Krise: verwaltungswissenschaftliche Steuerungsansätze zur Bewältigung des demografischen Wandels in den Kommunen. In S. Magiera, K.-P. Sommermann, und J. Ziller (Hrsg.), *Verwaltungswissenschaft und Verwaltungspraxis in nationaler und transnationaler Perspektive. Festschrift für Heinrich Siedentopf zum 70. Geburtstag* (S. 385-409). Berlin: Duncker & Humblot.

Benz, A., Lütz, S., Schimank, U., und Simonis, G. (Hrsg.) (2007). *Handbuch Governance. Theoretische Grundlagen und empirische Anwendungsfelder*. Wiesbaden: VS Verlag für Sozialwissenschaften.

Benzel, L. (2006). Lebensmittelnahversorgung im ländlichen Raum unter geänderten Rahmenbedingungen – dargestellt am Beispiel von Einzelhandelsbetrieben im Landkreis Reutlingen. *Materialien zur Regionalentwicklung und Raumordnung* 20. Kaiserslautern: Fachbereich Raum- und Umweltplanung an der Technischen Universität Kaiserslautern.

Bosshart, D., und Staib, D. (2005). *Detailhandel Schweiz 2015. Trends – Szenarios – Perspektiven. Wo stehen wir in 10 Jahren?* (Vol. 23, GDI Studie). Rüschlikon: Gottlieb Duttweiler-Institut für Wirtschaft und Gesellschaft.

Brosius-Gersdorf, F. (2007). Demografischer Wandel und Daseinsvorsorge. Aufgabenwahrnehmung und Verwaltungsorganisation der Kommunen in Zeiten des Rückgangs und der Alterung der Bevölkerung. *Verwaltungsarchiv, 98*(3), 317-355.

Bundesministerium für Familie, Senioren, Frauen und Jugend (2002). *Vierter Bericht zur Lage der älteren Generation in der Bundesrepublik Deutschland: Risiken, Lebensqualität und Versorgung Hochaltriger – unter besonderer Berücksichtigung demenzieller Erkrankungen und Stellungnahme der Bundesregierung*. Berlin: Bundesministerium für Familie, Senioren, Frauen und Jugend.

Bundesministerium für Verkehr, Bau und Stadtentwicklung und Bundesinstitut für Bau-, Stadt- und Raumforschung (BBSR) im Bundesamt für Bauwesen und Raumordnung (BBR) (2009). *Mobilitätskonzepte zur Sicherung der Daseinsvorsorge in nachfrageschwachen Räumen. Evaluationsreport* (Vol. 10, BBSR-Online-Publikation). Berlin und Bonn: Bundesinstitut für Bau-, Stadt- und Raumforschung.

Eberhardt, B., und Fachinger, U. (2010). Verbesserte Gesundheit und Ambient Assisted Living aus globaler, regionaler und lokaler wirtschaftlicher Perspektive. In U. Fachinger, und K.-D. Henke (Hrsg.), *Der private Haushalt als Gesundheitsstandort. Theoretische und empirische Analysen* (Vol. 31, S. 33-60, Europäische Schriften zu Staat und Wirtschaft). Baden-Baden: Nomos.

Fischer, B. (2006). *Nahversorgung im ländlichen Raum Baden-Württembergs mit besonderer Berücksichtigung des Lebensmitteleinzelhandels*. Diplomarbeit. Nürtingen-Geislingen: Hochschule für Wirtschaft und Umwelt,.

Fischer, T. (2009). Raumrelevante Aspekte des Altseins und Älterwerdens im ländlichen Raum Österreichs und in der Metropolregion Wien. In E. Güldenberg, T. Preising, und F. Scholles (Hrsg.), *Europäische Raumentwicklung. Metropolen und periphere Regionen* (S. 93-108). Frankfurt: Peter Lang.

GDI, und KPMG AG (2013). *Die Zukunft des Einkaufens. Perspektiven für den Lebensmitteleinzelhandel in Deutschland und der Schweiz*. Zürich: Gottlieb Duttweiler Institute und KPMG AG Wirtschaftsprüfungsgesellschaft.

Grünewald, A. (2010). Alternative Nahversorgungsmodelle in ausgewählten Städten Westfalens. *Westfalen Regional*. Münster: Landschaftsverband Westfalen-Lippe.

Hahne, U. (2009). Zukunftskonzepte für schrumpfende ländliche Räume. Von dezentralen und eigenständigen Lösungen zur Aufrechterhaltung der Lebensqualität und zur Stabilisierung der Erwerbsgesellschaft. *Neues Archiv für Niedersachsen. Zeitschrift für Stadt-, Regional- und Landesentwicklung,* (1), 2-25.

Heinritz, G., Klein, K. E., und Popp, M. (2003). *Geographische Handelsforschung* (Studienbücher der Geographie). Berlin: Gebrüder Borntraeger Verlag.

Heinze, R. G., und Naegele, G. (2010). Intelligente Technik und „personal health“ als Wachstumsfaktoren für die Seniorenwirtschaft. In U. Fachinger, und K.-D. Henke (Hrsg.), *Der private Haushalt als Gesundheitsstandort. Theoretische und empirische Analysen* (Vol. 31, S. 111-136, Europäische Schriften zu Staat und Wirtschaft). Baden-Baden: Nomos.

Kuhlicke, C., Petschow, U., und Zorn, H. (2005). *Versorgung mit Waren des täglichen Bedarfs im ländlichen Raum. Studie für den Verbraucherzentrale Bundesverband e.V. Endbericht.* Berlin: Institut für ökologische Wirtschaftsforschung (IÖW) gGmbH.

LINGA – Landesinitiative Niedersachsen Generationengerechter Alltag (2010). *Generationenfreundliches Einkaufen. Leitfaden für alle niedersächsischen Seniorenvertretungen zur Zertifizierung von Einzelhandelsgeschäften in Niedersachsen.* Wolfsburg: LINGA – Landesinitiative Niedersachsen Generationengerechter Alltag.

Ministerium für Bauen und Verkehr, und Ministerium für Wirtschaft, Mittelstand und Energie (2008). *Ansiedlung von Einzelhandelsbetrieben. Bauleitplanung und Genehmigung von Vorhaben* (Einzelhandelserlass NRW). Düsseldorf: Ministeriums für Bauen und Verkehr und Ministeriums für Wirtschaft, Mittelstand und Energie.

Naegele, G. (2010). Der ältere Verbraucher – „(k)ein unbekanntes Wesen!“. In A. Honer, M. Meuser, und M. Pfadenhauer (Hrsg.), *Fragile Sozialität. Inszenierungen, Sinnwelten, Existenzbastler. Ronald Hitzler zum 60. Geburtstag* (S. 251-259). Wiesbaden: VS Verlag für Sozialwissenschaften | GWV Fachverlag.

Sachverständigenkommission zur Erstellung des Sechsten Altenberichts der Bundesregierung (2010). *Sechster Bericht zur Lage der älteren Generation in der Bundesrepublik Deutschland. Altersbilder in der Gesellschaft.* Berlin: Bundesministerium für Familie, Senioren, Frauen und Jugend.

Steffen, G., und Weeber, R. (2002). *Das Ende der Nahversorgung? Studie zur wohnungsnahen Versorgung* (Vol. 17, Schriftenreihe Verband Region Stuttgart). Berlin und Stuttgart: Weeber +Partner Institut für Stadtplanung und Sozialforschung.

Walker, M., und Mesnard, X. (2011). *What do mature consumers want? As people live longer the implications for retailers and manufacturers will be far-reaching.* Vienna, Virginia: Global Business Policy Council und A.T. Kearney Inc.

Wirtschaftsministerium Baden-Württemberg, und Einzelhandelsverband Baden-Württemberg (Hrsg.) (2010). *Der Nahversorgung eine Chance! Bewährte Konzepte aus Baden-Württemberg.* Stuttgart: Kohlhammer.

Zibell, B., und Revilla-Diez, J. (2012). *ZukunftNAH. Zukunftschancen bedarfsgerechter Nahversorgung in ländlichen Räumen Niedersachsens. Zwischenbericht an die NBank.* Hannover: Leibniz Universität Hannover, Institut für Geschichte und Theorie der Architektur, Abteilung Planungs- und Architektursoziologie.

Zibell, B., und Revilla-Diez, J. (2014). *ZukunftNAH. Zukunftschancen bedarfsgerechter Nahversorgung in ländlichen Räumen Niedersachsens. Abschlussbericht.* Hannover: Leibniz Universität Hannover, Institut für Geschichte und Theorie der Architektur, Abteilung Planungs- und Architektursoziologie.

Alte Räume und neue Alte: Lebensentwürfe, Chancen und Risiken

Stefan Gärtner

1 Veränderung im Raum

Stadt- und Raumentwicklungspolitiken kämpfen seit Jahrzehnten mit zwei Entwicklungen und zwar einerseits mit der Aufwärts- und andererseits mit der Abwärtsspirale. Zunächst zur Abwärtsspirale: Stadterneuerung und Regionalentwicklung sind normalerweise eigendynamische Prozesse, bei denen sich Quartiere auf neue Gegebenheiten durch den Druck des Marktes ausrichten und eine Modernisierung ohne künstliche Steuerung oder finanzielle Anreize stattfindet. Allerdings findet mitunter eine wirtschaftliche Destabilisierung der örtlichen Wirtschaft statt, die Regionen, Städte oder Stadtteile in ihrer grundlegenden Funktion demontiert. Auf Grund einer kurzfristig fehlenden Rentabilität kommt es nicht zu Instandsetzungsinvestitionen und quartiers- bzw. regionenbezogene Betriebe sind nicht mehr lebensfähig. Problematisch kann die Kombination bestimmter Überhänge sein, wenn z. B. kaum Einkommen außerhalb des Quartiers bzw. der Region generiert wird und auch im Quartier kaum wirtschaftliche Leistungen angeboten werden. Dies hätte zur Folge, dass solche Räume stark von staatlichen Transferzahlungen abhängig wären und auch in Bezug auf die Identitätsbildung Probleme auftreten würden.

Doch auch der gegenteilige Fall – die Aufwärtsspirale – wird immer wieder kritisch reflektiert: Durch die stattgefundenen Destabilisierungsprozesse wird es weniger solventen Nutzergruppen ermöglicht – aufgrund der vergleichsweise günstigen Ressource Raum –, Wohn- oder Gewerberaum anzumieten. Dies wiederum führt zum Zuzug Studierender, Kulturschaffender und der sogenannten kreativen Klassen in schwache, meist gründerzeitliche, innerstädtische Stadtteile. Diese Gruppe bereitet dem später folgenden Bildungsbürgertum bzw. den sogenannten Bobos[1] durch induzierte Stabilisierungs- und Aufwertungsprozesse, z. B. durch Kulturangebote, den Boden. Bis dann irgendwann die Investoren

---

1 Dies ist ein aus den Worten „Bourgeois“ und „Bohemian“ zusammengesetztes Akronym, das auf das Buch „Bobos in Paradise“ des US-amerikanischen Autors Brooks zurückgeht (Brooks 2000), und die urbane, meist akademisch ausgebildete neue Mittelschicht porträtiert. Diese versucht zwar einen verantwortlicheren alternativen Konsumstil zu leben (z. B. weniger Flächenverbrauch und motorisierter Individualverkehr und daher eine Bevorzugung der urbanen Wohnanlage), lebt aber in Bezug auf ihr Milieu relativ konformistisch und agiert zunehmend gewinnorientiert bzw. strebt sichere Arbeitsverhältnisse an (siehe z. B. in Bezug auf New York Wittstock 2000).

kommen und die vermeintlich trendigen Viertel vermarkten und von Szene und Insidertipps sprechen. Im Zuge dieser Aufwertungsprozesse werden weniger einkommensstarke und nicht-trendige Nutzungen, wie Trinkhallen, Eckkneipen und später dann auch Waschsalons, verdrängt.

Die Bibliotheken sind voll mit Arbeiten, die dieses, von der Stadtsoziologin Glass in den 1960er Jahren als Gentrifizierung bezeichnete und erstmals in einem Londoner Stadtteil belegte Phänomen thematisieren (Glass 1964; für einen Überblick z. B. Breckner 2010). Doch ein Aufwertungsprozess hat zunächst einmal etwas Positives: Die Aufwertung kann eine Durchbrechung einer Abwärtsspirale darstellen und wird bis zu einem gewissen Grad von den Bewohnerinnen und Bewohnern positiv empfunden. Gentrifizierung wird vor allem für urbane Räume beschrieben, allerdings zeigt sich Verdrängung auch in etwas anderer Funktionsweise im suburbanen und im ländlichen Raum in attraktiven Tourismusgebieten, z. B. an der Küste oder in den Alpen.

Hingegen scheint es sowohl im ländlich agrarisch geprägten, strukturschwachen Raum, abseits der attraktiven Tourismusdestinationen, als auch in vielen altindustriellen Stadtquartieren kaum Aufwertungsprozesse zu geben, die die Abwärtsspirale und dort stattfindende demographische Schrumpfungsprozesse durchbrechen könnten. Die sich in diesen Räumen abzeichnende negative Entwicklung gepaart mit einer passiven Überalterung der Bevölkerung wird sich in den nächsten Jahren fortsetzen (siehe den Beitrag von Schlömer in diesem Band). Es gibt aber auch Ältere, die in ländliche Regionen ziehen, da sie einen neuen Entfaltungs- bzw. günstigen Wohnraum oder die Nähe zur Natur suchen. Ebenso finden andere im fortgeschrittenen Alter im strukturschwachen städtischen Umfeld einen neuen Entfaltungsraum. Dies ist derzeit kein quantitativ relevantes Phänomen, konnte aber bereits in der weiter zurückliegenden Vergangenheit beobachtet werden. So war die an der polnischen Grenze liegende Stadt Görlitz im 19. Jahrhundert – als ein Großteil der sich dort befindenden Gründerzeitviertel mit ihren Villen und mehrstöckigen Stadthäusern entstanden sind – unter dem Beinamen Pensionopolis als Ruhesitz für Beamte und Pensionäre beliebt (Steinert 2007).

Daran anknüpfend wird in diesem Artikel die Frage gestellt, ob nicht durch neue Alte – z. B. im Bereich der Kultur- und Kreativwirtschaft Tätige – und durch neue Lebensstile neue Chancen und Möglichkeiten im ländlichen Raum entstehen und daher der ländliche Raum durch die Prägung der Alten deutlich jünger werden kann. Ferner wird aufgezeigt, dass auch in altindustriellen strukturschwachen Quartieren in die Jahre gekommene Gebäude zu einer Verbesserung der örtlichen Lebensqualität beitragen können. Neben dem skizzierten „kreativen Potenzial" der „neuen Alten" sind (oder waren) die Älteren, insbesondere

Senioren[2], bedeutsam für die Herstellung gleichwertiger Lebensbedingungen in allen Teilräumen, indem sie in der Vergangenheit halbwegs auskömmliche Renten lokal ausgaben bzw. ansparten und z. B. im Rahmen der Pflegeversicherung arbeitsintensive Wirtschaftssektoren induzierten (siehe Fachinger in diesem Band sowie Fachinger und Stegmann 2012). Infolge ihres traditionell sparsamen Konsumverhaltens tragen sie zu einem Aufbau eines regionalen Kapitalstocks bei, indem sie einen Teil ihrer nicht konsumierten Renten u. a. bei lokalen Sparkassen und Kreditgenossenschaften ansparen und diese Banken wiederum die Möglichkeiten haben, das Sparaufkommen in regionale Kredite umzuwandeln (Christians und Gärtner 2014). Dieser Zusammenhang wird mit einem Ausflug in die Finanzwelt beschrieben. Im Rahmen einer allgemeinen Absenkung der Renten und eines steigenden, in einigen Regionen sich kumulierenden Pflegebedarfs, kann das räumlich ausgleichend wirkende Sozialversicherungssystem jedoch an Wirkung verlieren, und gleichzeitig kann in strukturschwachen demographisch überalternden Regionen das regionale Sparvolumen sinken. Der Beitrag beginnt mit der Skizzierung der Raumentwicklung und schließt mit einem Fazit.

2 Fakten und Gedanken zum Raum

Die Bevölkerung in Deutschland wird zukünftig abnehmen und sich in ihrer Struktur so verändern, dass es immer mehr alte und weniger junge Menschen geben wird (siehe hierzu ausführlich den Beitrag von Schlömer in diesem Band). Dieser Trend ist stabil und selbst bei zunehmender Geburtenzahl kurz- bis mittelfristig kaum umkehrbar (z. B. Bundesamt für Bauwesen und Raumordnung 2005, S. 29). Groß- und kleinräumig schlägt sich dies unterschiedlich nieder:

> „(...) Neben wachsenden und weiter prosperierenden Regionen sind weite Teile Deutschlands von Rückgang und Schrumpfung betroffen (...)"; Bundesamt für Bauwesen und Raumordnung 2005, S. 85.

In Ostdeutschland sind gerade die weiter von den Zentren entfernt liegenden ländlichen Gebiete von erheblichem Bevölkerungsrückgang gekennzeichnet (Bundesinstitut für Bau-, Stadt- und Raumforschung 2012b, S. 18). Rund 92 % des Strukturtyps ländlicher Raum weisen im Osten der Republik „stark unter-

2 Dieser Beitrag betrachtet zwar die Potenziale einer sich verändernden alternden Bevölkerung für die räumliche Entwicklung, setzt dabei aber nicht an der Diskussion an, die z. B. im Rahmen der Kultur- und Kreativwirtschaft (z. B. Osten 2008, Söndermann et al. 2009), Gesundheitswirtschaft (Bandemer et al. 2010, Goldschmidt und Hilbert 2009, Henke et al. 2011) oder eben auch der Seniorenwirtschaft (Fachinger (2008), Heinze et al. 2011) geführt wird. Mehrheitlich staatliche Aufgaben werden im Rahmen dieser Debatte nicht mehr nur als Belastung für die öffentlichen Haushalte angesehen, sondern im Sinne der Schaffung von Arbeitsplätzen, Generierung von Wertschöpfung und Steuereinnahmen als wirtschaftliche Chance begriffen.

durchschnittliche demographische Verhältnisse auf“ (Bundesinstitut für Bau-, Stadt- und Raumforschung 2012b, S. 19). Die Karte in Abbildung 1 gibt die regionale Alterung als Vorausberechnung für 2030 an.

Abbildung 1: Anteil der Einwohner 60 Jahre und älter an den Einwohnern 2030 in Prozent

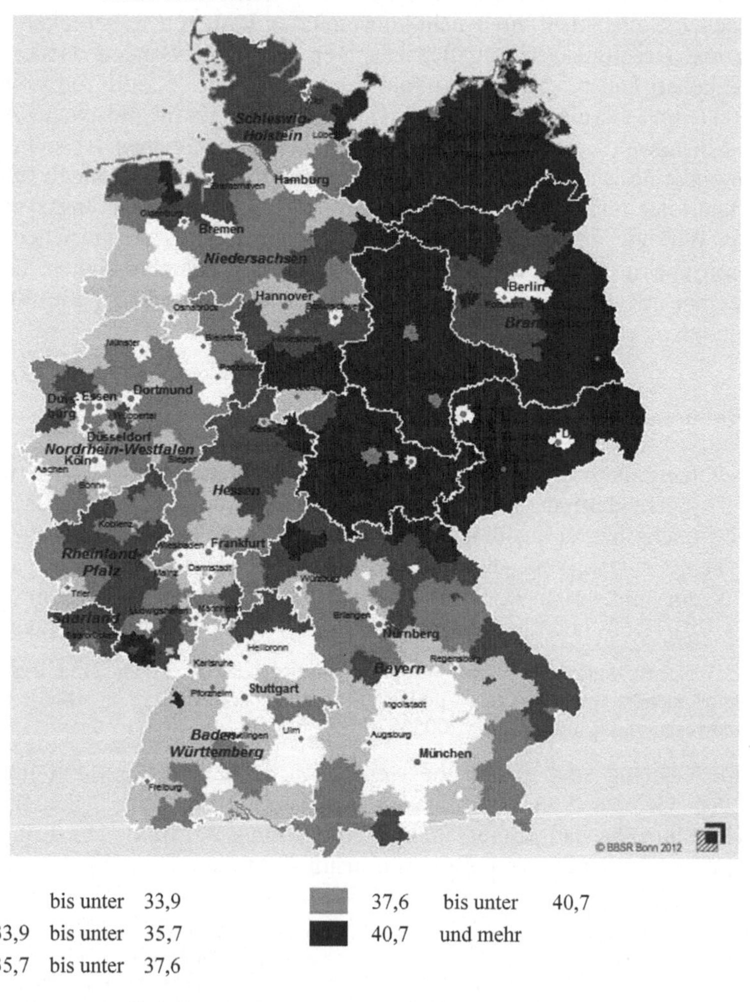

☐		bis unter	33,9
▒	33,9	bis unter	35,7
▒	35,7	bis unter	37,6
▒	37,6	bis unter	40,7
■	40,7	und mehr	

Quelle: Datengrundlage Raumordnungsprognose 2030 des Bundesinstituts für Bau-, Stadt- und Raumforschung (BBSR).

Sie zeigt sehr deutlich ein „Alterungs-Ost-West-Gefälle". Außerdem wird ersichtlich, dass im Westen im Gegensatz zum Osten, wo die Städte eher über eine jüngere Bevölkerung verfügen, insbesondere altindustrielle städtische Regionen und ausgewählte ländliche Regionen (z. B. ehemalige Konversionsstandorte und periphere Regionen wie Zonenrandgebiete) ältere Menschen beherbergen (werden).

Zwar hat sich das ostdeutsche Stadt-Land-Wohlfahrtsgefälle leicht reduziert, was allerdings auch der Abwanderung aus peripheren Räumen geschuldet ist (passive Sanierung), doch letztendlich hat diese Entleerung mit zu einer demographischen Überalterung der ländlich peripheren Regionen in Ostdeutschland geführt. Abbildung 2 zeigt, dass in Ostdeutschland – außer in den Großstädten, die an Bevölkerung gewonnen haben – alle Kreistypen eine deutliche negative Bevölkerungsentwicklung zu verzeichnen hatten; der Unterschied zwischen den Raumtypen ist in Westdeutschland ebenfalls vorhanden, aber weniger stark ausgeprägt.

Abbildung 2: Bevölkerungsentwicklung für zusammengefasste Kreistypen in Ost und Westdeutschland 2004 bis 2009 in Prozent

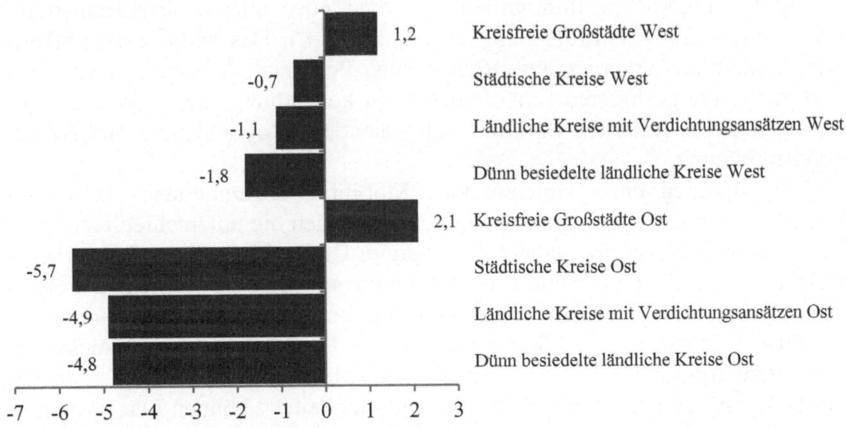

Quelle: Bundesinstitut für Bau-, Stadt- und Raumforschung 2012a, eigene Darstellung.

Das BBSR hat im Raumordnungsbericht 2011 einen aus mehreren Einzeldimensionen bestehenden Indikator „regionale Lebensverhältnisse" gebildet, um den Grad der regionalen Disparität in Deutschland zu bestimmen (vgl. Bundesinstitut für Bau-, Stadt- und Raumforschung 2012b, S. 16 ff.). In einem Großteil der Kreise und kreisfreien Städte herrschen demnach ausgeglichene Lebensbedingungen vor. Allerdings zeigt sich auch hier eine Spreizung zwischen West und

Ost: In Westdeutschland weisen 89% aller Teilräume ausgeglichene Lebensverhältnisse auf. „Sehr stark unterdurchschnittliche Teilräume" finden sich in den alten Bundesländern nicht und auch bei den „stark unterdurchschnittlichen Teilräumen" finden sich im Westen nur fünf Gebietskörperschaften im Gegensatz zu 32 (sehr stark und stark unterdurchschnittlichen) Teilräumen in Ostdeutschland.

> „(...) In Westdeutschland wird das Problemausmaß nur in drei Kernstädten (Bremerhaven, Gelsenkirchen und Dortmund), einem Kreis des verdichteten Umlandes (Pirmasens) und einem ländlichen Raum (Lüchow-Danneberg) erreicht. In Ostdeutschland nimmt das Problemausmaß mit abnehmender Besiedelungsdichte der Kreise zu. (...)"; Bundesinstitut für Bau-, Stadt- und Raumforschung 2012b, S. 27.

3 Kapital alter Räume und neuer Alter

Bei der Beurteilung der Gleichwertigkeit der Lebensverhältnisse wurden im Raumordnungsbericht 2011 Wohnkosten dergestalt berücksichtigt, dass niedrige Wohnkosten zu günstigen Lebensverhältnissen führen (Bundesinstitut für Bau-, Stadt- und Raumforschung 2012b, S. 16 f.). So können beispielsweise Personen in strukturschwachen, insbesondere peripheren Regionen, teilweise mit relativ geringem Einkommen Immobilien erwerben oder mieten (Bundesinstitut für Bau-, Stadt- und Raumforschung 2012b, S. 25 f.). Das heißt, dass Entleerung und ökonomisch untergenutzte Räume auch Potenziale bergen können, da man dort mit einem geringeren Einkommen mehr konsumieren kann als in prosperierenden urbanen Räumen, wodurch sich besondere Möglichkeiten und Nutzarten ergeben können.

Im Rahmen einer zunehmenden Mobilität, abnehmender Standort- und Raumbindung sowie neuer Lebenskonzepte können die unterschiedlichen Raumkosten Wanderungen ins nähere und weitere Umland bewirken. So werden beispielsweise ländlichere Räume im Umfeld von Agglomerationen in Folge des Rückgangs landwirtschaftlicher Erwerbstätigkeit von neuen Nutzern wie „(...) Töpfern, Bildhauern und Pferdezüchtern, den Baumschulen und Fitnessfarmen, den Meditationszentren und chinesischen Medizinschulen (...)" (Kunzmann 2001, S. 219) genutzt. Verstanden als „Möglichkeiten" können Flächen- und Gebäudebrachen beispielsweise städtebauliche und ökonomische Potenziale sein. Dass solche Räume wichtig für die „Hotspots" der kreativen Szene sind, ist mittlerweile in der Stadtentwicklung und Wirtschaftsförderung angekommen (z. B. Hall 2000). Hingegen, dass sogenannte „Raumunternehmen" – wie sie im Rahmen einer Untersuchung im Auftrag der Montag Stiftung „Urbane Räume" (Flögel und Gärtner 2011) genannt wurden – in vielen Räumen, und nicht nur an den Kreativstandorten, ein Potenzial darstellen, wird kaum betrachtet. Da diese Raumunternehmen teilweise erst dadurch entstehen, dass in manchen Regionen durch Überalterung und Abwanderung Raumfunktionen (z. B. Kirchengebäude) wegfallen und gerade in peripheren ökonomisch nicht prosperierenden Räumen die Gruppe der Menschen mit alternativen Lebensstilen und der Kreativen auch durch Ältere gebildet wird, werden Raumunternehmen folgend vorgestellt.

Abbildung 3: Graffiti in Gelsenkirchen-Südost; eines der drei Quartiere, in dem Raumunternehmen im Rahmen einer Untersuchung gesucht wurden

Quelle: © Stefan Gärtner.

> „(...) Raumunternehmen sind auf Wirtschaftlichkeit ausgerichtete Organisationen, die ihre Geschäftsidee auf Basis von unzureichend in Wert gesetzten räumlichen Ressourcen entwickeln und deren Erfolg sich an dem sozialen Nutzen für diesen Raum messen lässt. (...)“; Flögel und Gärtner 2011, S. 1.

Raumunternehmungen können gerade dort, wo sich klassische ökonomische Akteure zurückgezogen haben, erfolgreich sein. Nachbarschaft, Freundes- und Bekanntennetzwerke, ethnische und professionale Gemeinschaften können von Raumunternehmern in Wert gesetzt werden. Raumunternehmen sind auf Wirtschaftlichkeit ausgerichtet, wobei das Gewinnstreben nicht zwingend erforderlich ist. So können Initiativen und Vereine genauso zu den Raumunternehmungen zählen wie Unternehmen. Organisationen, die dauerhaft auf Subventionen angewiesen und nicht wirtschaftlich agieren, sind nach obiger Definition keine Raumunternehmen. Ohne die Beispiele in epischer Breite darzustellen (siehe dazu Flögel und Gärtner 2011), werden im Folgenden zwei Beispiele angerissen:

Das erste hier vorgestellte Raumunternehmen befindet sich in Gelsenkirchen-Südost, einem innerstädtischen Quartier mit vorwiegend gründerzeitlicher Bebauung, hohem Migrantenanteil, niedrigem sozialen Status und weggebrochenem Sektorprofil im produzierenden Gewerbe (Flögel und Gärtner 2011, S. 30 ff.). Da Gelsenkirchen mitten im Rhein-Ruhr-Raum liegt, kann die räumliche Lage keinesfalls als ländlich peripher im geographischen Sinne bezeichnet werden. Allerdings handelt es sich um einen im Zuge des Strukturwandels von seiner Raumnutzung überkommenen Raum, der aufgrund seiner Nutzungspotenziale (günstige Grundstücks- und Immobilienpreise) eine ähnliche Struktur aufweist wie ländliche Räume. Daher ist – wenn auch die Bezeichnung ländlich nicht zutreffend ist – Gelsenkirchen-Südost im Sinne eines marginalisierten Raums doch als peripher zu bezeichnen.

Die handelnde Person des ersten Raumunternehmensbeispiels steht nicht für eine ältere Person, aber es ist ein gutes Beispiel dafür, dass in Quartieren, in denen die überkommene Struktur und die Infrastrukturen nicht mehr nachgefragt werden, neue Nutzungen möglich sind. Herrn Yun, Sänger am Musiktheater in Gelsenkirchen, hat es auf der Suche nach einem Ladenlokal für seinen Kulturverein „EURASIA" nach Gelsenkirchen-Südost verschlagen. Um die sozioökonomische Situation im Stadtteil zu verbessern, engagiert er sich im Rahmen seines Kulturvereins sowie mit zahlreichen künstlerischen und kulturellen Projekten. Ein in diesem Zusammenhang herausragendes Projekt ist die von ihm betriebene Nachnutzung der Heilig-Kreuz-Kirche durch das „Schumann Haus", ein Musikinternat für koreanische Studierende. Die seit einigen Jahren leer stehende Heilig-Kreuz-Kirche ist ein Artefakt backsteinexpressionistischer Baukunst, das aufgrund der Überalterung und des Wegzugs der römisch-katholischen Bevölkerung nicht mehr genug Kirchennutzer hatte. Da Herr Yun persönlich an einer geeigneten Nachnutzung der Kirche interessiert war, konkretisierte sich seine Idee eines Musikinternats. Nachdem er das Pfarrhaus mieten konnte, entstand sein Internat mit Küche, Essensraum und Freizeitkeller. Sakristei sowie der Kirchturm wurden zu Proberäumen umfunktioniert. Im Zuge einer ersten Expansion mietete er zusätzlich Wohnungen im gegenüberliegenden Gebäude an. Sein Wirken schlägt sich deutlich im Stadtteil nieder und erhöht merklich das sogenannte kulturelle Kapital, hier sowohl im Bourdieuschen Sinne als inkorporiertes Kulturkapital als auch als kulturelles Angebot bzw. objektiviertes Kulturkapital (Bourdieu 1983, Bourdieu 1991) verstanden.

Das zweite Raumunternehmensbeispiel ist eindeutig in einem peripheren ländlichen Raum anzusiedeln. So handelt es sich bei Dömitz-Malliß, einem Verbund aus sieben Gemeinden am südöstlichen Rand des Landkreises Ludwigslust (Mecklenburg-Vorpommern) an der Grenze zu Niedersachsen (Wendland) und Brandenburg (Prignitz), um eine periphere dörfliche Struktur mit schlechter Nahversorgung und schrumpfender, gleichzeitig alternder Bevölkerung (Flögel und Gärtner 2011, S. 75 ff.). Martin Larsen, der als Produzent und Musikverleger das Gefühl hatte, zu alt für die Hamburger Musikszene zu sein, ist für die Region Dömitz-Malliß, die er als Altersitz wählte, ein kultureller Glücksfall (Flögel und Gärtner 2011, S. 84 ff.). Und zwar vor allem deshalb, weil er als in der Kreativbranche Tätiger infolge seiner für die Branche typischen Erwerbsbiographie tatsächlich nicht über das monetäre Kapital verfügte, sich zur Ruhe zu setzen. So sind seine eingeschränkten monetären Ressourcen einer der Gründe, warum er sich ausgerechnet in dieser Region niederließ: dort war es ihm möglich, ein Haus mit großem Ladenlokal in der historischen und durch Leerstand und Zerfall gezeichneten Altstadt von Dömitz zu erwerben. In dem im Ladenlokal eingerichteten Musikcafé finden regelmäßig Konzerte und Veranstaltungen statt, die in der abgelegenen Kleinstadt Dömitz einen kulturellen Mehrwert schaffen. Dieser ergibt sich auch daraus, dass Larsen es sich zur Aufgabe gemacht hat, seine neue Heimat mit zu gestalten und die dortige Lebensqualität zu verbessern, beispielsweise indem er den Verein Leben und Kultur (LuK e.V.) gründete. Ferner veranstaltet er größere Konzerte in der Dömitzer Festung (Flögel und Gärtner 2011, S. 85).

4 Kapitalexodus alter Räume?

In Deutschland existiert ein auf verschiedenen Ebenen gesetzlich verankertes Gebot zur Herstellung gleichwertiger Lebensverhältnisse in allen Teilräumen (siehe dazu z. B. Gärtner 2008), was u. a. durch raumwirksame Finanzströme und der dadurch verursachten Verbesserungen der Standortbedingungen erreicht werden soll. Raumwirksam sind grundsätzlich alle staatlich induzierten Finanzströme, da bei diesen in der Regel eine räumliche Diskrepanz zwischen Ein- und Ausgaben besteht. Allerdings werden regionalwissenschaftlich vor allem die geplanten raumwirksamen Finanzströme (z. B. Finanzausgleich oder Maßnahmen im Rahmen der Struktur- und Raumordnungspolitik) diskutiert. Die Finanzströme mit ungeplanten Wirkungen auf den Raum (z. B. Steuern oder Sozialversicherungssysteme) werden – obwohl deutlich höher als die geplanten raumwirksamen Finanzströme (Bundesamt für Bauwesen und Raumordnung 2005, S. 288 ff.) – regionalwissenschaftlich nicht so intensiv betrachtet wie die mit geplanten Raumwirkungen (z. B. regionale Strukturpolitik) (Fürst 1995, S. 679 ff.). So leisten die gesetzlichen Sozialversicherungssysteme bezüglich ihres Volumens einen großen Beitrag zum Abbau regionaler Disparitäten (vgl. Bundesamt für Bauwesen und Raumordnung 2005, S. 185 f.).

Im Bereich der gesetzlichen Krankenversicherungen wurde dies im Hinblick auf die regionalen Strukturen bereits diskutiert (siehe für einen Überblick Fachinger und Stegmann 2012). Aufgrund des hohen Volumens fokussieren wir im Rahmen dieses Beitrags aber die gesetzliche Rentenversicherung (GRV) (siehe dazu auch Fachinger und Stegmann 2012).[3] So entsprach alleine das Transfervolumen der GRV in den Jahren 2003 und 2005 ca. dem dreifachen des Länderfinanzausgleichs (Bundesamt für Bauwesen und Raumordnung 2005, S. 188). Die Abbildung 4 zeigt die Rentenzahlbeträge der GRV und es wird deutlich, dass diese einen wichtigen Beitrag zur regionalen Stabilisierung leisten. Infolge des Transfers wird die regionale Konsum- und Sparquote in bestimmten Regionen erhöht mit entsprechenden Wirkungen auch für den lokalen Arbeitsmarkt, beispielsweise im Bereich der Unterstützungs- und Pflegedienstleistungen oder der

3 Zur Arbeitslosenversicherung siehe Zarth und Lackmann 2011.

Versorgung mit Gütern des täglichen Bedarfs (siehe den Beitrag von Zibell et al. in diesem Band).

Abbildung 4: Durchschnittlicher Rentenzahlbetrag der Gesetzlichen Rentenversicherung je Einzelrentner 65 Jahre und älter in €, Kreise und kreisfreie Städte, im Jahr 2010

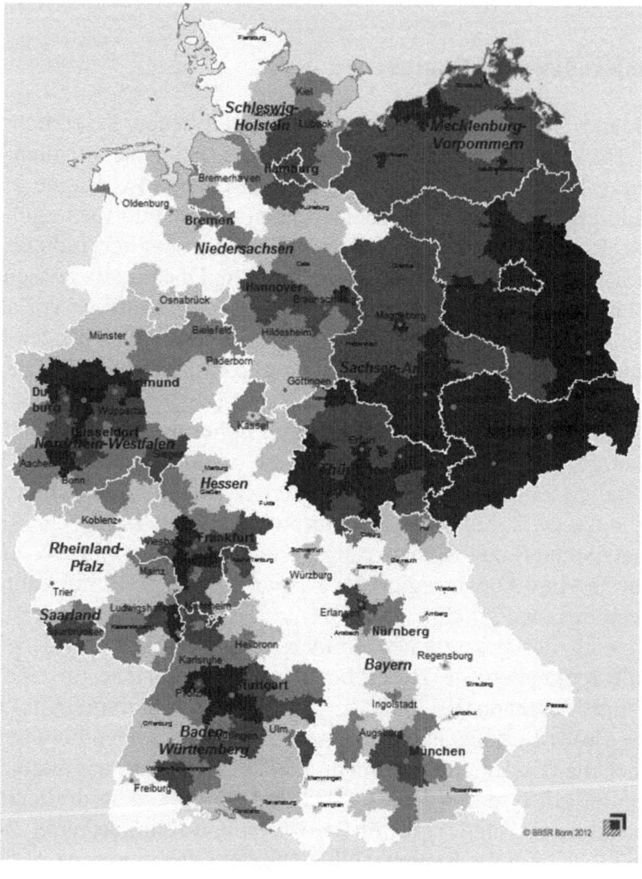

	bis unter	740,6
740,6	bis unter	784,0
784,0	bis unter	833,0
833,0	bis unter	883,2
883,2	und mehr	

Quelle: Bundesinstitut für Bau-, Stadt- und Raumforschung (BBSR) im Bundesamt für Bauwesen und Raumordnung (BBR), Datenquelle Deutsche Rentenversicherung Bund.

Dass es sich dabei um eine Querschnittbetrachtung handelt und die Leistungsempfänger sich diese Leistungen durch Beitragszahlungen in der Vergangenheit erworben haben, ändert nichts an den regionalwirtschaftlichen Effekten. Bezogen auf die einzelne Biographie (Längsschnitt) handelt es sich um eine intertemporale Verteilung der Konsummöglichkeiten, die prinzipiell im Rahmen einer (Sozial-) Versicherung erfolgt (analog gilt dies z. B. für Lebensversicherungen), die aber im Querschnitt regionale Wirkungen entfacht. Hinzu kommt, dass es sich nicht um eine reine intertemporale Verteilung handelt, sondern Sozialversicherungen im Gegensatz zu privaten Versicherungen Komponenten des sozialen Ausgleichs beinhalten.

Durch die allgemeine Absenkung des Rentenniveaus in Verbindung mit geringeren Anwartschaften der jüngeren Kohorten (siehe Deutsche Rentenversicherung Bund 2013, S. 136, sowie Fachinger und Frankus 2011, S. 11) kann davon ausgegangen werden, dass das Transfervolumen und damit die raumstabilisierende Wirkung zukünftig abnehmen wird. Hinzu kommt, dass in strukturschwachen Regionen mit unterdurchschnittlichen Erwerbseinkommen, die Möglichkeiten der privaten Vorsorge, die die Reduzierung des Leistungsniveaus der staatlichen Versicherung kompensieren sollen, ebenfalls unterdurchschnittlich sind und dadurch die staatlichen Zuschüsse zur Riester-Versicherung usw. eher als Transfers in die gutsituierten Räume wirken könnten. Dabei kann ferner davon ausgegangen werden, dass die Beitragszahler mit potenziell niedrigen Ansprüchen, auch aufgrund einer geringeren Mobilität, in ihrer Ruhestandszeit keinen Wohnortwechsel vornehmen. So wird sich die Absenkung des Leistungsniveaus der GRV in Verbindung mit fragmentierten Erwerbsbiographien räumlich sehr selektiv und kumulativ auswirken. Wenn Regionen durch das Ableben der mit relativ hohen Rentenbezügen ausgestatten Personengruppe zusätzlich in ihrer Kaufkraft geschwächt werden, ist die Gefahr von Krisenkreisläufen hoch (Fachinger und Stegmann 2012).

Neben den geplanten und ungeplanten raumwirksamen Mitteln, wozu aufgrund ihrer Raumwirkungen hier auch die Transfers der Sozialversicherungssysteme gezählt werden, obwohl es sich dabei um individuelle Versicherungsleistungen handelt, existieren weitere Mechanismen, die zur Schaffung gleichwertiger Lebensverhältnisse beitragen und Teil der spezifischen räumlichen dezentralen Struktur der Bundesrepublik Deutschland sind. So sorgen beispielsweise die über 400 Sparkassen und über 1.000 Kreditgenossenschaften dafür, dass zentripetale durch zentrifugale Wirtschaftskräfte umgelenkt werden. Die in jeder Region unabhängig agierenden Sparkassen sind gesetzlich verpflichtet (Regionalprinzip)[4], das vor Ort angesparte Geld prinzipiell auch wieder in der

4 Das Regionalprinzip ist in den Bundesländern mittelbar bzw. unmittelbar in den Sparkassengesetzen oder in einer auf Basis dieser Gesetze erlassenen Verordnung gesetzlich normiert. Es ist

Region für Kredite zur Verfügung zu stellen, was die Entzugseffekte – dergestalt, dass das Kapital aus den strukturschwachen Regionen in prosperierende Räume fließt – reduziert. Dass Sparkassen und Kreditgenossenschaften auch in schwachen Regionen hinreichend wirtschaftlich erfolgreich sind – was lange Zeit aus einer ökonomischen modellhaften Perspektive negiert wurde (z. B. Chick und Dow 1988) – konnte mittlerweile durch einige empirische Arbeiten für Deutschland nachgewiesen werden (z. B. Christians 2010, Conrad 2010, Gärtner 2008). Regionalorientierte Banken profitieren in peripheren Räumen auch davon, dass die dort in der Regel etwas ältere Bevölkerung traditionell ihr Geld bei der örtlichen Sparkasse oder Kreditgenossenschaft anlegt und diese damit die Kosten der örtlichen Präsens beispielsweise durch geringere Zinsen für Spareinlagen kompensieren können. Wenn aber zukünftig die Leistungen der GRV sinken, kann auch nur weniger Geld angespart werden und es besteht die Gefahr, dass in manchen Regionen auch die regionalen Banken über weniger Sparvolumen verfügen werden. Dies könnte nicht nur für das Geschäftsmodell der regionalorientierten Banken Probleme verursachen, sondern auch den Kreditzugang für Unternehmen erschweren und damit die regionalen Investitionsmöglichkeiten reduzieren.

Viele der Regionen, die über hohe Anteile älterer Bevölkerungsgruppen verfügen, werden nicht nur durch niedrigere Renten über ein geringeres Nachfragepotenzial (Kaufkraft / kaufkräftige Nachfrage) verfügen, gleichzeitig könnte sich der Pflegebedarf in diesen Regionen noch erhöhen. Das Potenzial, dass dies (partiell) von der Familie übernommen wird, ist in vielen peripheren Regionen zusätzlich dadurch gering, dass die jüngere Bevölkerung abgewandert ist und die Nachkommen aufgrund der räumlichen Entfernung nur sehr eingeschränkt Pflege- oder alltägliche Unterstützungsleistungen erbringen können. Dass BBSR hat diesbezüglich einen Unterstützungskoeffizienten auf regionaler Ebene berechnet, der sich aus dem Verhältnis der Hochbetagten zur Kindergeneration ergibt (siehe ausführlicher hierzu den Beitrag von Schlömer in diesem Band). Viele der Regionen, die aktuell noch positive Transfersalden aufweisen, wie Abbildung 4 indiziert, werden 2030 einen hohen Unterstützungsbedarf haben und über verhältnismäßig wenig junge Wohnbevölkerung verfügen werden (Abbildung 1). Dabei ist ferner zu beachten, dass zwar Pflegeleistungen – gerade in strukturschwachen Regionen, weil dort i. d. R. mehr ältere Wohnbevölkerung anzutreffen ist und diese Regionen über eine niedrige Gesamtbeschäftigung verfügen (Sozialverband VdK Nordrhein-Westfalen 2012) – einen relativ hohen Stellenwert für den lokalen Arbeitsmarkt darstellen können, aber die (gesetzliche) Pflegeversicherung Festbeträge zahlt, die potenziell die pflegebedingten Ausgaben nicht vollständig kompensieren, und sich durch die zu leistende Eigenleistung die Erspar-

---

nicht unumgänglich, es kennt Ausnahmen und ist nur ein Grundsatz, der eine flexible Handhabung in der Praxis erlaubt (Stern 2000, S. 5).

nisse reduzieren können. Falls keine Ersparnisse vorhanden sind und die nächsten Verwandten auch nicht in die finanzielle Verpflichtung genommen werden können, was wiederum in bestimmten Regionen besonders häufig vorkommen wird, geht dies zu Lasten der (örtlichen) Sozialhilfeträger und damit meist der kommunalen Haushalte (siehe z. B. Rothgang et al. 2012, S. 19 f.).

Zwar zeigen sich in peripheren Regionen – hier verstanden als peripher sowohl in Bezug auf die räumliche Lage als auch auf die Möglichkeiten der Teilhabe – Chancen durch „neue Alte“ wie in dem vorherigen Abschnitt beschrieben, aber es werden auch Restriktionen durch eine zukünftig eingeschränkte finanzielle Ausstattung älterer Personen, die sich räumlich sehr selektiv darstellen wird, deutlich. Eine weitere Restriktion besteht teilweise darin, dass Senioren, die wirtschaftlich aktiv werden möchten und müssen, in der Regel Schwierigkeiten haben, an Kreditmittel zu kommen. Hier sind, trotz aller Risikoabwägung, Kreditinstitute gefordert, ihre Restriktionen zu überdenken und zu erkennen, dass sich die Lebensweisen des sogenannten dritten Lebensabschnitts verändert haben.

5 Ausblick

Betrachtet man die im Rahmen dieses Beitrags skizzierten Chancen und Risiken, die sich im Falle einer Konzentration älterer Bevölkerung im Raum ergeben, muss zunächst einmal eine getrennte Perspektive für West- und Ostdeutschland eingenommen werden, wie in der Abbildung 5 skizziert.

In Westdeutschland weisen vor allem die abgehängten Stadtteile und altindustriellen Regionen einen hohen Anteil älterer Bevölkerung auf (wobei zeitversetzt die ländlichen Regionen nachziehen werden). In Ostdeutschland sind aktuell und mittelfristig vor allem ländliche Regionen in peripherer Lage von einer demographischen Überalterung betroffen.

Durch die Leistungen der Sozialversicherungssysteme haben die Senioren im Osten wie im Westen einen wichtigen regionalökonomischen Effekt. Allerdings ist zu erwarten, dass die räumlichen Transfervolumina (verstanden als ex post Umverteilung) im Rahmen der Sozialversicherungssysteme (hier ist insbesondere die gesetzliche Rentenversicherung zu nennen) zukünftig abnehmen werden, was eine Abwärtsspirale in Gang setzen kann. Infolge dieser Abwärtsspirale reduziert sich nicht nur die regionale Nachfrage, sondern es besteht auch die Gefahr, dass das regionale Sparvolumen sinkt, was wiederum einen Einfluss auf die regionalen Investitionsmöglichkeiten hat. So vergeben Sparkassen – und in ähnlicher Form gilt dies auch für Kreditgenossenschaften – die Kredite an regionale Unternehmen zu einem großen Anteil aus dem regionalen Sparaufkommen.

Abbildung 5: Senioren und Raum

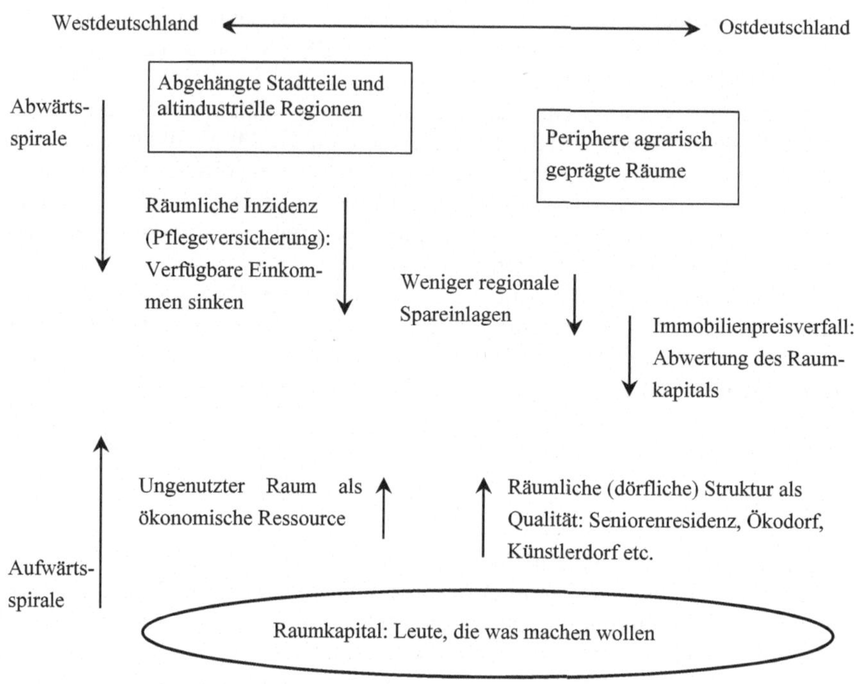

Quelle: Eigene Darstellung.

Hinzu kommt, dass infolge der Überalterung, der zu erwartenden Absenkung der Transfers und der Abwanderung jüngerer Bevölkerungsgruppen ein Verfall der Immobilienpreise möglich ist. Dies wiederum könnte die Bilanzen der vorgenannten regionalorientierten Banken belasten, da diese die Immobilen teilweise für ihre Hypothekenkredite beliehen haben, die dann wiederum weniger in diesen Regionen investieren könnten. Allerdings ergeben sich in Folge der Abwärtsspirale auch neue Möglichkeiten, die zu einer Stabilisierung, Erhöhung der Lebensqualität und räumlichen Aufwertungsprozessen beitragen können (siehe Abbildung 5). So können wirtschaftlich untergenutzte Räume ein ökonomisches Potenzial, z. B. im Rahmen einer kreativwirtschaftlichen Nutzung, darstellen. Gerade im Hinblick auf ländliche Regionen kann auch die idyllische dörfliche Struktur eine Bedeutung für die Nutzung dieser Räume durch „neue Alte“ erhalten. Ferner können urbane Strukturen wie sie in manchen altindustriellen Regionen zur Verfügung stehen attraktiv sein.

Allerdings läuft die Argumentation, dass sich besondere Chancen aus Krisenkreisläufen ergeben, Gefahr, dergestalt verstanden zu werden, dass es durch Adam Smiths „unsichtbare Hand" zu einer ausgeglichenen Regionalentwicklung kommt, wenn sich der Staat nur heraushält. So wird im Rahmen der neoklassischen Wirtschaftheorie argumentiert, dass es durch die Wanderung der Produktionsfaktoren automatisch zum Abbau regionaler Disparitäten kommt. Will sagen: Kapital wandert ceteris paribus dorthin, wo die Faktoren Arbeit und Boden günstig sind. Demnach müsste nur so lange gewartet werden, bis diese Regionen hinreichend schwach geworden sind und die kreativen und findigen Investoren kommen und das Land wieder aufbauen. Neben der Frage nach den in der Zwischenzeit damit einhergehenden sozialen Verwerfungen zeigt sich in der Empirie, dass dies i. d. R. nicht zutrifft.

In diesem Beitrag ging es darum aufzuzeigen, dass gerade in strukturschwachen Regionen aktive Leute, die etwas machen wollen, das vorhandene Raumkapital nutzen und dass es zukünftig in bestimmten Regionen auch „neue Alte" sein können, die ihre Region mitgestalten. Neben der Notwendigkeit, Regionen zukünftig durch eine regionale Wirtschafts- und Strukturpolitik zu stabilisieren, sollte auch dieses Kapital genutzt werden.

6 Literatur

Bandemer, S. v., Salewski, K., und Schwanitz, R. (2010). *Nutzung von Synergien zwischen der Gesundheits- und Kreativwirtschaft im Hinblick auf Wettbewerbsfähigkeit, Wirtschaftswachstum und Beschäftigung. Abschlussbericht des Forschungsprojekts Nr. 68/09. Im Auftrag des Bundesministerium für Wirtschaft*. Berlin: Bundesministerium für Wirtschaft.

Bourdieu, P. (1983). Ökonomisches, kulturelles, soziales Kapital. In R. Kreckel (Hrsg.), *Soziale Ungleichheiten* (Sonderband 2, S. 183-198, Sozialen Welt). Göttingen: Schwartz.

Bourdieu, P. (1991). Physischer, sozialer und angeeigneter Raum. In M. Wentz (Hrsg.), *Stadt-Räume* (Vol. 2, S. 25-34, Die Zukunft des Städtischen). Frankfurt: Campus.

Breckner, I. (2010). Gentrifizierung im 21. Jahrhundert. *Aus Politik und Zeitgeschichte* (17), 27-32.

Brooks, D. (2000). *Bobos in Paradise: The New Upper Class and How They Got There*. New York: Simon & Schuster.

Bundesamt für Bauwesen und Raumordnung (2005). *Raumordnungsbericht 2005*. Bonn: Bundesamt für Bauwesen und Raumordnung.

Bundesinstitut für Bau-, Stadt- und Raumforschung (BBSR) im Bundesamt für Bauwesen und Raumordnung (Hrsg.) (2012a). *Indikatoren und Karten zur Raum- und Stadtentwicklung: INKAR* (INKAR). Bonn: Bundesinstitut für Bau-, Stadt- und Raumforschung (BBSR) im Bundesamt für Bauwesen und Raumordnung.

Bundesinstitut für Bau-, Stadt- und Raumforschung (BBSR) im Bundesamt für Bauwesen und Raumordnung (Hrsg.) (2012b). *Raumordnungsbericht 2011*. Bonn: Bundesinstitut für Bau-, Stadt- und Raumforschung (BBSR) im Bundesamt für Bauwesen und Raumordnung.

Chick, V., und Dow, S. C. (1988). A Post-Keynesian Perspective on the Relation between Banking and Regional Development. In P. Arestis (Hrsg.), *Post-Keynesian monetary economics. New approaches to financial modelling* (S. 219-250). Aldershot: Edward Elgar.

Christians, U. (2010). Zur Ertragslage der Sparkassen und Genossenschaftsbanken in den strukturarmen Regionen Ostdeutschlands. In U. Christians, und K. Hempel (Hrsg.), *Unternehmensfinanzierung und Region. Finanzierungsprobleme mittelständischer Unternehmen und Bankpolitik in peripheren Wirtschaftsräumen* (Vol. 70, S. 231–253, Finanzmanagement). Hamburg: Kovač Verlag.

Christians, U., und Gärtner, S. (2014). Einfluss regionaler Bankenmärkte auf dezentrale Banken: Demographie, Bankenwettbewerb und Kreditportfolio. *Forschung Aktuell* 02/2014. Gelsenkirchen: Institut Arbeit und Technik (IAT).

Conrad, A. (2010). *Banking in schrumpfenden Regionen. Auswirkungen von Alterung und Abwanderung auf Regionalbanken unter besonderer Berücksichtigung der Sparkassen.* Hamburg: Kovač Verlag.

Deutsche Rentenversicherung Bund (Hrsg.) (2013). *Rentenversicherung in Zeitreihen. Oktober 2013* (Vol. 22, DRV-Schriften). Berlin: Deutsche Rentenversicherung Bund.

Fachinger, U., und Frankus, A. (2011). Sozialpolitische Probleme der Eingliederung von Selbständigen in die gesetzliche Rentenversicherung. Expertise im Auftrag der Abteilung Wirtschafts- und Sozialpolitik der Friedrich-Ebert-Stiftung. *WISO Diskurs. Expertisen und Dokumentationen zur Wirtschafts- und Sozialpolitik.* Bonn: Abteilung Wirtschafts- und Sozialpolitik der Friedrich-Ebert-Stiftung.

Fachinger, U., und Stegmann, M. (2012). Die regionalwirtschaftliche Bedeutung der Gesetzlichen Rentenversicherung. *Zeitschrift für Gerontologie und Geriatrie, 45*(5), 385-391.

Flögel, F., und Gärtner, S. (2011). *Raumunternehmen. Endbericht an die Montag Stiftung Urbane Räume.* Gelsenkirchen: Institut für Arbeit und Technik. Forschungsbereich Raumkapital.

Gärtner, S. (2008). *Ausgewogene Strukturpolitik. Sparkassen aus regionalökonomischer Perspektive* (Vol. 5, Beiträge zur europäischen Stadt- und Regionalforschung). Berlin: LIT-Verlag.

Glass, R. (1964). *London: Aspects of Change.* London: MacGibbon & Kee.

Goldschmidt, A. J. W., und Hilbert, J. (Hrsg.). (2009). *Gesundheitswirtschaft in Deutschland – Die Zukunftsbranche. Beispiele über alle wichtigen Bereiche des Gesundheitswesens in Deutschland zur Gesundheitswirtschaft* (Vol. 1, Gesundheitswirtschaft und Management). Wegscheid: Wikom.

Heinze, R. G., Naegele, G., und Schneiders, K. (Hrsg.) (2011). *Wirtschaftliche Potenziale des Alters* (Vol. 11, Grundriss Gerontologie). Stuttgart: Kohlhammer Urban-Taschenbücher.

Henke, K.-D., Troppens, S., Braeseke, G., Dreher, B., und Merda, M. (2011). *Volkswirtschaftliche Bedeutung der Gesundheitswirtschaft. Innovationen, Branchenverflechtung, Arbeitsmarkt. Auf der Grundlage eines Forschungsprojekts im Auftrag des*

Bundesministeriums für Wirtschaft und Technologie (Vol. 33, Europäische Schriften zu Staat und Wirtschaft). Baden-Baden: Nomos.

Kunzmann, K. (2001). Welche Zukunft für Suburbia? Acht Inseln im Archipel der Stadtregion. In K. Brake, J. S. Dangschat, und G. Herfert (Hrsg.), *Suburbanisierung in Deutschland. Aktuelle Tendenzen* (S. 213-221). Opladen: Leske + Budrich.

Osten, M. v. (2008). Unberechenbare Ausgänge. In O. Frey, und W. Hertzsch (Hrsg.), *Kreativen: Wirkung. Urbane Kultur, Wissensökonomie und Stadtpolitik* (S. 42-47). Berlin: Heinrich Böll Stiftung.

Rothgang, H., Müller, R., Unger, R., Weiß, C., und Wolter, A. (2012). BARMER GEK *Pflegereport 2012. Schwerpunktthema: Kosten bei Pflegebedürftigkeit.* (Vol. 18, Schriftenreihe zur Gesundheitsanalyse). Schwäbisch Gmünd: BARMER GEK.

Söndermann, M., Backes, C., Arndt, O., und Brünink, D. (2009). *Kultur- und Kreativwirtschaft: Ermittlung der gemeinsamen charakteristischen Definitionselemente der heterogenen Teilbereiche der „Kulturwirtschaft" zur Bestimmung ihrer Perspektiven aus volkswirtschaftlicher Sicht. Endbericht im Auftrag des Bundesministeriums für Wirtschaft und Technologie (BMWi).* Köln u. a. O.: Büro für Kulturwirtschaftsforschung (KWF), Creative Business Consult (CBC) und Prognos AG.

Sozialverband VdK Nordrhein-Westfalen (2012). *Pflege-Atlas NRW. Kartografie zum Sozialen Forum 2011: „Pflege-Armut". Folge der Pflege-, Gesundheits- und Grundsicherungsreformen?* Düsseldorf: Sozialverband VdK Nordrhein-Westfalen.

Wittstock, M. (2000). Are BOrgeois BOhemian? *The Observer*. [Zugriff 28. Mai 2000].

Zarth, M., und Lackmann, G. (2011). Zeitliche Persistenz im Raum – Einnahmen- und Ausgabenströme der Arbeitslosenversicherung im Zeitraum 2003 bis 2008. *BBSR-Berichte KOMPAKT*. Bonn: Bundesinstitut für Bau-, Stadt- und Raumforschung (BBSR).

Versorgung im ländlichen Raum der Zukunft: Chancen und Herausforderungen

Claudia Neu und Ljubica Nikolic

1 Einleitung

Leere Ladenlokale, verwaiste Bushäuschen und geschlossene Gemeindehäuser sind die untrüglichen Zeichen eines tiefgreifenden Wandels, der sich in den vergangenen Jahren in vielen deutschen (Klein-)Städten und ländlichen Räumen vollzogen hat. Geburtenrückgang und Wanderungsverluste haben diese Entwicklung ebenso forciert, wie leere öffentliche Kassen und veränderte Konsumenten- und Mobilitätswünsche. Die Tante-Emma-Läden sind lange vor dem Gewahr werden des demographischen Wandels gestorben. Billige Preise, großes Sortiment und die Allverfügbarkeit des PKWs haben die Menschen lieber zu einem Supermarkt auf der grünen Wiese fahren lassen, als wohnortnah einzukaufen. Die großen Treiber des Infrastrukturabbaus im ländlichen Raum bleiben jedoch der Bevölkerungsrückgang und die finanzielle Misere der Kommunen. Dort, wo weniger Menschen leben, wird die vorhandene Infrastruktur, wie etwa Wasser- und Abwasserversorgung, Schulen und öffentlicher Personennahverkehr (ÖPNV), weniger genutzt. Die entstehenden Kosten werden dann auf die verbleibenden Nutzer umgelegt oder die Einrichtungen „rückgebaut". Schulen und Kindergärten schließen, der ÖPNV wird auf den Schülerverkehr reduziert oder Breitband erst gar nicht aktiviert. Doch selbst in Regionen in denen der demographische Wandel (noch) nicht in vollem Umfang sichtbar ist, kämpfen ländliche Räume mit den Konsequenzen des schleichenden Infrastrukturabbaus. Der Landarztmangel wird auch hier virulent, der Bus fährt immer seltener und einen Bank- oder Postschalter gibt es schon lange nicht mehr in jedem Dorf. Erledigungen müssen somit immer häufiger mit dem PKW absolviert und Arztbesuche von langer Hand geplant werden (Neu und Nikolic 2012, S. 29 f).

Wird nach Lösungsvorschlägen für die bereits manifesten oder noch drohenden Versorgungsengpässe im ländlichen Raum gefragt, so finden wir neben den kommunalen Akteuren, die als Daseinsvorsorger für die ansässige Bevölkerung auftreten, auch kollektive oder individuelle Handlungsansätze, die Antworten und Strategien zur Aufrechterhaltung ländlicher Lebensqualität suchen. Sicher wäre es zu kurz gegriffen den demographischen Wandel und die damit verbundenen Infrastrukturlücken als alleinigen Motor für Dorfläden, Communal Gardens oder die wiederbelebte Allmendebewegung zu sehen. Der Wunsch nach mehr Nachhaltigkeit, lokaler Gemeinschaft und Naturnähe sind hier vielleicht sogar die größeren Triebfedern, dennoch bieten diese kollektiven Strategien durchaus Ansatzpunkte, um auch auf dem Land Versorgungsengpässen zu begegnen. Letztlich sollte auch der neue Trend zur Selbstversorgung bzw. zum Selbermachen nicht außer Acht gelassen werden.

2 Infrastrukturelle Versorgungsengpässe

Wie sieht es nun mit der Versorgungslage in ausgewählten ländlichen Räumen aus? Ein Vergleich zwischen einer metropolnahen ländlichen Gunstlage wie etwa dem Landkreis Rotenburg (Wümme) und einer eher entlegenen ländlichen Region, beispielsweise der Hocheifel, bieten sich hier an. Der Landkreis Rotenburg (Wümme), günstig zwischen Bremen und Hamburg gelegen, weist sowohl eine eher geringe Arbeitslosenquote (7 %, 2011), wie eine stabile demographische Lage auf. In den Jahren zwischen 2002 bis 2009 wuchs der Landkreis sogar leicht um 0,3 %, die Bertelsmannstiftung (2012) prognostiziert allerdings bis zum Jahr 2030 leichte Schrumpfungstendenzen mit -3,1 %. Einzelne Gemeinden müssen aber auch hier mit bis zu 9 % Bevölkerungsrückgang rechnen. Die Infrastrukturausstattung der Region stellt sich im Vergleich zu entlegenen Regionen (siehe Abbildung 1) geradezu als üppig dar, so sind für viele Menschen die Güter und Dienste des täglichen Bedarfs (noch) erreichbar.[1]

Nahezu Dreiviertel der Befragten können den ÖPNV innerhalb von fünf bis zehn Minuten fußläufig erreichen, immerhin gut die Hälfte können Grundschulen, eine Bank, Einkaufsmöglichkeiten des täglichen Bedarfs und Freizeitangebote ansteuern. Für nahezu Zweidrittel sind Kinderbetreuung und Gaststätten erreichbar. Deutlich geringere Erreichbarkeitsquoten weisen hingegen weiterführende Schulen, ärztliche Versorgung, Seniorenbetreuung, Einkaufsgelegenheiten für den erweiterten Bedarf und Polizeistationen auf (Neu und Nikolic 2012, S. 30).

Deutlich anders stellt sich hingegen die Situation in der Hocheifel dar (Abbildung 2).[2] Die Verbandsgemeinde Adenau besteht neben der Stadt Adenau aus einer Vielzahl kleiner und kleinster Dörfer, die oftmals viele Kilometer voneinander entfernt liegen. Nur wenige landwirtschaftliche Betriebe bieten Erwerbstätigen einen Arbeitsplatz, der Rest pendelt, nicht selten sogar bis Köln oder Koblenz. Die demographische Entwicklung der Dörfer ähnelt vielen anderen

1 Im Winter 2011 wurden 1.595 Frauen aus dem Landkreis Rotenburg (Wümme) u. a. zu ihrer Lebenssituation, der Vereinbarkeit von Familie, Pflege und Beruf sowie Daseinsvorsorge befragt; vgl. Neu und Nikolic 2012.

2 Im Mai 2012 wurden im Rahmen des Projektes „Selbstversorgung“ 192 Privathaushalte in der Verbandsgemeinde Adenau zu ihrer Lebenssituation, ihren Versorgungsstrategien sowie zu örtlichen Daseinsvorsorgeangeboten befragt. Die Stadt Adenau selbst wurde in die Untersuchung nicht mit einbezogen; vgl. Abschnitt 4.

ländlichen Gemeinden: zunehmende Alterung bei wenigen Geburten, auch wenn es hier vereinzelte Ausnahmen gibt wie beispielsweise die Dörfer Wirft mit 8,8 % oder Sennscheid mit 3,2 % Bevölkerungszunahme im Jahr 2011 (Statistisches Landesamt Rheinland Pfalz 2012, S. 11).

Abbildung 1: Fußläufige Erreichbarkeit Rotenburg (Wümme)

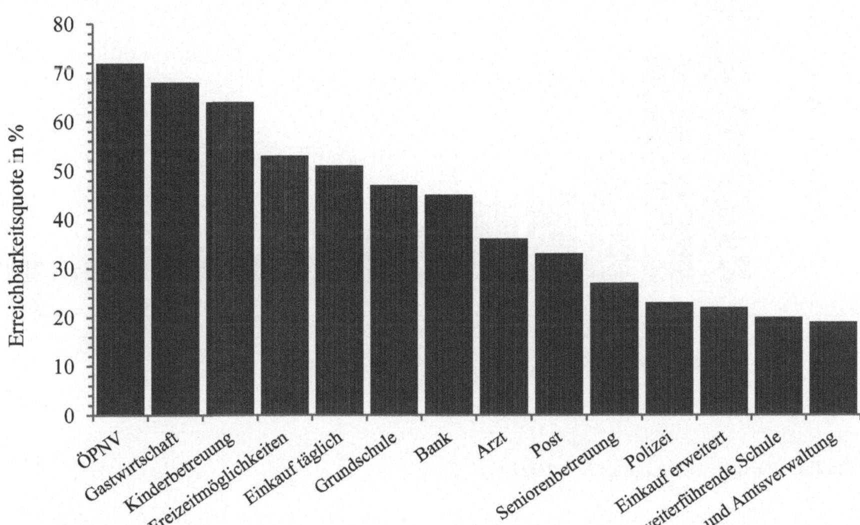

Quelle: Eigene Erhebung, N = 1.595.

Neben der Grundversorgung mit Strom, Wasser und Energie ist es schlecht bestellt um die infrastrukturelle Ausstattung in Adenau. Eine Möglichkeit zur Nahversorgung besteht nicht, lediglich eine Tankstelle an der Bundesstraße hat das Allernötigste im Sortiment. Der nächste Supermarkt liegt in der Stadt Adenau.

Für die Bewohner der Verbandsgemeinde Adenau ist es somit deutlich schlechter um die fußläufige Erreichbarkeit von Daseinsvorsorgeeinrichtungen bestellt, als etwa in Rotenburg (Wümme). Lediglich für ein knappes Drittel ist der ÖPNV zu Fuß zu erreichen, ein Fünftel hat noch eine Gaststätte in der Nähe. Eine Freizeitmöglichkeit wissen 11 % „um die Ecke" (Abbildung 2). Alle anderen Angebote wie Kinder- oder Seniorenbetreuung sind nur von den allerwenigsten befragten Bewohnern des Kreises Adenau fußläufig zu erreichen.

Abbildung 2: Fußläufige Erreichbarkeit Hocheifel

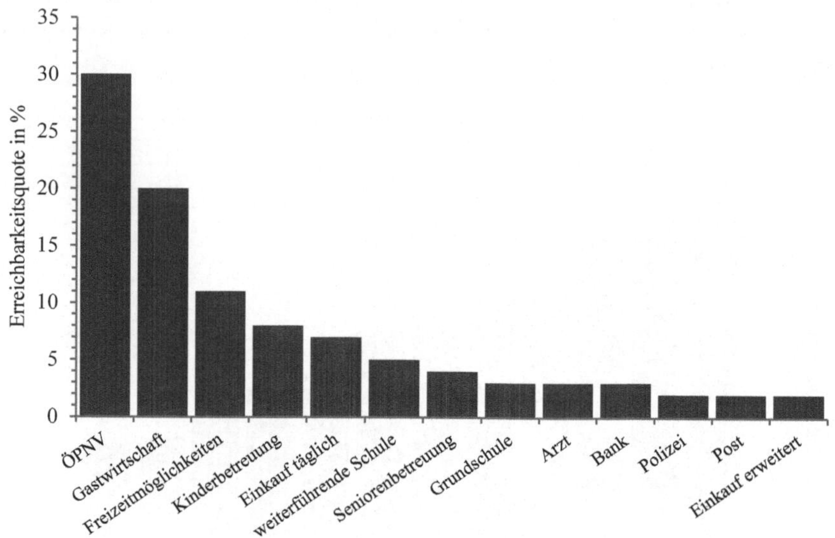

Quelle: Eigene Erhebung, N = 192.

Was hinlänglich bekannt ist, zeigt sich auch an diesen beiden Fallbeispielen: Von einer Einheitlichkeit ländlicher Räume und ihrer infrastrukturellen Ausstattung kann keine Rede (mehr) sein. Die agglomerationsnahen ländlichen Räume sind bevölkerungsstärker und weniger von Geburtenrückgang und damit auch von Alterung und Schrumpfung betroffen (siehe hierzu Schlömer in diesem Band). Dennoch zeichnen sich bereits erste Versorgungsdefizite ab. Landärztemangel ist auch im Landkreis Rotenburg (Wümme) ein Thema und eine (zukünftige) Unterversorgung mit Seniorenbetreuung deutet sich ebenfalls an.

Wahrgenommene Bedarfe an Infrastruktur

Die offen gestellte Frage „Was fehlt Ihnen in der Gemeinde?“ fördert, neben der Sorge um die gesundheitliche Versorgung durch Ärzte, Zahnärzte und Apotheken, eine deutlich wahrgenommenen Bedarf an flexiblen Kinderbetreuungseinrichtungen sowie Freizeitangeboten für Kinder und Jugendliche auch im Norden der Republik zu tage.

Anzunehmen wäre, dass mit den ausgeprägten Unterschieden in der Erreichbarkeit von Daseinsvorsorgeangeboten auch divergierende infrastrukturelle Bedarfsmuster korrespondieren. Die Erhebung zeigt jedoch, dass sich der metropolnahe Landkreis Rotenburg (Wümme), im Vergleich zu vielen peripheren ländlichen Räumen, nicht grundsätzlich in seiner Priorisierung, der als zukünftig besonders wichtig erachteten Infrastruktur, unterscheidet.

So steht im Landkreis Rotenburg (Wümme) mit großem Abstand der ÖPNV (707 Befragte, 44 %) an erster Stelle, dann folgen Einkaufsmöglichkeiten und ärztliche Versorgung mit jeweils 33 % der Nennungen. Auch der Ausbau einer schnellen Breitbandverbindung kann noch zu den Bereichen, in denen besonderer Bedarf wahrgenommen wird, gezählt werden (Abbildung 3).

Abbildung 3: Infrastruktureller Bedarf im Landkreis Rotenburg (Wümme)

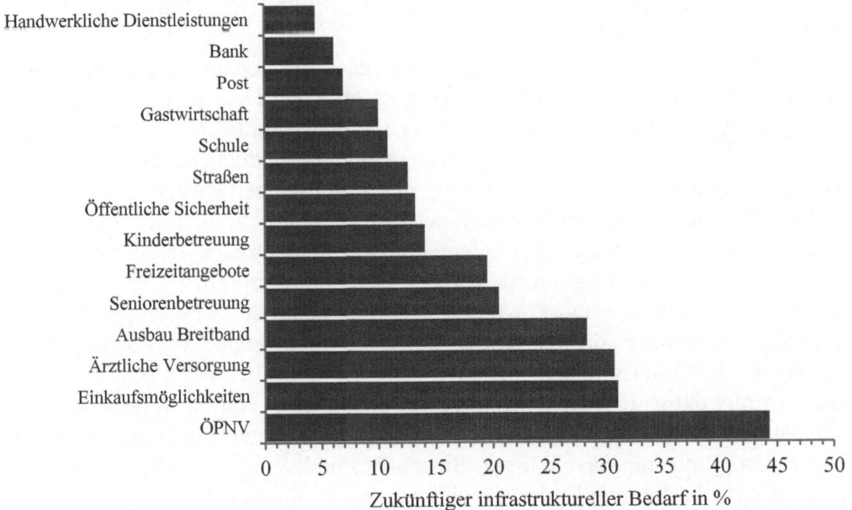

Quelle: Eigene Erhebung, N = 1.595.

Seniorenbetreuung und Freizeitangebote werden dann mit Abstand schon als weniger dringlich eingeschätzt. Kinderbetreuung, öffentliche Sicherheit, Schulen und Straßen sowie Gastwirtschaften folgen wiederum in einer leicht abgesetzten Gruppe, die 10 % bis 14 % für wichtig erachten. Post, Banken und handwerkliche Dienstleistungen bilden die Schlussgruppe, der als dringlich wahrgenommenen infrastrukturellen Notwendigkeiten (Neu und Nikolic 2012, S. 32 f.).

Ganz ähnlich werteten auch in anderen Untersuchungen zur Daseinsvorsorge die Befragten in Mecklenburg und in der Hocheifel die infrastrukturellen Bedarfe. Im mecklenburgischen Galenbeck sahen die befragten Bürgerinnen und Bürger besondere Nachfrage beim ÖPNV, den Einkaufsmöglichkeiten, den Freizeitangeboten sowie der ärztlichen Versorgung (Neu et al. 2007, S. 38). Die breit angelegte Untersuchung auf der mecklenburgischen Landwirtschaftsausstellung

MeLa im Jahr 2008 ergab, dass die Befragten, die ganz überwiegend aus dem ländlichen Raum stammten, vor allem Bedarf bei der ärztlichen Versorgung, der Kinderbetreuung, dem ÖPNV und der Schulversorgung sowie den Einkaufsmöglichkeiten wahrnahmen (Ickert et al. 2009, S. 9). Auch in der Hocheifel fiel die Wahl an erster Stelle auf den ÖPNV, gefolgt von einer Ausweitung der Breitbandausstattung, der ärztlichen Versorgung, den Einkaufsmöglichkeiten und dem Freizeitangebot. So finden wir in den vorliegenden Untersuchungen stets die gleichen „big five" (wenn auch mit leicht anderer Gewichtung): ÖPNV, die ärztliche Versorgung, die Betreuungsangebote (für Jung und Alt) sowie die Einkaufs- und Freizeitmöglichkeiten. Wenn nicht vorhanden, kann die schnelle Breitbandverbindung die Bedarfsliste der infrastrukturellen Angebote in vielen ländlichen Räumen ergänzen.

Wichtig scheint es daher festzuhalten, dass die genannten Infrastrukturbedarfe vor allem die konkret vor Ort wahrgenommenen Defizite und Lebensqualitätseinbußen sowie die in der Zukunft erwarteten Einbußen widerspiegeln. So sind es vor allem die sozialen, kulturellen und gesundheitsbezogenen Einrichtungen und Angebote, die vermisst oder deren Schwinden sorgenvoll beobachtet werden. Was wird aus den Kindern, wenn die Wege zur Schule immer weiter werden? Wie kann der nächst gelegene Arzt oder Supermarkt noch erreicht werden, wenn die Fahrtüchtigkeit nicht mehr gegeben oder kein PKW im Haushalt ist? Was wird aus dem Dorf, wenn die Kirche schließt? Allerdings zeigen die Ergebnisse (besonders die Antworten auf die offene Frage „Was fehlt Ihnen in der Gemeinde?"), dass bisher die infrastrukturelle Grundausstattung mit technischer Infrastruktur (Straßen, Gebäuden, Leitungen, Netze) immer noch als selbstverständliches öffentliches Angebot wahrgenommen wird. Die öffentliche Grundversorgung mit Gas, Wasser, Strom etc. bildet vielmehr den Hintergrund, auf dem sich die lokalen Bedarfsstrukturen erst ausbilden (Kersten et al. 2012a, S. 78 ff.).

Wenn also der demographische Wandel und klamme öffentliche Kassen selbst in agglomerationsnahen ländlichen Räumen Spuren hinterlassen, was gleichbedeutend damit ist, dass die Aufrechterhaltung einer flächendeckenden Infrastrukturausstattung in (entlegenen) ländlichen Räumen nicht mehr gegeben ist, was bleibt dann zu tun? Welche Möglichkeiten bestehen neben dem reinen Fingerzeig auf die politisch Verantwortlichen? Gibt es Wege zur Selbsthilfe, die womöglich schon zur Anwendung kommen und für weitere Regionen als Good Practice Beispiel dienen könnten? In den folgenden zwei Kapiteln stehen nicht politische Strategien, wie dem demographischen Wandel und seinen infrastrukturellen Konsequenzen zu begegnen ist, im Fokus, sondern neue Entwicklungen, die, wenn auch nicht ausschließlich, geeignet sein könnten, Versorgungsengpässen in ländlichen und selbstverständlich auch in städtischen Räumen, die zunehmend ebenfalls von fußläufiger Nahversorgung abgeschnitten werden, zu begegnen.

3 Gemeinschaftliche Lösungen – Von der Allmende über die Dorfläden bis hin zu dörflichen Genossenschaften

„Die größte Kulturleistung eines Volkes, sind die zufriedenen Alten“ besagt eine japanische Redewendung. Nur wie kann man den Status der zufriedenen, gut versorgten und selbstbestimmten Alten – und selbstverständlich nicht nur der Senioren, sondern aller Menschen – im (entlegenen) ländlichen Raum, erreichen, wenn zugleich die Infrastruktur, die das gewährleisten könnte, zurückgebaut wird?

Immer häufiger taucht im Zusammenhang mit dem Rückbau öffentlicher Infrastruktur die Begrifflichkeit der Resilienz auf (Lukesch et al. 2010, Einfeldt et al. 2013). Ursprünglich aus der Werkstoffkunde kommend und da die Fehlertoleranz beschreibend, wurde der Terminus Mitte des zwanzigsten Jahrhunderts von der Psychologie aufgegriffen und veranschaulicht seither die Widerstandsfähigkeit oder das Vermögen, sich bei Krisen wieder aufzurichten. In unserem Zusammenhang bedeutet dies zugespitzt formuliert: Bürgerinnen und Bürger bzw. Kommunen sollen nunmehr aus eigener Kraft die infrastrukturellen Lücken schließen und sich unabhängig von den weniger werdenden staatlichen Leistungen machen. So empfiehlt etwa der englische Sozialforscher und Begründer der Transition Town Initiative Rob Hopkins die Stärkung der Resilienz durch Einbeziehung der Bevölkerung in die landwirtschaftliche Produktion und die lokale Nahrungsmittelerzeugung (Hopkins 2012, S 45 ff.), was sich durch den lokalen Handel ergänzen ließe. Resilienz lässt sich, laut Hopkins, durch die folgenden Faktoren beschreiben:

- Diversität von Lebensweisen, Landnutzungen und Energiesystemen,
- Modularität, als wachsende Orientierung an den eigenen Bedürfnissen und Fähigkeiten,
- Kleinere Rückkopplungskreisläufe, die Ergebnisse unserer Handlungen vor Ort spürbar machen.

Um eine Gemeinschaft resilient zu machen, also produktiv, erfahren und selbstständig, bedarf es Kreativität, einer guten Planung, die alle Akteure einbindet, aber auch der entsprechenden Zeit zur Umsetzung. Hopkins hat auch ein paar konkrete Tipps zur Stärkung der Resilienz (Hopkins 2012, S. 45 ff.):

- „Pflanzen Sie überall Nahrungsmittel an,
- Setzen Sie bei neuen Entwicklungen im Energie-, Bau- oder Nahrungsmittelbereich auf Gemeineigentum und gemeinschaftliches Management,
- Identifizieren Sie wichtige lokale Bedürfnisse und überlegen Sie, wie sie vor Ort befriedigt werden können,
- Beziehen Sie alle mit ein,

- Erzählen Sie wirkungsvolle Geschichten. Es geht um einen Wandel der Kultur nicht der Umwelt.“

Folgt man diesen Empfehlungen, so sind die naheliegenden Lösungsansätze für eine ausgeglichene Versorgungslage im ländlichen Raum der Zukunft, die Schaffung von Allmende-Obsthainen, Gemeinschaftsgärten und Dorfläden. Mit dem Schlachtruf „Einer für alle, alle für einen!“ könnte die Devise der Genossenschaften wieder in den Fokus gerückt und mit der Ausrichtung auf das Gemeinwohl auch gleich die desolate Versorgungslage des Einzelnen entspannt werden. Wenn es sich bisher auch nicht um flächendeckende Massenbewegungen handelt, so finden sich jedoch zunehmend Anhänger des Obstsammelns, der Gemeinschaftsgärten und der Dorfläden. Auch der Gedanke der energieautarken Kommune verbreitet sich zusehends. Mögen die bisher kaum aufgearbeiteten Motivlagen für diese Entwicklung eher in der Konsumkritik, in dem Wunsch nach mehr Nachhaltigkeit und Ressourcenschonung liegen, denn in der unmittelbaren Notwendigkeit zur Ernährungssicherung, so finden wir hier dennoch geeignete Ansätze, um gemeinsam Lösungen für eine Verbesserung der Versorgungslage nicht nur mit Lebensmitteln, sondern auch mit Mobilität, Freizeitangeboten und Kommunikationsmöglichkeiten, letztlich einer Steigerung der Lebensqualität, zu finden.

Eine Möglichkeit die Ernährungssicherung im ländlichen Raum zu optimieren, ist die Renaissance der *Allmende*. Bis zum 10. Jahrhundert war die Nutzung des gemeinschaftlichen Eigentums für das Sammeln, Weiden, Jagen und Fischen allen gestattet. Erst danach wurden Bauern von der Jagd ausgeschlossen und auch die Nutzung pflanzlicher Ressourcen stark eingeschränkt. Im Mittelalter gab es, neben den Parzellen, die zu einzelnen Höfen gehörten, oft Wiesen, die allen Dorfbewohnern für die Beweidung zur Verfügung standen. Da das Land ohnehin dem Lehnsherrn gehörte, stand nicht der Besitz, sondern das unterschiedliche Nutzungsrecht im Fokus. Dies verdeutlicht den Kern des Gemeingutes: nicht die Ressource an sich, sondern die Sozialbeziehungen, die aus der Nutzung heraus entstehen, sind relevant, das Aushandeln von Regeln, solidarisches, gerechtes Handeln und die Berücksichtigung der Bedürfnisse aller Mitglieder (Plöger 2011, S 163).

In der DDR gehörte die Nutzung der Obstallmende ebenso wie das Sammeln von Wildfrüchten, Pilzen und Wildkräutern zur Eigenversorgung und ergänzte den Anbau von Obst, Gemüse und Kräutern im Hausgarten oder in der Kleingartenanlage. Vor der Wende sicherten Kornelkirsche, Scheinquitte und Sanddorn die Vitamin-C-Versorgung der Bürger in Ostdeutschland. Viele Landstraßen waren von Obstbäumen gesäumt, die von den Anwohnern abgeerntet werden konnten.

Durch die Internetplattform www.mundraub.org (Gildhorn 2013) gewinnt das Thema Obstallmende wieder an Charme und Aktualität. Die Initiatoren haben es sich zum Ziel gemacht „(...) in Vergessenheit geratene Früchte der Kulturlandschaft im öffentlichen Raum wieder in die Wahrnehmung zu rücken (...)". Während sie durch die Verquickung von digitaler und analoger Welt, gerne den Import von Obst, durch die Schätze vor der Haustür, ersetzen und damit ein Zeichen gegen Globalisierung und für Subsistenzorientierung setzen möchten, kann Obstallmende noch viel mehr: Bäume werden nicht nur katalogisiert, sondern lösen auch Diskussionen über botanische Details aus, regen zum Rezeptaustausch an, lassen nach alten Kulturtechniken fragen und könnten, wenn man es denn ein wenig organisiert, auch helfen, den Bedarf an frischem Obst, zumindest während der Erntesaison, zu decken. Um die Versorgung von Senioren zu gewährleisten müsste sicherlich eine Ernteunterstützung gegeben werden. Aber was spricht gegen eine Stunde Äpfel pflücken, im Tausch gegen zwei Gläser Apfelmus und einen gedeckten Apfelkuchen?

Wer sagt zudem, dass nur Linde, Plantane, Rosskastanie und Ginko als Straßenbaum geeignet sind? Innenstädte, Alleen und Waldränder lassen sich auch mit Obstbäumen bepflanzen, wenn die Ernte gewährleistet ist. An den Straßen in Nordrhein-Westphalen zum Beispiel stehen gut 600.000 Bäume, von denen ein bis zwei Prozent Obst tragen. Und es wird aufgerüstet. Zu bestehenden Birnen-Alleen kommen Walnussbäume, Äpfel, Kirschen und Pflaumen hinzu. Andernach, ein 30.000 Einwohner starkes Städtchen, zwischen Bonn und Koblenz im Mittelrheintal gelegen, geht sogar noch weiter und pflanzt im öffentlichen Raum neben Obstbäumen auch Gemüse, Beerensträucher, Küchenkräuter, ja sogar Wein an. In der „Essbaren Stadt" steht die Ernte allen zur Verfügung (Andernach.net GmbH 2013). Statt das Betreten der Grünanlagen zu verbieten, wird zum Mitmachen aufgefordert. Wenn es nach den Initiatoren geht, dann sollen die Samen der verschiedenen Kulturen in die eigenen Gärten getragen und vermehrt werden.

Die gemeinschaftliche und selbstorganisierte Nutzung des Kollektivgutes scheint sowohl im Fall der mundraub.org-Nutzer, als auch in Andernach zu funktionieren. So kam es weder zu Übernutzung – Bäume wurden zeitweise aus der Auflistung genommen – noch zu Plünderfahrten von Städtern ins ländliche Umland (Frosch 2012, S. 273 f.).

Ebenso, wie die historische Allmende verstanden wurde, bedeutet Gemeingut nicht, den unkontrollierten Zugriff auf alle Ressourcen, sondern vielmehr, die Festlegung einer Gruppe von „Berechtigten", die sich an einen untereinander vereinbarten Regelsatz halten. Im besonderen Fall der Obstallmende sind hier die Pflegeschnitte der Bäume und eventuelle Nachpflanzungen zu berücksichtigen.

Deutlich populärer als Obstallmenden sind aber mittlerweile *Gemeinschaftsgärten*, die nicht nur als Produktionsort für Obst und Gemüse an Bedeutung gewinnen, sondern auch als sozialer Ort, der das Bedürfnis nach Kommunikation und Gesellschaft befriedigen kann. Während der Trend zum Gemeinschaftsgarten eng mit dem urbanen Lifestyle verbunden ist und man zuallererst an die Brachflächen europäischer Großstädte denkt, auf denen unter Mithilfe der Nachbarschaft plötzlich Biogemüse angebaut wird und Bienen gehalten werden, bedeutet der Gemeinschaftsgarten in unserem Kontext weniger die Bühne für ein junges, buntes, interkulturelles Publikum, denn die Möglichkeit vor Ort gemeinsam frische Produkte anzubauen. Wenn es Senioren und anderen wenig mobilen Menschen nicht mehr möglich ist, ihren Bedarf an Frischeprodukten, wie Obst und Gemüse, oder auch dem stimmungsaufhellenden Blumenstrauß, selbstständig zu decken, kann der Gemeinschaftsgarten im ländlichen Raum ein ganz neues Gewicht bekommen.

Gemeinschaftsgärten werden wie Allmenden genutzt und inszeniert. Wo Gärtnerinnen und Gärtner nicht Eigentümer der Flächen sind, werden Partizipation und Teilhabe zu unabdingbaren Prinzipien. Aus einer Begrenztheit der Mittel kann, durch kumuliertes Wissen und dem Teilen desselben, eine

> „(…) Ökonomie der Fülle, des Erfindungsreichtums, des Gebens und der Gegenseitigkeit [werden]. (...)“; Müller 2012, S. 267.

Eine neue Nutzung des öffentlichen Raums kann so die gemeinwohlorientierte Gestaltung und damit die lokale Lebensqualität fördern. Ein Gemeinschaftsgarten schlägt quasi mehrere Fliegen mit einer Klappe: Obst, Gemüse, Blumen und eventuell Honig sind vor Ort verfügbar, die Arbeit im Grünen bietet vor allem Senioren wieder einen Zugang zu körperlicher Betätigung an der frischen Luft, gekrönt von der Möglichkeit spontaner, unprogrammierter Begegnung, Kommunikation und gelebter Gemeinschaft.

Bei aller Kooperation und Gemeinschaftssinn bedeutet der Garten aber auch Empowerment für jeden einzelnen Gärtner. Denn aus dem Bittsteller, der seine Einkaufsliste bei der freundlichen Nachbarin oder Schwiegertochter abgibt und dann einmal wöchentlich mit den Produkten des täglichen Bedarfs beliefert wird, ohne vor Ort die Möglichkeit zu haben, zwischen dieser und jener Kartoffelsorte zu wählen, sich spontan beim Anblick des frischen Angebots zu einem Gericht animieren – ja verführen – zu lassen, oder mal eine ganz neue Obstsorte auszuprobieren, wird ein „Aktivposten“. Er bestimmt mit, welche Pflanzen im Gemeinschaftsgarten angebaut werden, krempelt die Ärmel hoch und entdeckt, was er körperlich noch im Stande ist zu leisten, hat täglichen Zugriff auf vitamin- und vegaminreiche sowie fettarme Kost und hat nicht zuletzt ein Projekt, für das es sich aufzustehen lohnt. Ganz unbewusst entwickelt sich durch den Gemeinschaftsgarten ein Wissensspeicher, ein Lernort und Treffpunkt, der als Beratungs- und Vernetzungsstelle fungieren kann (Müller 2012). Das Wissen über alte Kulturpflanzen, Anbautechniken, aber auch Zubereitung und Haltbarmachung wird wieder aktiviert und weitergegeben. Das Bewirtschaften einer Allmende oder eines Gemeinschaftsgartens kreiert also nicht nur soziale Allianzen, sondern schafft auch wertvolle Erfahrungen.

Auch die modernen *Dorfläden* beruhen mehrheitlich auf sozialen Allianzen – zumeist zwischen Bürgerinnen und Bürgern, wie etwa im DORV-Model (Frey und Schommer 2013), aber auch zwischen Bürgerschaft und Landesverwaltung, wie bei den schleswig-holsteinischen MarktTreffs (ews group gmbh 2014). Denkt man bei Dorfläden wohl unweigerlich an kleine, etwas altmodisch wirkende Ladenlokale, die bis unter die Decke mit Lebensmitteln und anderen Produkten des täglichen Bedarfs vollgestopft sind, so sehen die modernen Dorfläden ihre Hauptaufgabe nicht mehr allein in der Versorgung der ländlichen wie städtischen Bevölkerung mit dem unbedingt Notwendigen wie Brot, Milch und Butter, sondern gehen in ihren Ansätzen weit darüber hinaus. Die neuen Dorfläden wollen vor allem Rundum-Versorger, Treffpunkt und Anlaufstelle sein (siehe hierzu auch den Beitrag von Ziebell in diesem Band). Was die jeweiligen Läden anbieten, bestimmt der den Laden tragende Verein, die Geschäftsführung oder auch die Bevölkerung direkt. Mal ist es ein eher kleines Sortiment, dann wird anderen Orts besonderen Wert auf frische Wurst, Käse und lokales Gemüse gelegt. Dann sind es wieder die regionalen Spezialitäten wie Marmelade und Wurst, die dem Dorfladen erst zum Durchbruch verholfen haben (Pezzei 2012).

Ganz klar ist aber, dass dieses Geschäftsmodell sich nicht allein aus Vergess-Käufen trägt (ein Stück Butter, zwei Eier, ein Sack Kartoffeln), sondern auf eine breite Unterstützung der direkten Dorfbewohner und der Nachbargemeinden stützen muss. Diese Bindung wird auf unterschiedliche Art und Weise erreicht. Tragen Teile der Bürgerschaft den Laden aus eigenen finanziellen Mitteln, dann besteht ein aktives Interesse der vielen Inhaber, das Geschäft auch zu unterstützen, um die eigenen Einlagen nicht zu verlieren. Aber auch die breit aufgestellte qualitativ hochwertige Angebotspallette, die Dienstleistungen wie Reinigungs- oder Apothekenservice, KFZ-Anmeldungen, Kopierarbeiten oder der Besuch eines Bankangestellten bietet, bindet Kunden. Nicht zuletzt ist es aber ihre Funktion als soziale Orte, die die Dorfläden entscheidend prägen. Seien es die bürgergetragenen Dorfläden nach Art von DORV oder dem schleswig-holsteinischen MarktTreff-Modell so ist das Café oder manchmal auch etwas bescheidener die Café-Ecke ein integraler Bestandteil des (Erfolgs-)Konzeptes. Diese modernen Tante-Emma-Läden offerieren wieder Treffpunkte im öffentlichen Raum, an denen es in so vielen Dörfern mittlerweile fehlt.

Die neuen Dorfläden bieten durch die Initiative einzelner, unterstützt und getragen durch ein breites bürgerschaftliches Engagement eine besonders geeignete Form eine lokal angepasste wohnortnahe Grundversorgung zu gewährleisten. Dennoch eignet sich auch dieses Modell nicht für alle Dörfer, zumal geographische Bedingungen, eine gewisse Bevölkerungszahl und ein breites Engagement gegeben sein müssen (Neu et al. 2009).

Eine Idee, die über das Dorfladenkonzept hinausgeht, wird zum Beispiel im „Ökodorf Sieben Linden“ oder im „Lebensgarten Steyerberg“ umgesetzt. Die Ökologin Margit Kennedy stellt letztere Siedlungsgemeinschaft als eine, nach

Alter, Bildung, Einkommen, Herkunft und beruflichem Werdegang, sehr heterogene Gruppe von 100 Erwachsenen und 40 Kindern, wie folgt vor (Kennedy 2012): Es begann 1985 mit der Umnutzung von 62 Reihenhäusern und des 2.000m² großen Gemeinschaftszentrums. Finanziert wurden und werden alle Aktivitäten durch Mitgliedsbeiträge (ca. 30,00€ im Monat), Spenden, zinsgünstige oder zinsfreie Darlehen von Mitbewohnern und Freunden, Bankdarlehen sowie Einkünften aus dem Seminarbetrieb und aus freiwilligen Arbeitseinsätzen. Das große Gemeinschaftsgebäude ist das kulturelle und soziale Zentrum der Dorfgemeinschaft und beinhaltet Büros, Seminarräume sowie, mit der Gemeinschaftsküche, eine gute Gelegenheit, nicht selbst kochen zu müssen und trotzdem Wohlschmeckendes sowie Gesundes in Gesellschaft essen zu können. Eine der wichtigsten Einrichtungen ist jedoch das »Lebensmittel-Distributionszentrum« (LeDi), in dem Artikel des täglichen Bedarfs in Bioqualität zu Großhandelspreisen zur Verfügung stehen. Alle Einwohner, die eine bestimmte Altersgrenze überschreiten, erhalten einen Schlüssel und damit, 24 Stunden am Tag und 7 Tage die Woche, Zugang zum LeDi. Die Bezahlung erfolgt im Voraus über eine Einlage von der die „Einkäufe“ abgetragen werden. Ein Konzept, das so nicht nur die Vorratshaltung in den angeschlossenen Haushalten minimiert, sondern damit auch den Lebensmittelabfall reduziert. Der Anteil an selbst produzierten Lebensmitteln (auch für die Gemeinschaftsküche) wächst kontinuierlich durch die Entstehung eines Permakulturparks, in dem Obst, Gemüse und Blumen angepflanzt werden.

Neben umfangreicher praktischer Nachbarschaftshilfe wurde ein „Carpool“ eingerichtet, durch den sich mehrere Nutzer Autos teilen. Eine Kleiderspende-„Boutique“ wird mit dem bestückt, was nicht mehr getragen werden kann oder möchte und von denen kostenlos geleert, denen es gefällt. 50 % der Einwohner arbeiten vor Ort im sozialen, handwerklichen oder Gesundheits-Bereich.

Dieses genossenschaftliche Verständnis von dörflichen Strukturen eignet sich sehr gut dazu, gerade Senioren in einer Gemeinschaft aufzufangen und damit länger autark in ihrem gewohnten Wohnumfeld halten zu können.

Verlässt man gedanklich die Ernährungssicherung und integriert die Gesundheitsversorgung, so ist man schnell bei Artabana, einem Netzwerk aus Solidargemeinschaften, die der Gesunderhaltung ihrer Mitglieder dienen sollen (Küppers 2012). Ursprünglich in der Schweiz erdacht, wächst die Alternative zur herkömmlichen Krankenversicherung seit 2001 vor allem in Deutschland. 150 lokale Gemeinschaften, die die Verbindung von Eigenverantwortung und Solidarität leben, sind bisher entstanden. Primäres Ziel ist dabei nicht das Bekämpfen von Krankheit, was sowohl auf schulmedizinischem, als auch heilpraktischem Wege erfolgen kann, sondern die Salutogenese, also die Gesunderhaltung der Mitglieder. Diese sagen am Jahresanfang einen Beitrag zu, der sich aus den voraussichtlichen Kosten für die eigene Gesundheitsfürsorge und einem Anteil für den Solidarfond zusammensetzt. Lokale Gemeinschaften schließen sich regional zusammen, um auch größere Behandlungen stemmen zu können und werden dabei, bei Bedarf, aus einem bundesweiten Solidarfonds gespeist. Das Prinzip der Selbstverwaltung greift hier auf allen Ebenen, wobei die Organisation subsidiär ist, und basiert auf Konsensentscheidungen während der jährlichen Mitgliederversammlung. Den Kern von Artabana bildet allerdings der persönliche Kontakt der Mitglieder untereinander. Da seit der Gesundheitsreform im Jahr 2007 eine allgemeine Versicherungspflicht besteht (GKV-Wettbewerbsstärkungsgesetz),[3] sind diese Solidargemeinschaften allerdings eher als Ergänzung, denn als Alternative zu einer Krankenversicherung zu sehen.

Selbst organisierte Fürsorge tritt in jüngerer Vergangenheit immer häufiger in Form von zivilgesellschaftlichen Initiativen und Modellen der Selbsthilfe auf (Eisenstecken et al. 2012, Hill 2008). Hier sind vor allem die Bereiche Pflege, Betreuung, Bildung, Integration und Kultur zu nennen. Alternative Versorgung scheint sich auch immer häufiger an der Gemeinschaft zu orientieren. Gemeinsames Wirtschaften, basierend auf gemeinsamem Besitz und geteilten Verfügungsrechten, ist die Quelle alternativer Ideen, die greifen, wenn bestehende Systeme nicht mehr ausreichen (Plöger 2011, S. 160 f.).

Was kollektive Lösungsstrategien allerdings brauchen, sind Situationen in denen sich die Aktiven und Nutznießer begegnen, interagieren, lernen sich gegenseitig zu vertrauen und regional passende Spielregeln für eine nachhaltige Nutzung und Bewirtschaftung zu entwickeln. Unerlässlich ist ebenfalls ein zuverlässiges Monitoring, die Bereitstellung sämtlicher Informationen für alle Entscheidungsträger, sowie eine passgenaue Strategie, die die lokalen Gegebenheiten aufgreift und umsetzt (Stollorz 2011, S. 8). Lokal vernetzte Gemeinschaften aus Organisationseinheiten unterschiedlicher Größe sind häufig eher in der Lage auf die Erfordernisse vor Ort zu reagieren, als zentralisierte Hierarchien und Organisationen (Stollorz 2011, S. 4), bottom-up schlägt hier eindeutig top-down. Ist die Vertrauensbasis und das Gemeinschaftsgefühl aber einmal zerstört, so lässt es sich nur sehr schwer wiederherstellen. Es ist also nicht nur bei der Installation des Regelsystems das Fingerspitzengefühl aller Beteiligten gefragt, sondern auch beim kontinuierlichen Grenzen ausloten und Interagieren. In Gemeinden, in denen das bürgerliche Engagement bereits am Boden liegt oder auch von Seiten der Behörden nicht entsprechend gewürdigt wird, reduzieren die Bewohner ihre Bemühungen um den Erhalt der Gemeinschaft deutlich oder ziehen sich demotiviert zurück (Neu et al. 2009, Stollorz 2011 S. 5). Für eine stärker gemeinschaftlich organisierte Versorgung im ländlichen Raum der Zukunft könnte die Anerkennung und Unterstützung des bürgerschaftlichen Engagements der wichtigste Baustein schlechthin sein.

---

3 Gesetz zur Stärkung des Wettbewerbs in der gesetzlichen Krankenversicherung (GKV-Wettbewerbsstärkungsgesetz – GKV-WSG). Bundesgesetzblatt Teil I Nr. 11, S. 378-473, vom 26. März 2007.

Wie stellte das Nobelpreis-Komitee bei der Übergabe des Ökonomie-Nobelpreises an Elinor Ostrom im Jahr 2009 fest: Die Zukunft des Menschen gehört der „Organization of Cooperation“ (The Royal Swedish Academy of Sciences 2009, S. 1).

4 Individuelle Lösungen – Rückkehr zur Selbstversorgung

Sieht man einerseits die Gemeinschaft als möglichen Lösungsansatz, so dürfen individuelle Lösungen nicht außeracht gelassen werden. Allem voran ist hier die Subsistenzwirtschaft zu erwähnen.

Eine Renaissance erlebt die private Subsistenz regelmäßig in Zeiten ökonomischer Krisen und Armut. So bauten während der Weltwirtschaftskrise, in den 1940er-Jahren, Millionen Amerikaner Gemüse in Hinterhöfen und Vorgärten an und konnten damit auch die Nahrungsmittelknappheit der Kriegsjahre mildern. Nach dem zweiten Weltkrieg, als die Lebensmittelzuteilungen nicht ausreichten, um satt zu werden, nutzten die Berliner ihre Hinterhöfe, um Vieh zu halten, und den Tiergarten als Anbaufläche für Kartoffeln und Gemüse. Die wachsenden Versorgungsschwierigkeiten in der DDR der 1960er und 1970er Jahre führte, nach anfänglicher Skepsis gegenüber der so gar nicht sozialistischen Kleinbürgerlichkeit der Gartenparzelle, zum Durchbruch der Kleingartenbewegung. Die SED beschloss die Förderung der Kleingärten (Zentralkomitee der SED 1977), was zu einer fast inflationären Ausweisung von neuen Anlagen führte. Es gab sogar einen passenden Werbeslogan für die Kleingartenbewegung: „100 kg Obst auf 100 m² Kleingartenland“ (Mitteldeutscher Rundfunk 2010), was deutlich zeigt, dass das Ziel die Produktion von Obst und Gemüse war und nicht das Anlegen von Rasenflächen.

Das Konzept des Eigenanbaus taucht zyklisch immer wieder auf, wohl in leicht abgewandelter, dem Zeitgeist angepasster, Umsetzung. Selbstversorgung – in Deutschland besonders beliebt in Form der Schrebergärten – dient der Sicherung einer qualitativ hochwertigen, nährstoffreichen und geschmacklich guten Ernährung, allein durch die Bereitstellung verschiedener Früchte und Gemüse, mit art- und bodenspezifischen Nährstoffen, Mineralien, Vitaminen und Vegaminen. Noch ist die globale Nahrungsmittelknappheit für den Großteil der Bevölkerung in Deutschland ein zu abstraktes Thema, aber für viele Menschen im ländlichen Raum ist heute die Nutzung der natürlichen Ressourcen zur Lebensmittelproduktion, und damit auch zur Ernährungssicherung, wieder von Bedeutung (Bennholdt-Thomsen 2002, Born 2009, Neu et al. 2009, Neu et al. 2007).

Um zu ermitteln, in wieweit Eigenanbau bereits einen Beitrag zur Ernährungssicherung privater Haushalte im ländlichen Raum leistet und in welchem Umfang die individuellen Versorgungsstrategien in kollektive Handlungsmuster – wie beispielsweise Tauschhandel oder Allmendewirtschaft – umgesetzt werden können, wurde im Herbst 2011 das Forschungsprojekt „Selbstversorgung“ an der Hochschule Niederrhein installiert. Zudem prüft die Forschergruppe aus 18 Studentinnen und Studenten die Möglichkeit regionaler Vermarktungsstrategien (Marktstand, Bestückung mobiler Händler) zur Forcierung sowohl der regionalen Wirtschaft, als auch des sozialen Zusammenhalts.

Im Mai 2012 wurde die Feldphase in der Gemeinde Adenau in der Hocheifel durchgeführt. Mit Hilfe von leitfadengestützten face-to-face-Interviews wurden Daten zur wohnortnahen Grundversorgung, zum Einkaufsverhalten, sowie zu Art und Umfang der Selbstversorgung in 192 Haushalten erhoben (Abbildung 4). Darüber hinaus wurde gefragt, welche Verarbeitungsformen bevorzugt werden (direkter Verzehr, Einwecken, Einfrieren etc.) und ob eine Ausweitung der Produktion über den eigenen Bedarf hinaus denkbar und möglich wäre (Produktion für Dorfladen, regionalen Markt, Tauschhandel).

Abbildung 4: Motivation zur Selbstversorgung in der Gemeinde Adenau, Anzahl an Antworten

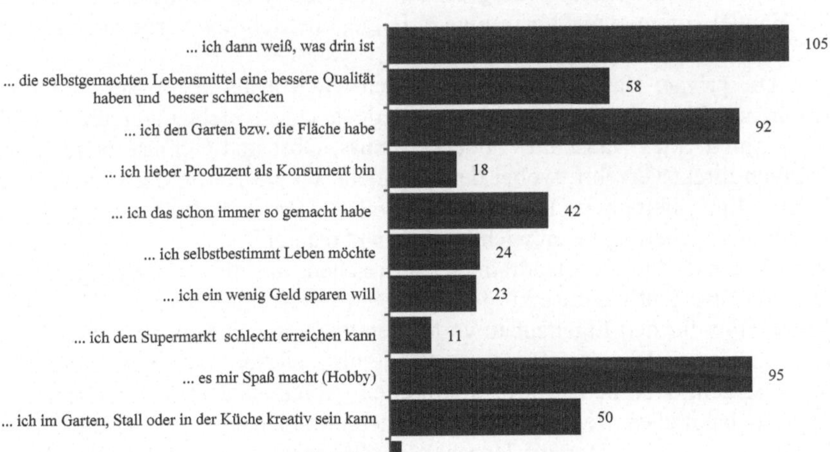

Quelle: Eigene Erhebung, N = 192 (Mehrfachnennungen möglich).

Betrachtet man nun die Befragungsergebnisse, so zeigt sich, dass von 192 Befragten Haushalten lediglich 25 (13 %) über keinerlei Möglichkeit zum Anbau von Obst und Gemüse verfügen. Neben Schrebergarten, Pachtfläche oder Balkon ist die Mehrzahl in Besitz eines Hausgartens (78 %). Auf die Frage „Bauen Sie selbst Obst, Gemüse oder Kräuter an?“ antworteten 68 % (131 Haushalte) mit

„Ja". Bei denjenigen, die nicht selbst anbauen, ist Zeitmangel das am häufigsten genannte Gegenargument.

Die erwirtschafteten Mengen (inkl. Fischen und Jagen oder Imkern) unterscheiden sich stark zwischen den befragten Haushalten: während von den 81 Haushalten, die die Frage nach der Deckung des Lebensmittelbedarfs durch eigene Produkte, beantwortet haben, 29 (36 %) ihren Bedarf zu bis zu 10 % decken, erzeugen 10 Haushalte (12 %) immerhin schon bis zu 25 Prozent der benötigten Obst- und Gemüsemenge selbst. 32 Haushalte (40 %) erwirtschaften sogar 50 % des Bedarfes und immerhin 10 (12 %) bis zu 80 %. In diesen Haushalten wurden dann auch vermehrt Nutztiere wie Schafe oder Hühner gehalten.

Von 192 befragten Haushalten nutzen 56 % die Gemeingüter und sammeln. Die Hitliste der Mehrfachnennungen wird dabei von Beeren angeführt (59 Haushalte) gefolgt von Pilzen (47 Haushalte) und Obst (34 Haushalte). Nüsse (28 Haushalte), Holz / Reisig (26 Haushalte) und Wildkräuter (19 Haushalte) scheinen weniger attraktiv zu sein. In immerhin 18 Haushalten (9 %) wird gelegentlich geangelt, während die Zahl der Jäger gering ist (7 Haushalte).

Die Befragten betrachten ihre Selbstversorgungstätigkeiten entweder als Selbstverständlichkeit, die durch die vorhandene Fläche (92 Haushalte) sowie Tradition (42 Haushalte) bedingt ist oder als Hobby (95 Haushalte). Verkauf oder Handel kommen nur für wenige in Frage, die Mehrheit verneint diese Option (110 Haushalte, 57 %).

Die private Hauswirtschaft wird nach wie vor als fester Bestandteil eines ländlichen Lebensstils angesehen, der jedoch längst nicht mehr die komplette Versorgung eines Haushaltes abdecken muss. Obst und Gemüse werden hauptsächlich direkt verzehrt, wobei deutlich mehr als die Hälfte der Haushalte auch Lagerhaltung betreiben (119 Haushalte, 62 %), was gerade in Hinblick auf die Ernährungssicherung einen wichtigen Aspekt darstellt.

Wissend, dass 70 Quadratmeter ausreichen, um die Versorgung einer Person mit Obst und Gemüse zu gewährleisten (Heistinger 2011, S. 316) und das Know-How für den Eigenanbau vorhanden wäre, macht Selbstversorgung zu einem gangbaren Weg der Ernährungssicherung. Dieser Aspekt ist nicht zu vernachlässigen, denn neben infrastrukturellem Abbau sind viele Haushalte in entlegenen ländlichen Regionen überdurchschnittlich häufig von Langzeitarbeitslosigkeit belastet. Während Haushalten, die an oder unter der Armutsgrenze leben, im urbanen Umfeld durch „Antihunger-Initiativen", wie Suppenküchen und Tafeln, geholfen werden kann, sind diese Optionen im ländlichen Raum nur schwer umsetzbar. Die Erreichbarkeit von Unterstützungseinrichtungen ist ohne PKW oder regelmäßig verkehrendem ÖPNV oft ebenso wenig gegeben, wie der kostengünstige Einkauf im Discounter (siehe hierzu insbesondere den Beitrag von Limbourg in diesem Band). Abhilfe schafft hier nur die Nachbarschaftsinitiative oder eben die Rückkehr zur Selbstversorgung.

Im Hinblick auf die zukünftige Umsetzung ist aber zu klären, welche Art der, vor allem körperlichen, Unterstützung die Senioren und andere Unterstützungsbedürftige der Zukunft benötigen, um (wieder mehr) private Hauswirtschaft leisten zu können. Reicht eine Pflanzinitiative, die Aussaat und Pflanzen in die Erde bringt? Oder werden auch Erntehilfen benötigt? Wer könnte dies leisten?

5 Rückverlagerung: Mehr Selbermachen, mehr Selbstverantwortung und Handlungsspielräume

Entgegen aller politischen Verlautbarungen, dass ländliche Räume nicht aufgegeben werden und auch zukünftig lebenswert bleiben sollen, zeichnen sich mittlerweile, keineswegs nur in entlegenen ländlichen Räumen, Versorgungsengpässe und infrastrukturelle Lichtungen ab. Das Ausmaß des infrastrukturellen Rückzugs fällt sehr unterschiedlich aus, in Ansätzen, wie etwa im Landkreis Rotenburg (Wümme) oder sehr viel drastischer, wie beispielsweise in der Hocheifel oder dem östlichen Mecklenburg-Vorpommern. Damit keine Missverständnisse aufkommen: Unterschiede, im Sinne unterschiedlicher Lebenshaltungen und Lebensstile, hat es stets zwischen Stadt und Land, ja selbst zwischen ländlichen Räumen, gegeben, doch heute geht es nicht mehr um Unterschiede in der Lebensführung, sondern um territoriale Ungleichheiten (Neu 2006). Das heißt, dass nun das Leben an bestimmten Orten (entlegenen ländlichen Räumen, aber auch in bestimmten Stadtquartieren) mit verminderten Zugangschancen und Erreichbarkeiten zu Gütern und Dienstleistungen und somit zu verminderten Teilhabechancen führt (Barlösius und Neu 2008, S. 19).

Lösungsansätze gegen auftretende Versorgungsengpässe und für die Wiedergewinnung von Teilhabechancen lassen sich auf drei Ebenen suchen:

1. Staatliche bzw. kommunale Ebene
2. Kollektive Handlungsansätze
3. Individuelle Strategien

Ad 1. Staatliche bzw. kommunale Ebene

Das Modell der alten bundesdeutschen Daseinsvorsorge Forsthoff'schen Zuschnitts hat keineswegs ausgedient, nach wie vor lohnt es, an den Aspekt der Integration über Infrastrukturen und den inkludierenden Teilhabegedanke festzuhalten. Dennoch bedarf dieses Daseinsvorsorgemodell einer Neukonzeption, die an einer Grundversorgung mit Wasser, Strom, Energie durch kommunale Hände festhält. Neben diesen staatlichen Trägern wird es weiterhin darauf ankommen, private Unternehmen sowie Bürgerinnen und Bürger stärker in die öffentliche Aufgabenerfüllung einzubinden. Bürgerinnen und Bürger dürfen jedoch in keinem Fall zu Ausfallbürgen für fehlendes öffentliches Angebot werden, denn die Übernahme der Grundversorgung mit Wasser, Abwasser oder Entsorgung würden die Bürgerschaft leicht überfordern. Vielmehr geht es um ergänzende Angebote, die je nach Bedarf „zugespielt" werden, sei es nun der Bürgerbus, der Dorfladen oder das Schwimmbad. Denn schließlich kennen die Bürgerinnen und Bürger ihre Gemeinde und ihre Bedarfe vor Ort am besten. „Alles für alle" wird es wohl in Zukunft nicht mehr geben können, doch Versorgungsengpässe können durch ein Zusammenspiel verschiedener Akteure und passgenauer Lösungen vermieden werden. Ohne finanzielle Freiräume und rechtliche Handlungsspielräume für Kommunen und Bürger wird eine solche Hinwendung zu einer stärkeren gemeinsamen Leistungserbringung jedoch nicht gelingen (Kersten et al. 2012b).

Ad 2. Kollektive Handlungsansätze

Die politische Suche nach dem „aktiven Bürger" scheint sich in Teilen ja durchaus mit einem gestärkten bürgerlichen Bewusstsein und dem Wunsch nach mehr lokaler Mitwirkung zu decken. So wird sich die Energiewende ohne Bürgerbeteiligung nicht umsetzen lassen. Offensichtlich spielt die Gestaltung des (öffentlichen) Nahraums für viele Menschen wieder eine größere Rolle. In diesem Zusammenhang können durchaus auch Dorfläden, Allmenden und Communal Gardens gesehen werden. Zwingt die Energiewende Bundes- wie Kommunalpolitiker über neue Formen der Bürgerbeteiligung nachzudenken, so wuchern Gemeinschaftsgärten und Dorfläden bisher eher auf unsicherem (rechtlichen) Terrain. Erst langsam erzeugt der Medienhype um den DORV-Laden in Jülich-Barmen oder die Prinzessinnengärten in Berlin ein gewisses politisches Interesse. Das sich ganze Gemeinden oder Städte dieses Themas annehmen ist bisher aber eher die Ausnahme (Essbare Stadt Andernach). In Ermanglung einer kommunalen Ernährungspolitik, die etwa Tafeln, Suppenküchen, Supermärkte und Gärtner sowie Food-Sharing-Willige miteinander verbindet (Stierand 2012, S. 35 f.), bleiben diese Initiativen wohl vorerst eine exotische Annäherung an das Thema nachhaltige Ernährungssicherung. Anders als in Großstädten können die kollektiven Handlungsansätze im Lebensmittel- und Gartenbereich in ländlichen Räumen zukünftig durchaus einen entscheidenden Beitrag zur wohnortnahen Grundversorgung leisten. Neben einer besseren Frischkostversorgung, die im Zweifelsfall auch von einer freundlichen Nachbarin aus dem Supermarkt mitgebracht werden könnte, sind es vor allem eine Wiedergewinnung des öffentlichen Raumes und der Selbstständigkeit, die unmittelbar mit Dorfläden, Allmenden und Gemeinschaftsgärten einhergehen. Doch auch hier gilt: Überforderung der Mitwirkenden ist zu vermeiden, Anerkennung und (kommunale) Unterstützung wirken hingegen Wunder.

Ad 3. Individuelle Strategien

Selbstversorgung ist das Thema, das die Medien in den letzten Monaten beschäftigt, ob in Form von Hühnerhaltung im Hinterhof, Bienenzucht auf dem Hochhausdach oder Renaissance der Schrebergärten. Ernährungssicherung als Hauptmotivation wird jedoch eher selten erwähnt und wenn, dann im Kontext von Transition Towns oder Weltuntergangsszenarien. Das Beispiel Adenau zeigt jedoch, dass Subsistenz in ländlichen Regionen Deutschlands durchaus eine Rolle spielt, auch wenn sie im Bewusstsein der Selbstversorger nicht unbedingt der Ernährungssicherung dient, sondern aus einem ländlichen Selbstverständnis heraus geschieht.[4]

Eine omnipräsente Verbreitung wird Selbstversorgung aufgrund von Auslastung in der Erwerbsarbeit, einer gewissen Bequemlichkeit und dem Fehlen grundlegender hauswirtschaftlicher Fähigkeiten wohl in absehbarer Zeit nicht erreichen, aber gesellschaftsfähig ist sie allemal. Gerade in Situationen, die sich mit „time-rich-money-poor“ umschreiben lassen, kann Selbstversorgung ein Weg raus aus der „Opferrolle“, hinein in ein gewisses Maß an Selbstbestimmung und dem Gefühl von Selbstwirksamkeit bedeuten. Sein Leben in Form von mehr Selbstversorgung in die eigenen Hände zu nehmen, statt sich stillschweigend dem down-grading anzupassen, ist sicher nicht die Lösung für alle Probleme des Strukturabbaus in ländlichen Regionen, aber ein Puzzleteil, das eine wesentliche Rolle spielen kann. Den Bewohnern einer strukturschwachen Gemeinde motivierend den Slogan „Glück durch Verzicht“ zuzurufen, ist zynisch und vernachlässigt die demographische wie ökonomische Situation vieler (entlegener) ländlicher Räume. Ein „Wir packen es an!“ passt hier schon eher.

Zusammenfassend lässt sich festhalten: Versorgungsengpässe entstehen weder nur in entlegenen ländlichen Räumen, noch sind sie ein unabänderliches Schicksal. Bisher ist die Strategie zumeist jedoch Hinnehmen und Erdulden, sich Einfinden in das immer weniger. Sowohl die Politik ist aufgerufen neue politische Konzepte, die sich an den Bedarfen der Bürgerinnen und Bürger vor Ort orientieren,[5] voranzutreiben wie auch die Gemeinschaft und jeder Einzelne, die Lage selbst stärker in die Hand zu nehmen. Die Grenzen des Bürgerschaftlichen Engagements müssen dennoch klar gesehen werden, Not erzeugt nicht automatisch Aktivität. Vielfach ist gerade in den Orten mit besonders dringlichem Bedarf das Engagement der Bürger besonders schwach ausgeprägt.

---

4 Interessant wäre der Vergleich des Selbstversorgungsgrades vor und nach dem sukzessiven Abbau der Infrastrukturen, wozu aber leider keine Daten vorliegen. Inwieweit Menschen hier bereits ihre Ärmel hochkrempeln, um aktiv Versorgungsengpässen zu begegnen ist somit leider nicht nachzuweisen.

5 Dies geschieht z. T. bereits wie etwa in Brandenburg mit den Projekten Kombibus Uckermark oder dem mobilen Bürgerservice Wittstock.

Soll es gelingen auch zukünftig lebenswerte ländliche Räume zu erhalten, dann wird es ohne Wertschätzung, rechtliche wie finanzielle Handlungsspielräume, fachliche Unterstützung der Bürgerinnen und Bürger bei der Erbringung kommunaler Leistungen wie gemeinschaftlicher Aktivitäten nicht gehen. Zugleich sind die Bürgerinnen und Bürger aber auch aufgerufen mehr Selbstverantwortung zu übernehmen, um ihren Ort selbstbewusst nachhaltig zu gestalten.

6 Literatur

Andernach.net GmbH (2013). *Die Essbare Stadt. Aufwertung öffentlicher Flächen durch Nutzpflanzen*. Andernach: Andernach.net GmbH.

Barlösius, E., und Neu, C. (2008). *Peripherisierung – eine neue Form sozialer Ungleichheit? Materialien der interdisziplinären Arbeitsgruppe "Zukunftsorientierte Nutzung ländlicher Räume" – LandInnovation – 21*. Berlin: Berlin-Brandenburgische Akademie der Wissenschaften.

Bennholdt-Thomsen, V. (2002). Die dörflich-bäuerliche Kultur in der Warburger Börde: Verschüttete Quelle einer eigenständigen regionalen Ökonomie? In E. Meyer-Renschhausen, und R. Müller (Hrsg.), *Die Gärten der Frauen: Zur sozialen Bedeutung von Kleinstlandwirtschaft in Stadt und Land weltweit* (S. 59-70). Herbolzheim: Centaurus-Verlag.

Bertelsmannstiftung (2012). *Wegweiser Kommune – Ausgabe kommunaler Daten. Landkreis Rotenburg (Wümme)*. http://www.wegweiser-kommune.de/datenprognosen/prognose/Prognose.action?thema=2&subthema=1&datenvergleich=3&redirect=false&gkz=03357000. [Zugriff 8. Februar 2013].

Born, K. M. (2009). Anpassungsstrategien an schrumpfende Versorgungsstrukturen. Beispiele aus Brandenburg und Niedersachsen. In C. Neu (Hrsg.), *Daseinsvorsorge: eine gesellschaftswissenschaftliche Annäherung* (S. 133-153). Wiesbaden: VS Verlag für Sozialwissenschaften.

Einfeldt, C., Gierten, D., Hellriegel, M., Höpfl, T., Krings, S., Pferinger, A., et al. (2013). *Resilienz als Paradigma der Stadtentwicklung – Nutzen und Chancen für Städte in Deutschland und der Welt*. Berlin: stiftung neue verantwortung.

Eisenstecken, E., Grothe-Bortlik, K., Hill, B., Hönigschmid, C., Kreling, E., und Zink, G. (2012). *Modellprojekt "Soziale Selbsthilfe". Soziale Arbeit und Selbsthilfe. Abschlussbericht*. München: Selbsthilfezentrum München, Hochschule München, Fakultät für angewandte Sozialwissenschaften.

ews group gmbh (2014). *MarktTreff – Lebendige Marktplätze im ländlichen Raum*. http://www.markttreff-sh.de/. [Zugriff 8. Februar 2013].

Frey, H., und Schommer, N. (2013). *DORV-Zentrum*. http://www.dorv.de/. [Zugriff 8. Februar 2013].

Frosch, K. (2012). Mundraub? Allmendeobst! In S. Helfrich, und Heinrich-Böll-Stiftung (Hrsg.), *Commons: für eine neue Politik jenseits von Markt und Staat* (S. 273-274). Bielefeld: transcript Verlag.

Gildhorn, K. (2013). *Über uns*. mundraub.org. http://www.mundraub.org/uberuns. [Zugriff 8. Februar 2013].

Heistinger, A. (2011). Leben von Gärten. In C. Müller (Hrsg.), *Urban Gardening: Über die Rückkehr der Gärten in die Stadt* (S. 306-318). München: Oekom-Verlag.

Hill, B. (2008). *Selbsthilfe und soziales Engagement – Motor für die Zivilgesellschaft? Herausforderungen und Potenziale für Kooperationen von Selbsthilfekontaktstellen und Einrichtungen der Sozialen Arbeit in der Gemeinde*. München: Fachhochschule München, Fakultät Sozialwesen.

Hopkins, R. (2012). Resilienz denken. In S. Helfrich, und Heinrich-Böll-Stiftung (Hrsg.), *Commons: für eine neue Politik jenseits von Markt und Staat* (S. 45-50). Bielefeld: transcript Verlag.

Ickert, H., Neu, C., und Schröder, M. (2009). *Infrastrukturbedarfe für den ländlichen Raum Mecklenburg-Vorpommerns. Ergebnisse der Besucherbefragung auf der Mecklenburgischen Landwirtschaftsausstellung 2008*. Rostock: Ministerium für Landwirtschaft, Umwelt und Verbraucherschutz Mecklenburg-Vorpommern.

Kennedy, M. (2012). Leben im Lebensgarten. In S. Helfrich, und Heinrich-Böll-Stiftung (Hrsg.), *Commons: für eine neue Politik jenseits von Markt und Staat* (S. 275-277). Bielefeld: transcript Verlag.

Kersten, J., Neu, C., und Vogel, B. (2012a). *Demografie und Demokratie: zur Politisierung des Wohlfahrtsstaates*. Hamburg: Hamburger Edition.

Kersten, J., Neu, C., und Vogel, B. (2012b). *Die demografische Provokation der Infrastrukturen*. Leviathan. Berliner Zeitschrift für Sozialwissenschaften, *40*(4), 563-590.

Küppers, B. (2012). Artabana. Gesundheitsversorgung in die eigenen Hände nehmen. In S. Helfrich, und Heinrich-Böll-Stiftung (Hrsg.), *Commons: für eine neue Politik jenseits von Markt und Staat* (S. 292-294). Bielefeld: transcript Verlag.

Lukesch, R., Payer, H., und Winkler-Rieder, W. (2010). *Wie gehen Regionen mit Krisen um? Eine explorative Studie über die Resilienz von Regionen*. Fehring: ÖAR Regionalberatung im Auftrag des Bundeskanzleramtes Sektion IV, Abteilung 4 Raumplanung und Regionalpolitik.

Mitteldeutscher Rundfunk (2010). *Kleingarten Parzellen des Glücks – Kleingärten in der DDR*. http://www.mdr.de/wissen/artikel89744_zc-91499740_zs-5416865b.html. [Zugriff 8. Februar 2013].

Müller, C. (2012). Reiche Ernte in Gemeinschaftsgärten. In S. Helfrich, und Heinrich-Böll-Stiftung (Hrsg.), *Commons: für eine neue Politik jenseits von Markt und Staat* (S. 267-272). Bielefeld: transcript Verlag.

Neu, C. (2006). Territoriale Ungleichheit. Eine Erkundung. *Aus Politik und Zeitgeschichte, 56*(37), 8-15.

Neu, C., Baade, K., Berger, P. A., Buchsteiner, M., Ewald, A., Fischer, R., et al. (2007). *Daseinsvorsorge im peripheren ländlichen Raum am Beispiel der Gemeinde Galenbeck. Studie der Universität Rostock, mit Unterstützung des Ministeriums für Landwirtschaft, Umwelt und Verbraucherschutz Mecklenburg-Vorpommern. Ländliche Entwicklung in Mecklenburg-Vorpommern.* Rostock: Universität Rostock, Ministerium für Landwirtschaft, Umwelt und Verbraucherschutz Mecklenburg-Vorpommern.

Neu, C., Bitterling, S., Jakobs, C., Frick, M., Holtermann, D., Hoklas, A.-K., et al. (2009). *Wohnortnahe Grundversorgung und Bürgerpartizipation – ein Praxisbeispiel aus Mecklenburg-Vorpommern. Studie der Universität Rostock, mit Unterstützung des Ministeriums für Landwirtschaft, Umwelt und Verbraucherschutz Mecklenburg-Vor-*

pommern. Ländliche Entwicklung in Mecklenburg-Vorpommern. Rostock: Universität Rostock, Ministerium für Landwirtschaft, Umwelt und Verbraucherschutz Mecklenburg-Vorpommern.

Neu, C., und Nikolic, L. (2012). *Angekommen im Wandel. Chancen und Herausforderungen für Frauen und Familien im ländlichen Raum. Landkreis Rotenburg (Wümme)*. Mönchengladbach: Hochschule Niederrhein.

Pezzei, K. (2012). *Verkaufen können wir selber! Wie sich Landmenschen ihren Laden zurück aufs Dorf holen*. Marburg: Metropolis Verlag.

Plöger, P. (2011). *Einfach ein gutes Leben. Aufbruch in eine neue Gesellschaft*. München: Carl Hanser Verlag.

Statistisches Landesamt Rheinland Pfalz (2012). *Statistische Berichte. Bevölkerung der Gemeinden am 31. Dezember 2011*. Bad Ems: Statistisches Landesamt Rheinland Pfalz.

Stierand, P. (2012). *Stadtentwicklung mit dem Gartenspaten. Umrisse einer Stadternährungsplanung*. Dortmund: speiseräume.de.

Stollorz, V. (2011). Elinor Ostrom und die Wiederentdeckung der Allmende. *Aus Politik und Zeitgeschichte, 61*(28-30), 3-8.

The Royal Swedish Academy of Sciences (2009). *The Prize in Economic Sciences 2009. Economic governance: the organization of cooperation*. Stockholm: The Royal Swedish Academy of Sciences.

Zentralkomitee der SED (1977). Förderung der Tätigkeit des Verbandes der Kleingärtner, Siedler und Kleintierzüchter der DDR. In Zentralkomitee der SED (Hrsg.), *Informationen für das Sekretariat*. Koblenz: Bundesarchiv.

IV Folgerungen für Praxis und Politik

Soziale Arbeit in „alternden“ Regionen

Stephan Beetz und Annegret Saal

Der Titel unterstellt, dass „alternde“ Regionen für Soziale Arbeit besondere Rahmenbedingungen bilden und Anforderungen stellen. Der folgende Text hinterfragt zwar diese Kausalität, versucht aber den Blick für einen stärkeren regionalen Bezug in der Sozialen Arbeit mit älteren Menschen zu schärfen.

Die Allgegenwart des „Megathemas“ demographischer Wandel macht selbstverständlich vor der Sozialen Arbeit nicht Halt. Durchsucht man Positionspapiere, Hochschulseminare und ganze Studiengänge, die den Zusammenhang zwischen Sozialer Arbeit und alternder Gesellschaft problematisieren, so bleibt beim Lesen allerdings eine gewisse Ratlosigkeit zurück, worin denn nun wirklich die besonderen Herausforderungen einer „alternden“ Gesellschaft bestehen. Auch Berthold Dietz postuliert beispielsweise, dass die Veränderungen einer alternden Gesellschaft so gravierend seien, dass sie eine „andere Soziale Arbeit“ benötigen (Dietz 2011). Außer der „demographischen Großbaustelle“ der Vereinbarkeit von Beruf und (häuslicher) Pflege ließe sich der Artikel aber gut als eine Auseinandersetzung mit neuen Positionen von Sozialer Arbeit in der sozialen Altenhilfe lesen. Er vermittelt geradezu den Eindruck, dass die institutionellen, professionsspezifischen, intergenerationellen Veränderungen sehr viel deutlicher hervortreten als die demographischen Verschiebungen in der Altersstruktur. Bedeutet ein Mehr an älterer Bevölkerungszahl oder -anteil zugleich eine größere Aufmerksamkeit oder folgern daraus neue sozialpolitische Weichenstellungen?

Ein quantitatives Wachstum des Anteils und der Anzahl von Menschen im so genannten dritten und – in den kommenden zehn Jahren vor allem – im vierten Lebensalter mag enorme Fragen in der Sozialpolitik aufwerfen, aber weniger direkte Konsequenzen für die Soziale Arbeit zeigen. Kirsten Aner hat in ihrem Aufriss zum Handbuch Soziale Arbeit und Alter dargestellt, wie vor allem in den letzten dreißig Jahren ein praktischer Bedeutungszuwachs der Sozialen Arbeit in der Altenhilfe erfolgte, der sich auch in der fachlichen Diskussion widerspiegelt (Aner 2010). Trotzdem bleibt das Tätigkeitsfeld nur schwach rechtlich verankert, ist in seinen Angeboten sehr heterogen, abhängig von spezifischen Förderungen, besteht größtenteils aus prekären Arbeitsbedingungen und muss sich professionell gegen die Dominanz gesundheitlich-pflegerischer Berufe behaupten. Es spricht wenig dafür, dass allein ein quantitatives Mehr zu einem Bedeutungszuwachs Sozialer Arbeit mit älteren Menschen führt.

Der Blick auf regionale Prozesse der demographischen Alterung richtet die Aufmerksamkeit vor allem auf drei Themen: Den Umbau kommunaler Infrastrukturen, die Entwicklung der kommunalen Haushalte und den Zusammenhang zwischen demographischer Alterung und sozioökonomischen Entwicklungen. Alle drei stehen in einer widersprüchlichen Beziehung zueinander.

1. Institutionell scheint der Umbau der Infrastruktur durch die Angebotsentwicklungen in der (kommunalen) Sozialen Altenarbeit einerseits und der Pflegeversicherung andererseits abgedeckt zu sein. So gehen viele Altenhilfepläne von demographischen Bedarfsanalysen aus, um die Bereitstellung von Pflegeplätzen, Pflegediensten, medizinischer Grundversorgung, Begegnungsstätten, Beratungsstellen und anderen Angeboten zu koordinieren und (zu erwartende) Defizite zu beheben. Inhaltliche Diskussionen, die sich auf die sehr unterschiedlichen Bedürfnislagen älterer Menschen oder gemeinsame Interessenlagen mit anderen Altersgruppen beziehen, werden selten geführt.
2. Es wird angenommen, dass die demografische Alterung die fiskalischen Strukturen der kommunalen Haushalte ändert (vgl. Fachinger sowie Gärtner in diesem Band), d. h. die Einnahmen bei einem hohen Anteil an älterer Bevölkerung sinken und die Ausgaben für soziale und gesundheitliche Leistungen steigen. Aufgrund verschiedener Ausgleichsmechanismen wirkt sich jedoch die so genannte Abhängigenquote auf kommunaler Ebene nicht unmittelbar auf die Haushaltssituation aus.
3. Große Unsicherheit herrscht bei der Einschätzung der lokalen und regionalen Differenzierungen in den Lebenslagen und Wohn(umfeld)bedingungen älterer Menschen. Es ist anzunehmen, dass sich zukünftig (wieder) sozioökonomische Problemlagen in den höheren Lebensaltern zuspitzen werden, weil die – vor allem auf der Erwerbsbiographie gründenden – sozialen Absicherungen nicht ausreichen und weniger kompensiert werden können. Doch ist dabei zu beachten, dass in den Kommunen und Regionen sehr differenzierte Lebenslagen Älterer existieren.

Der Begriff „alternde“ Region ist für diese – durchaus notwendigen – Analysen nicht besonders hilfreich, denn die regionalen Differenzen der demographischen Alterung beruhen auf unterschiedlichen sozialräumlichen Prozessen (Mai 2004, Schweppe 2005 sowie Schlömer in diesem Band):

a. Insbesondere in strukturschwachen ländlichen Räumen sind seit Beginn der Industrialisierung junge Menschen weggezogen. Heute sind es vor allem die abgewanderten Jugendlichen der 1970er und 1990er Jahre, die in der Erwerbsbevölkerung fehlen.
b. Die weit über dem Durchschnitt liegenden Geburtenzahlen ländlicher Räume sind seit den 1960er Jahren überproportional zurückgegangen. Nur im Nordwesten und in den südlichen ländlichen Kreisen Deutschlands verlang-

samen heute noch höhere Geburtenzahlen die Alterung in den „jungen“ Landkreisen.

c. Zuerst in agglomerationsnahe, später auch in entferntere ländliche Räume erfolgte seit den 1960er Jahren ein Bevölkerungszuzug in der Familienphase. Die inzwischen einsetzende Alterung dieser frühen Suburbanisierer macht einen bedeutenden Teil des gegenwärtigen Alterungsprozesses aus.

d. Insgesamt verzeichneten – vor allem landschaftlich hochattraktive – ländliche Räume über viele Jahre eine überdurchschnittliche Zuwanderung in der Erwerbsaustrittsphase. Diese Form der Zuwanderung findet sich kaum in strukturschwachen ländlichen Gebieten und nimmt insgesamt in den letzten Jahren ab.

e. Zwar weisen die verdichteten Regionen – vor allem in Abhängigkeit der höheren Bildungsabschlüsse ihrer Bevölkerung – die höchste Lebenserwartung auf, doch stieg diese in den suburbanen und ländlichen Gebieten in den 1990er Jahren besonders an. Diese Entwicklung trifft für Ostdeutschland nicht zu, hier liegen die ländlichen Gebiete besonders bei den Männern erheblich unter der durchschnittlichen Lebenserwartung.

Nicht das Altern an sich ist das Problem. Vielmehr stehen insbesondere strukturschwache Kommunen und Regionen durch die demographische Alterung vor großen Anpassungsproblemen und das Älterwerden findet dort unter weitaus schwierigeren Bedingungen statt. Für die Älteren selbst kann das – sonst durchaus wünschenswerte – Altern vor Ort zu einem Problem werden. Die Älteren sind durch Immobilien, soziale Netzwerke, wirtschaftliche oder bürgerschaftliche Tätigkeitsfelder an einen Wohnort gebunden, der ihnen nicht unbedingt die nötige Lebensqualität sichert. Noch ein weiterer Aspekt ist wichtig: Die regionalen Bedingungen können von den Älteren in Abhängigkeit von ihrer sozialen Position und ihren Ressourcen unterschiedlich ausgeglichen werden – oder eben auch nicht. Die Alten mit höheren Bildungsabschlüssen sind eher artikulations-, konflikt- und kundenfähig sowie selbstorganisiert. Demografischer Wandel, Organisation der kommunalen Daseinsvorsorge und sozioökonomischer Status sind deshalb als Bedingungsfaktoren des Alterns jeweils gesondert zu beachten (Lowe und Speakman 2006).

Die Einschätzung der Daseinsvorsorge für Ältere gründet sich auf drei verschiedenen Aspekten: dem infrastrukturellen, dem sozioökonomischen und dem psychologischen (Johnson et al. 2006). Erstens ist das Angebot selbst entscheidend, wobei eine Reihe von Befunden in die Richtung weist, dass in vielen ländlichen Regionen die Angebotsdichte der Daseinsvorsorge nur unterdurchschnittlich entwickelt ist (vgl. Neu und Nikolic sowie Zibell et al. in diesem Band). Hinzu kommt, dass die erforderliche Spezialisierung und Angebotsbreite fehlt. Zweitens sind es die Zugangswege, die wiederum mit bestimmten Kosten und Ressourcen von Seiten der Nachfrager verbunden sind (Beetz und

Funk 2011). Der Rückzug der Infrastruktur aus der Fläche kollidiert mit dem aus der Alternsforschung bekannten ausgeprägtem Wohnumweltbezug Älterer, die auf Grund eingeschränkter Mobilitätsmöglichkeiten stärker auf ihr unmittelbares Wohnumfeld angewiesen sind (Limbourg in diesem Band). Vor allem in der angelsächsischen Literatur wird verstärkt die zunehmende Spaltung zwischen den Schichten und Milieus bei älteren Bewohnern diskutiert. „Arme" Alte fallen möglicherweise in der Öffentlichkeit auch deshalb weniger auf, weil sie ihre Aktivitäten und Aktionsräume beschneiden. Drittens sind es schließlich die Wahrnehmungen und das Nachfrageverhalten der Älteren selbst, das die Daseinsvorsorge bestimmt. Aus kulturellen Gepflogenheiten, sozialer Kontrolle, Bescheidenheit oder Schamgefühl werden Dienstleistungen nicht in Anspruch genommen. So sind Befunde, wie wir sie in der Landgesundheitsstudie gefunden haben, dass die älteren Bewohner trotz erheblichen infrastrukturellen Defiziten (vor allem in der Mobilität, in der Gesundheitsversorgung) eine relativ hohe Zufriedenheit zeigten, interpretationsbedürftig (Beetz und Röding 2010). Dies kann an generationsgebundenen Bewertungsmaßstäben, Strategien der kognitiven Dissonanz u. a. liegen. Um hier Antworten zu finden, sind die konkreten Bedürfnislagen eingehender zu berücksichtigen, was unseres Erachtens nur über eine stärkere Beteiligung möglich ist.

Es kann also nicht darum gehen, die altengerechte Stadt oder Region wegen einer demographisch alternden Gesellschaft zu entwickeln, sondern viel basaler öffentlich darüber zu sprechen, welche Rahmenbedingungen und Möglichkeitsräume notwendig sind, damit alternde Menschen kompetent teilhaben können. Dies müsste sich entsprechend in den methodischen Ansätzen der Altenarbeit wiederfinden. Schmidt unterscheidet zwei unterschiedliche Entwicklungen, nämlich der Ausbildung von (offener, sozialer) Altenarbeit und Altenhilfe (Schmidt 2008): Zum ersten handelt es sich um eine vielfältige Landschaft altersbezogener Aktivitäten, denn

> „(...) Man produziert Lesarten eines ‚tätigen Lebens im Alter' selbst und wirkt an ihrer Propagierung mit (...)"; Schmidt 2008, S. 223.

Die zweite mündet in der zugespitzten Forderung nach einer Politik des vierten Lebensalters, in dem soziale Probleme häufig kumulieren und deshalb andere Unterstützungsformen erfordern. Sicherlich wirft die Abgrenzung zwischen dem sogenannten dritten und vierten Lebensalter hinsichtlich der damit verbunden Altersbilder und sozialen Zuweisungen erhebliche Probleme auf. Interessant ist aber die Konsequenz, die Soziale Arbeit daraus ziehen müsste, nämlich – vielleicht ähnlich der Tradition Jugendarbeit – nicht nur am individuellen Unterstützungsbedarf anzusetzen, sondern sich an der Schaffung von Möglichkeitsräumen zu beteiligen. Schmidt benennt in diesem Zusammenhang drei Aufgabenfelder:

1. Infrastrukturverantwortung,
2. Vervielfältigung von Initiativen (z. B. der Selbsthilfe, Seniorengenossenschaften),
3. leistungserschließende Beratung und Case Management.

Innerhalb der bisherigen Finanzierungs- und Organisationsformen von klassischer Altenarbeit wird Soziale Arbeit diese Aufgaben nicht erbringen können. Die bisherige Lösung dieser Aufgabenfelder, die sich mit dem Begriff der Daseinsvorsorge bündeln lässt, wird diesen Anforderungen in den bisherigen (standardisierten) Institutionen nicht mehr gerecht und gerät unter einen doppelten Druck. Zum einen erfährt sie eine veränderte Nachfrage, zum anderen wird mehr Effizienz bei öffentlichen wie privaten Dienstleistungen verlangt. Altern erfolgt unter unterschiedlichen Lebensbedingungen und in pluralisierten Lebensformen, auf die vielerorts das Angebot nicht eingestellt ist. Gerade in dünn besiedelten Räumen führt eine verstärkte Liberalisierung und Privatisierung langfristig nicht unmittelbar zu einer Verbesserung.

In unserem SILQUA-FH-Projekt[1] „Empowerment für Lebensqualität im Alter" haben wir uns die Frage gestellt, wie im Bereich des Wohnumfeldes solche Möglichkeitsräume für ältere Menschen geschaffen werden. Unsere Untersuchungen fanden in Sachsen in Regionen statt, die in der medialen Öffentlichkeit sowohl mit demographisch überdurchschnittlich „alt" als auch „alternd" gekennzeichnet werden. Forschungsgegenstand waren fünf Wohnungsgenossenschaften, weil wir davon ausgingen, dass diese als mitgliederorientierte Unternehmen diesem Thema gegenüber aufgeschlossen sind (Beetz und Saal 2013). Sehr deutlich wurde in diesem Zusammenhang, dass zwar Begriffe wie Nachbarschaftsaktivierung oder Engagement im Wohnumfeld allgegenwärtig sind, aber eine erhebliche „Lücke" in der Frage herrscht, wie ältere Menschen unter den konkreten regionalen, lokalen und quartiersbezogenen Bedingungen ihre Möglichkeitsräume aufrecht erhalten und dafür sensibilisiert sind. Dazu einige Überlegungen:

1. In den Diskursen dominiert neben Folgen des individuellen das demographische Altern. Nicht nur die medialen, sondern auch die Diskussionen in den Nachbarschaften werden durch das demographische Altern bestimmt. Die gesellschaftlichen Veränderungen werden am offenkundigsten über das Fehlen der Jüngeren wahrgenommen. Das führt dazu, dass andere Dimensionen weniger im Blick sind: Als kollektives Altern bezeichnen wir die Generationenerfahrungen, die sich in ganz bestimmten sozialen Beziehungen widerspiegeln. Unter gesellschaftlichen Altern werden die Bilder, Regeln

[1] Das Bundesministerium für Bildung und Forschung fördert unter dem Titel „Soziale Innovationen für Lebensqualität im Alter SILQUA-FH" Forschung zu den Herausforderungen des demographischen Wandels im Rahmen des Programms „Forschung an Fachhochschulen".

und Normen des Alter(n)s verstanden. Hier fanden wir eine überwiegend negative Sicht auf das Alter(n), die sich zugleich in den altersorientierten Angeboten manifestiert. Das schließt ein, dass „active aging" entweder als Ausnahme oder als Noch-nicht-Alt-Sein gedeutet wird.

2. Die Transformation von „alten" Formen der Aktivierung und des gemeinsamen Handelns zu „neuen", auch intergenerationellen Formen. Gerade weil beispielsweise die traditionellen „Hausgemeinschaften", die maßgeblich an Wertvorstellungen der Pflichtethik gebunden sind, nicht in *neue Formen nachbarschaftlicher Netzwerke* überführt werden, werden sie vor allem als Verlust erlebt und neue Entwicklungen nicht aufgenommen.
3. Von Seiten der Bewohner erfolgt oftmals eine *erhebliche Anpassungsleistung* an die lokalen Bedingungen des Alterns, ohne diese zum Ziel von öffentlichen Initiativen zu machen. Auch Befunde aus einer Bewohnerbefragung in Nordostdeutschland lassen erkennen, dass trotz enormer infrastruktureller Probleme die Zufriedenheitswerte der älteren Bewohner insgesamt höher ausfallen als die der Jüngeren. Es ist anzunehmen, dass diese Zufriedenheit auch mit einem Rückzug von Aktivitäten verbunden ist. Entscheidend ist dabei nicht, dass Ältere ihre Aktivitäten reduzieren, sondern dass sie sich auf diese Weise an die Aktivitätsbarrieren anpassen.
4. Die Voraussetzung für eine gemeinsame Wahrnehmung von Verantwortung für die Bedingungen des Alterns ist dessen öffentliche Thematisierung. Alter(n) ist im Wesentlichen *individualisiert*, d. h. sowohl die entsprechenden Herausforderung sind an sehr unterschiedliche Lebenslagen und Lebensverläufe Älterer geknüpft als auch die Verantwortung für deren Lösung liegt beim einzelnen Alten (und dessen Familie).
5. Alternssensible Stadt- und Regionalpolitik ist in einem erheblichen Maße durch technologieorientierte Ansätze und technokratische Verfahren im Sinne von Sozial-Engineering geprägt.
6. Sehr präsent war die Diskussion darüber, wie die Sicherung der Lebenslagen Älterer durch die Übernahme sozialer Leistungen vor allem im Bereich der Nachbarschaftshilfe geleistet werden könnte. Nachbarschaftshilfe wird von den Bewohnern selbst als kurzfristiges, auf Reziprozität beruhendes informelles Unterstützungssystem verstanden, worauf von außen nur sehr begrenzt Einfluss genommen werden kann.
7. Unsicherheit herrscht, wie über das barrierearme Wohnen hinaus „Investitionen" in das Gemeinwesen erfolgen können. Hierbei handelt es sich nicht um ein originäres Handlungsfeld der Wohnungsunternehmen. Es fehlen Erfahrungen sowie die Kooperationsbereitschaft der Kommunen. Die Reichweite der quartiersbezogenen Handlungsräume wohnungswirtschaftlicher Akteure ist stets abhängig von stadtentwicklungspolitischen Dynamiken und Beteiligungsverständnissen.

Was lässt sich daraus ableiten? Erforderlich ist eine stärkere öffentliche Auseinandersetzung mit dem Thema Alter(n) unter den konkreten Bedingungen vor Ort, welche der zunehmenden Differenzierung und mehrfachen ‚Unbestimmtheit‘ des Alter(n)s gerecht wird. Das schließt ein: den Wandel der Altersbilder d. h. auch der Handlungspraktiken des Alterns; den sozialen Wandel und damit die Lebenslagen der Älteren und die intergenerationellen Beziehungen; die neuen Konstellationen in den biographischen Übergangen, die eng mit Zurechnung zu bestimmten Lebensphase verbunden sind. Diese – wahrscheinlich in den nächsten Generationen noch zunehmende – Unbestimmtheit verhindert den Rekurs auf bewährte Bewältigungsstrategien und erfordert – jenseits der plakativen neuen Altersbilder – eine Vergewisserung über das Alter(n).

Die Verhandlung der Bedarfe und Interessen der Alter(n)s stößt im Professionsdiskurs der Sozialen Arbeit – leider – auf das Thema des „aktivierenden Sozialstaat“, mit dem wiederum bestimmte Altersbilder verbunden sind (Bütow et al. 2008). Soziale Arbeit kann und sollte auf der Grundlage des methodischen Fallbezuges einen erheblichen Beitrag zur Klärung dieser „Unbestimmtheit“ leisten, wenn es ihr gelingt, die sozialräumliche Perspektive weiter in ihr professionelles Selbstverständnis einzubauen. Dazu gehört auch, die bisher ausgeprägte Komm-Struktur vieler Einrichtungen hin zu einer stärker aufsuchenden Altenarbeit zu entwickeln und darüber Milieus und Gruppen zu erreichen, die sich zurückgezogen haben (Strube 2012).

Die „Unbestimmtheit“ des Alter(n)s stößt in der kommunalen und regionalen Praxis auf eine erhebliche Verschiebung in den institutionellen Arrangements der Wohlfahrtsproduktion zwischen privaten Dienstleistungen, Familienbeziehungen, Nachbarschaften, öffentlicher Daseinsvorsorge, ehrenamtlichem Engagement etc. Die Situation in einigen demographisch „alten“ Regionen lässt eine Zuspitzung durchaus erwarten.

Keineswegs ist davon auszugehen, dass das familiale Netz allein die Beratung, Begleitung und Unterstützung Älterer in ländlichen Regionen organisieren und umsetzen kann und will (Schweppe 2005). Soziale Veränderungen wie geringere Kinderzahlen, Kinderlosigkeit, Erwerbstätigkeit oder Abwanderung laufen

> „(...) auf eine Situation hinaus, in der sich für eine zunehmende Zahl von Älteren ohne ein familiäres Netz die Versorgungsfrage als ‚Gretchenfrage‘ stellt und für immer mehr Menschen diese Frage nur mit einem Ausbau professioneller Hilfestrukturen beantwortet werden müsste. Diese Hilfestrukturen können aber im benötigten Umfang nicht ohne weiteres leistungsrechtlich und infrastrukturell hergestellt werden, was einer grandiosen Überforderung des sozialen Staats gleichkäme. (...)“; Dietz 2011, S. 340.

Inwieweit die ländliche Daseinsvorsorge durch nachbarschaftliches und bürgerschaftliches Engagement wesentlich unterstützt oder gar gewährleistet werden kann, ist eine komplizierte Frage. Traditionell bilden beide Aktivitäten im ländlichen Raum eine grundlegende Voraussetzung für Unterstützungsnetzwerke vor Ort. Diese sind in den strukturschwachen „alten“ Gebieten durch Abwanderung und Pendelwanderungen aber stark eingeschränkt (Fischer 2005). Außerdem sind viele Unterstützungsbereiche immer im Bereich des Privaten (vor allem der Familie) geblieben. Darüber hinaus sind erhebliche Friktionen in dörflichen Unterstützungsstrukturen zu konstatieren: Vereine werden als nicht mehr zeitgemäß empfunden. Verschieben sich die sozialen Strukturen und Milieus, so hat dies Auswirkungen auf die Aktivitätsmuster in einer Gemeinde, wer sich wie engagiert. Gerade in den ostdeutschen ländlichen Räumen hat sich die demografisch starke Generation der über 50-Jährigen, auf die sich ja viele Erwartungen an Unterstützungsleistungen richten, oft zurückgezogen und zeigt sich enttäuscht von den Nachwendeerfahrungen. Schließlich muss unbedingt berücksichtig werden, das viel Engagement weniger demonstrativ, mehr in einfacher, zumeist informeller Nachbarschaftshilfe erfolgt.

Eine interessante Frage ist nun, ob es demographisch alternden Gemeinden und Regionen besonders schwer fällt, auf diese Problemlagen zu reagieren und Möglichkeitsräume des Alter(n)s zu schaffen. Unsere Untersuchungen geben darauf keine allgemeinen Antworten, etwa dass demographische „alte“ Regionen oder Gemeinden besondere Innovationsdefizite aufweisen würden.

Das „drückende“ Thema einer „alternden“ Gesellschaft ist in den meisten Publikationen die zu erwartende, wenn auch nicht zwangsläufige Erhöhung von Pflegeleistungen. Soziale Arbeit scheint davon zunächst nur indirekt berührt zu sein. Folgt man aber einem breiteren Ansatz Sozialer Arbeit, so kann sie einen erheblichen Beitrag zur Selbstbestimmung Älterer und des Alters leisten. Eine „Pädagogisierung des Alters“ kann in unterschiedliche Richtungen verlaufen: Zwar ist die Gefahr nicht ganz von der Hand zu weisen, dass alte Menschen im Sinne der „fürsorgerlichen Belagerung“ als hilfebedürftige Menschen entmündigt werden. Gravierender dürfte sich dagegen jene „Aktivierungshilfe“ auswirken, die in erster Linie an Selbststeuerung und Selbstverantwortung im Leben älterer Menschen appelliert. Es geht dabei um eine „nachhaltige Selbstorganisation“ von Hilfenetzwerken, die zwar der professionellen Begleitung bedarf, der aber eine zu hohe Formalisierung und Vereinnahmung auch schadet (Alisch und May 2013). In diesem Sinn kann Soziale Arbeit einen wesentlichen forschenden wie praktischen Beitrag zum Diskurs „alternder“ Regionen leisten.

Literatur

Alisch, M., und May, M. (2013). Selbstorganisation und Selbsthilfe älterer Migranten. *Aus Politik und Zeitgeschichte, 63*(4-5), 40-45.

Aner, K. (2010). Soziale Altenhilfe als Aufgabe Sozialer Arbeit. In K. Aner, und U. Karl (Hrsg.), *Handbuch Soziale Arbeit und Alter* (S. 33-50). Wiesbaden: VS Verlag für Sozialwissenschaften.

Beetz, S., und Funk, H. (2011). Soziale Arbeit auf dem Land. In H.-U. Otto, und H. Thiersch (Hrsg.), *Handbuch Soziale Arbeit* (S. 1294-1301). München: reinhardt.

Beetz, S., und Röding, D. (2010). *Lebensqualität und Zufriedenheit mit Wohnumfeldbedingungen im Kontext der Peripherisierung nordostdeutscher Landgemeinden*. Neubrandenburg: Hochschule Neubrandenburg.

Beetz, S., und Saal, A. (2013). Empowerment für Lebensqualität im Alter. Eine Untersuchung zur Teilhabe im Wohnumfeld in sächsischen Wohnungsgenossenschaften. *ForschungsBerichte*. Roßwein: Fakultät Soziale Arbeit.

Bütow, B., Chassé, K. A., und Hirt, R. (2008). *Soziale Arbeit nach dem sozialpädagogischen Jahrhundert. Positionsbestimmungen sozialer Arbeit im Post-Wohlfahrtsstaat*. Opladen: Budrich Verlag.

Dietz, B. (2011). Soziale Arbeit in alternden Gesellschaften. In B. Benz, J. Boeckh, und H. Mogge-Grotjahn (Hrsg.), *Soziale Politik. Soziale Lage. Soziale Arbeit* (S. 337-351). Wiesbaden: VS Verlag für Sozialwissenschaften.

Fischer, T. (2005). *Alt sein im ländlichen Raum. Eine raumwissenschaftliche Analyse. Dissertation zur Erlangung des Doktorgrades.* Wien: Universität für Bodenkultur.

Johnson, M. E., Brems, C., Warner, T. D., und Weiss Roberts, L. (2006). Rural–Urban Health Care Provider Disparities in Alaska and New Mexico. *Administration and Policy in Mental Health and Mental Health Services Research, 33*(4), 504-507.

Lowe, P., und Speakman, L. (2006). *The Ageing Countryside: The Growing Older Population of Rural England*. London: Age Concern Books.

Mai, R. (2004). Regionale Sterblichkeitsunterschiede in Ostdeutschland. Struktur, Entwicklung und die Ost-West-Lücke seit der Wiedervereinigung. In R. Scholz, und J. Flöthmann (Hrsg.), *Lebenserwartung und Mortalität. Jahrestagung 2002 der Deutschen Gesellschaft für Demographie in Rostock.* (Vol. 111, S. 51-68, Materialien zur Bevölkerungswissenschaft). Wiesbaden: Bundesinstitut für Bevölkerungsforschung beim Statistischen Bundesamt.

Schmidt, R. (2008). Soziale Altenarbeit und ambulante Altenhilfe. In K. A. Chassé, und H.-J. v. Wensierski (Hrsg.), *Praxisfelder der Sozialen Arbeit. Eine Einführung* (S. 215-228). Weinheim: Juventa Verlag.

Schweppe, C. (2005). Alter(n) auf dem Land. In S. Beetz, K. Brauer, und C. Neu (Hrsg.), *Handwörterbuch zur ländlichen Gesellschaft in Deutschland* (S. 8-15). Wiesbaden: VS Verlag für Sozialwissenschaften.

Strube, A. (2012). Soziale Altenarbeit in ländlichen Räumen. Selbstorganisation, Empowerment und staatliche Aktivierungsstrategien. In S. Debiel, A. Engel, I. Hermann-Stietz, G. Litges, S. Penke, und L. Wagner (Hrsg.), *Soziale Arbeit in ländlichen Räumen* (S. 237-249). Wiesbaden: VS Verlag für Sozialwissenschaften.

Altern der Gesellschaft: Perspektiven für die Alterssozialpolitik[1]

Gerhard Naegele

1 Vorbemerkungen

Aus der Perspektive der Alterssozialpolitik sind insbesondere zwei demografische Megatrends von Relevanz: (1) Das Schrumpfen der Bevölkerung, das gerade beginnt, was aber kein gesellschaftliches „Problem" an sich ist, denn es gibt keine optimale Bevölkerungs*größe* (Deutscher Bundestag 2002). Wohl aber weisen Demografen und an demografischen Themen interessierte Sozialpolitikwissenschaftler zu Recht auf die Risiken einer mit Blick auf die Kohorten *unausgewogen zusammengesetzten Bevölkerungsstruktur* hin. Und hier sind die Trends schon eher „problematisch": (2) Schon seit mehreren Jahrzehnten wird die Bevölkerung Deutschlands kontinuierlich älter. Sogar die Arbeitswelt ist schon betroffen („Schrumpfen und Altern der Belegschaften"; Sporket 2011), und diese Entwicklung wird in der Zukunft anhalten (Bundesministerium des Innern 2011). Dafür sind insbesondere zwei als irreversibel geltende Megatrends verantwortlich: Konstant niedrige Geburtenraten („Unterjüngung der Gesellschaft") (Kaufmann 2005) und eine weiter steigende mittlere und fernere Lebenserwartung. Es ist allerdings verkürzt – wie dies häufig in demografischen „Krisenszenarien" der Fall ist –, zur Beschreibung dieser „Schieflage" lediglich den sog. „Altenquotienten" heranzuziehen; denn dieser beschreibt ein bloßes Zahlenverhältnis (65+ in Relation zu 20 bis unter 65), nicht aber ein „Aktivitätsverhältnis" (gemessen an der Erwerbsbeteiligung bzw. der Relation „Nicht-Aktive zu Aktiven"). Der Blickwinkel ist also zu erweitern: Es geht um die Frage, „(...) welcher Anteil der Wertschöpfung auf all jene Personen übertragen werden muss, die über kein Einkommen aus Erwerbsarbeit beziehen (...)"; Bäcker et al. 2008a, S. 171, – und damit um die politische Gestaltbarkeit von Erwerbsbeteiligung in den jeweiligen Altersgruppen.

Zwar sind auch künftig (vermutlich aber eher moderat ausfallende) Außenwanderungsgewinne zu erwarten – bedingt insbesondere durch das Schrumpfen des einheimischen Erwerbspersonenpotenzials und dadurch induzierte Arbeitsmigration sowie weltweite, durch den Klimawandel oder politisch-religiöse Konflikte verstärkte Wanderungsbewegungen. Allerdings werden dadurch die beiden o. g. Megatrends nicht aufgehalten (obwohl Zuwanderer/innen im Durchschnitt

1 Die Arbeiten an diesem Beitrag wurden im Frühjahr 2013 abgeschlossen.

deutlich jünger sind als die einheimische Bevölkerung), allenfalls im Anstieg abgebremst, da die erwarteten Migrationszuwächse (jährlicher Zuwanderungsüberschuss von zwischen 100.000 und 200.000) jeweils unter den vorausberechneten jährlichen „natürlichen" Bevölkerungsverlusten liegen. Andererseits nehmen die Zahlen der hier lebenden älteren Menschen mit Migrationsgeschichte rasch zu, und viele Experten/innen erwarten in dieser Gruppe künftig ein besonderes sozialpolitisches Problempotenzial (Backes und Clemens 2008) bzw. eine besondere Zielgruppe sozialer Dienste (Naegele 2011b).

In diesem Beitrag geht es darum, wichtige, aus den demografischen Veränderungen resultierende sozialpolitische Herausforderungen zu identifizieren und darauf bezogene sozialpolitische Handlungserfordernisse mit besonderer Beachtung *sozial innovativer* „Lösungen" aufzuzeigen. Dabei wird notwendigerweise eine Beschränkung auf zentrale sozialpolitische Handlungsfelder vorgenommen. Der Beitrag schließt ab mit einigen Überlegungen zur künftigen Rolle der *Kommunen* dabei.

2 Soziale Risiken des Alters als Bezugspunkt für Sozialpolitik

Sozialpolitik reagiert im Rahmen ihrer traditionellen *Schutzfunktion* auf *soziale Risiken* und *Probleme* und zielt dabei auf Vermeidung und Überwindung von *sozialen Ungleichheiten. Soziale* Risiken und Probleme überfordern – im Gegensatz zu den „privaten" – den/die einzelne/n und/oder seine/ihre Familie/privates Netzwerk in seiner/ihrer Problemlösungsfähigkeit und erfordern i. d. R. organisierte/professionelle sozialpolitische Einrichtungen und Maßnahmen. Ihr Auftreten erfolgt zumeist keineswegs zufällig, sondern häufig nach bestimmten sozialstrukturellen Mechanismen und Strukturmerkmalen (insbesondere sozio-ökonomischer Status, Alter, Geschlecht, ethnisch-kultureller Hintergrund, Unterschiede in Lebensläufen und -stilen) („Soziale Ungleichheiten als Ausgangspunkte für Sozialpolitik"). In der Praxis findet Sozialpolitik heute zumeist in kompensatorischer Weise statt, dagegen sehr viel seltener mit einer präventiven Zielrichtung (Bäcker et al. 2008a). In einer weitergehenden normativen Zielperspektive sollte sozialpolitisches Handeln stets der „*Gesellschaftsgestaltungsfunktion*" von Sozialpolitik folgen, d. h. mit ihren Maßnahmen immer auch auf die *Gestaltung* und *Verteilung* der Lebenslagen einwirken (Preller 1962).

Alter selbst ist keine Lebensphase, die per se hauptsächlich oder gar primär durch soziale Risiken und soziale Probleme gekennzeichnet wäre. Im Gegenteil: Mit rund 80 % lebt die weit überwiegende Mehrheit der Älteren in Deutschland vergleichsweise frei von sozialen Risiken und Problemen. In der subjektiven Bedeutungsskala sozialer Risiken rangieren dabei – mit Schwerpunkten in der Gruppe der sog. „alten Alten" (ab 80+) – neben dem Risiko gesellschaftlicher Desintegration chronische Erkrankungen, körperliche Funktionseinschränkungen und insbesondere Pflegebedürftigkeit und damit verbunden der Verlust selbständiger Lebensführung in den „gewohnten vier Wänden" ganz vorn. Demgegenüber berichten die so genannten „jungen Alten" weit überwiegend von einem im Grundsatz „sorgenfreien" Leben (Generali Zukunftsfond und Institut für Demoskopie 2012). Nach vorsichtigen Schätzungen kann vor diesem Hintergrund ein tatsächliches, in einem sozialpolitischen Sinne relevantes Risiko- und Problempotenzial von etwa 20 % in der Gruppe 65+ vermutet werden, das sich allerdings auf bestimmte kalendarisch und/oder sozial klar abgrenzbare Teilgruppen konzentriert: Insbesondere sehr alte Menschen, darunter viele alleinlebende ältere Frauen, ältere Menschen aus den unteren Sozialschichten und/oder ältere Menschen mit Migrationsgeschichte weisen die höchsten Risiko- und Problemquoten auf. Vor allem die Schwelle des Übergangs zum „vierten Alter" (jenseits von 80/85) markiert den Beginn des aus sozialpolitischer Sicht *risikohaften* Alters.

Soziale Probleme sind allerdings nicht per se vorhanden und nicht allein abhängig von den Lebensbedingungen der Menschen und von den Potenzialen und Grenzen familiärer und gemeinschaftlicher Hilfesysteme, sondern sind auch das, was sich in einem *politischen Definitionsprozess* als solche konstituieren. Folgt man einer von Lampert und Althammer vorgenommenen Systematisierung der Entstehungsvoraussetzungen sozialpolitischen Handelns (Lampert und Althammer 2007, S. 137 ff.), dann ergibt sich folgender idealtypischer Prozess, der sich auch auf die Alterssozialpolitik anwenden lässt:

Zunächst muss ein *Problem(lösungs)bewusstsein* vorhanden sein, das sich insbesondere aus übergeordneten sozialstaatlichen Werten, Normen und Zielen ergibt, aber auch mit den jeweils vorherrschend politischen Kräfteverhältnissen im Zusammenhang stehen kann. Dieses war mit Blick auf die Alterung der Gesellschaft lange Zeit in Deutschland nicht vorhanden, obwohl die jetzige wie künftige demografische Entwicklung schon seit Mitte der 1980er/1990er Jahre im Grundsatz bekannt war (z. B. Enquete-Kommission Demografischer Wandel; Deutscher Bundestag 2002). Dieser Nicht-Zurkenntnisnahme bereits früh erkennbarer demografischer Megatrends und ihrer potenziellen Folgerisiken entspricht insgesamt eine hierzulande kaum entwickelte Tradition gerontologiebzw. demografienaher wissenschaftlicher Politikberatung (Naegele 2012).

Daneben muss *Problemlösungsdringlichkeit* gegeben sein, die sich insbesondere in quantitativen Dimensionen (Betroffenheit, Folgekosten, politischer Einfluss der Betroffenen) darstellen lässt. Für Deutschland ist dabei auffällig, dass insbesondere die Renten- und Pflegeproblematik in ihren finanzierungspolitischen Implikationen lange Zeit die sozialpolitische Diskussion rund um das Altern der Gesellschaft beherrscht hat (Sachverständigenkommission zur Erstellung des Sechsten Altenberichts der Bundesregierung 2010), während Fragen der sozialen Integration und der Aufrechterhaltung selbständiger Lebensführung erst später auf die alterssozialpolitische Agenda gelangt sind. Mit ein Grund dafür dürfte in der erst sehr spät begonnenen Altenberichterstattung zu suchen sein.

Weitere wichtige Voraussetzungen sind drittens die *Problemlösungsfähigkeit* (u. a. finanzielle Voraussetzungen, Kreativität bei der Lösungssuche) und viertens die *Problemlösungsbereitschaft* (z. B. politische Mehrheitsverhältnisse). Für Deutschland auffällig ist weiterhin auch, dass – im Gegensatz zu internationalen Erfahrungen (Walker und Naegele 1999) – hierzulande von den Betroffenen selbst wenig Druck auf die sozialpolitische Bearbeitung „ihrer“ Themen durch die Politik ausging. Zu groß war (und ist immer noch) – neben der vielfach fehlenden Selbstzuordnung zu einer „sozialpolitischen Problemgruppe“ – das Vertrauen in die bestehenden (dominanten) sozialpolitischen und wohlfahrtsstaatlichen Regulierungsinstanzen (Naegele 1999, Generali Zukunftsfond und Institut für Demoskopie 2012). Letztere lassen sich aber ihrerseits zunehmend durch die „latente (auch politische) Altenmacht“ (*Tews*) beeinflussen (Sachverständigenkommission zur Erstellung des Sechsten Altenberichts der Bundesregierung 2010). Auch wenn heute der „demografische Wandel“ und das „Altern der Gesellschaft“ zu zentralen sozial- und gesellschaftspolitischen Zukunftsherausforderungen avanciert sind, dann lässt sich dahinter nicht primär ein von den Älteren selbst bzw. von ihren (im Grundsatz „zahnlosen“ Interessensvertretungsorganen) getragener Problemdruck erkennen als vielmehr insbesondere finanzierungspolitisch geprägte Krisenszenarien (Hüther und Naegele 2013, Heinze 2012). Selbst eine vorausschauende gerontologische und/oder demografische wissenschaftliche Politikberatung, die es durchaus gegeben hat, blieb so lange wirkungslos, bis sich die Vertreter makroökonomischer Krisenszenarien des Themas „Altern der Gesellschaft“ annahmen.

Im Hinblick auf die *Problemlösungsfähigkeit* gewinnen neuerdings jene Dimensionen (auch EU-weit) an Bedeutung, die auf *sozial innovative* Lösungen hinauslaufen. Hintergrund ist u. a. die Bedeutungszunahme des (sozialen) Dienstleistungssektors als sozialpolitische Bearbeitungsstrategie (insbesondere auch in der Alterssozialpolitik; Naegele 2011b), die zugleich die Erweiterung des Innovationsbegriffs um die Neukonfiguration sozialer Arrangements erforderlich macht (Heinze und Naegele 2010a):

> “(…) Social innovation is about new ideas that work to address pressing unmet needs. We simply describe it as innovations that are both social in their ends and in their means. Social innovations are new ideas (products, services and models) that simultaneously meet social needs (more effectively than alternatives) and create new social relationships or collaborations. (…)”; European Union 2010, S. 9.

Es bietet sich an, immer dann von sozialen Innovationen zu sprechen, wenn folgende Voraussetzungen erfüllt sind (Howaldt et al. 2008, Heinze und Naegele 2012):

- Orientierung an außergewöhnlichen sozialen/gesellschaftlichen Herausforderungen (wie z. B. der demografische Wandel),

- Neue Lösungen in Sinne eines „echten Neuheitsverständnisses“,
- Neue Konfigurationen sozialer Praktiken und Akteure,
- Überwindung der bisher dominierenden Dichotomisierung von technischen und sozialen Innovationen,
- Integration und Ko-Operation unterschiedlicher Akteure (und Handlungsstrategien), die bisher üblicherweise nicht zusammen gearbeitet haben („Neue strategische Allianzen“) bzw. isoliert voneinander eingesetzt wurden,
- Reflexive und interdisziplinäre Handlungsansätze,
- Orientierung am Prinzip der gesellschaftlichen Nützlichkeit (Zapf 1989),
- Nachhaltigkeit von neuen Allianzen und neuen Handlungsstrategien,
- Wachstums- und beschäftigungsorientierte Ausrichtung,
- Beteiligung der Endverbraucher.

3 Exkurs: Zur Praxis (sozialpolitik)wissenschaftlicher Politikberatung in der angewandten sozialen Gerontologie und Demografie

In Deutschland haben weder gerontologie- und demografiebezogene wissenschaftliche Politikberatung noch eine diese voraussetzende soziale Alten- und Demografieberichterstattung lange Traditionen (zum Folgenden Naegele 2012). Sie datieren jeweils zurück auf die späten 1980er Jahre, als die vom deutschen Bundestag regelmäßig eingeforderte Familienberichterstattung erstmals das Thema „Ältere Menschen“ aufgriff. Zweifellos hing dies auch damit zusammen, dass mit *Ursula Lehr* eine ausgewiesene Gerontologin zur Bundesfamilienministerin ernannt wurde und das Bundesfamilienministerium seitdem „Ministerium für Familie, Senioren, Frauen und Jugend“ heißt. Stark vereinfachend lassen sich heute für Deutschland vier Formen der gerontologie- und demografiebezogenen wissenschaftlichen Politikberatung:

1. *Nicht routinisierte*, nicht regelhafte, stark auf Einzelthemen bezogene Politikberatung, die man auch kennzeichnen kann als Einzelfall-bezogene Ressort- und Auftragsforschung ganz unterschiedlicher Auftraggeber, meistens zum Zweck der Vorbereitung, Absicherung oder Evaluierung der eigenen Politik oder politikbezogenen Planungen und Vorhaben (z. B. Forschungsprojekte zu ausgewählten Themen oder politischen Vorschlägen, Regelungen oder Programmen, finanziert z. B. durch Bundes-, Landesministerien oder kommunale Behörden, wissenschaftliche Anhörungen oder Beteiligung in bestimmten Expertenhearings, z. B. zur Reform der Pflegeversicherung, zum „Altern der Belegschaften“ und dgl., oder informelles „Briefing“ einzelner Parteien, Politiker oder hoher Verwaltungsbeamter). Eher selten und erst in jüngster Zeit erfolgt diese Form der Politikberatung im Rahmen

explizitet Forschungsförderungsprogramme, wie die jüngsten Programme des Bundesministeriums für Wirtschaft und Technologie zum Thema „Innovationsfähigkeit im demografischen Wandel" oder des Bundesministeriums für Arbeit und Soziales zum Thema „Demografischer Wandel und Arbeitswelt". Zumeist folgt dieses Vorgehen dem *reflexiven* Beratungsmodell (Heinze 2009), allerdings gibt es immer mehr Beispiele für eine so-genannte Beratungspraxis mit starken Vorgaben der Auftraggeber/Empfänger/innen von Beratung (Schuon 1975), zumindest was die Themen- und zum Teil auch die Zielvorgaben betrifft. Häufig handelt es sich auch weniger um Politikerberatung als um Verwaltungsberatung, die dann in vielen Fällen der Erledigung gleichsam outgesourcter Verwaltungsaufgaben dient.

2. *Routinisierte* Politikberatung durch dauerhafte *institutionelle Förderung* gerontologischer Forschung und Beratung. Für die angewandte gerontologische Politikberatung gibt es in Deutschland derzeit zwei prominente Beispiele: (1) das mit Bundes- und Landesmitteln institutionell geförderte *Deutsche Zentrum für Altersfragen* (DZA) in Berlin mit einem stark „klassisch gerontologischen" Profil sowie (2) die mit Landesmitteln institutionell geförderte *Forschungsgesellschaft für Gerontologie* und das von ihr getragene *Institut für Gerontologie an der Technischen Universität Dortmund* (FfG/IfG) mit einem deutlich sozialgerontologisch-sozialpolitikwissenschaftlichem Profil (Forschungsgesellschaft für Gerontologie 2008). Beide Institute führen neben Regelaufgaben für den jeweiligen institutionellen Förderer (z. B. Durchführung des Alterssurveys und Dokumentationsaufgaben im DZA, Landesaltenberichterstattung und kommunale Beratung in der/im FfG/IfG) auch drittmittelfinanzierte Politikberatungsprojekte durch.
3. *Routinisierte* gerontologische Politikberatung durch fest institutionalisierte Beratungsgremien im Kontext der im Auftrag des Deutschen Bundestages regelmäßig stattfindenden *Sozialberichterstattung*. Hierzu zählt neben der Kinder-, Jugend-, Armuts-, Familien- und Ausländerberichterstattung seit Anfang der 1990er Jahre auch die *Altenberichterstattung*. Dabei arbeiten in der Regel gerontologienahe Fachwissenschaftler/innen unterschiedlicher Disziplinen jeweils zu ausgewählten, vorher festgelegten Themenstellungen und an anschließenden politischen Empfehlungen, auf die die Bundesregierung dann im Rahmen einer Stellungnahme reagieren muss. Eine gewisse Bedeutung erlangt haben dabei insbesondere der 2. Bundesaltenbericht zum Wohnen im Alter, der 4. zur Hochaltrigkeit sowie in ganz besonderer Weise die 5. und 6. Altenberichte zum Thema „Potenziale des Alters in Wirtschaft und Gesellschaft", mit dem in Deutschland gleichsam der Paradigmenwechsel in der politischen Thematisierung von Alter und Altern eingeläutet wurde (weg vom „Ruhestandsparadigma" hin zum „Aufforderungs- und Verpflichtungsparadigma") (Bundesministerium für Familie 2005) sowie zu den „Altersbildern" (Sachverständigenkommission zur Erstellung des Sech-

sten Altenberichts der Bundesregierung 2010). Herausragende Merkmale der Altenberichterstattung sind ihre de facto Unabhängigkeit von politischen Vorgaben und ihre wachsende Zur-Kenntnisnahme auch durch Politik.

4. Als eine vierte „Sonderform“ institutionalisierter, stark dialogorientierter wissenschaftlicher Politikberatung zu gerontologischen bzw. demografischen Themen können einschlägige Arbeiten im Rahmen von Landtags- und Bundestags-Enquete-Kommissionen gelten. Prominente Beispiele (es gab/gibt daneben auch Landesenquete-Kommissionen z. B. in Niedersachsen und Sachsen) sind aus NRW die Enquete-Kommission „Zukunft der Pflege in NRW“ (2003-2005) (Schaeffer et al. 2005) sowie auf Bundesebene die Bundestags-Enquete-Kommission „Die Herausforderungen des demografischen Wandels für den einzelnen und die Gesellschaft“ (Enquete-Kommission Demographischer Wandel 2002). Enquete-Kommissionen werden in Deutschland immer dann eingesetzt, wenn es um *grundlegende*, partei- und häufig auch politikfeldübergreifende Fragen mit gesamtgesellschaftlich grundlegender Bedeutung geht. In ihr arbeiten und beraten Politiker (Abgeordnete) und Wissenschaftler gemeinsam und (vor allem auch) gleichberechtigt, was Rechte, Pflichten und selbst das Stimmrecht betrifft. In der Regel einigen sie sich auch auf gemeinsame Empfehlungen. Auch wenn wissenschaftliche Evaluationen zum „Erfolg“ der jeweils mit demografischem Auftrag arbeitenden Kommissionen fehlen, so gilt für die wichtigste, der Bundestagsenquete-Kommission (1992 bis 2002), dass sie – obwohl in der wissenschaftlichen Community hochgeschätzt – in der politischen Praxis wenig Wirkung erzielt hat, ja im Grundsatz gar nicht zur Kenntnis genommen wurde.

4 Zu einigen relevanten Handlungsfelder und Themen für eine zukunftsgerichtete, sozial-innovative Alterssozialpolitik

Im Folgenden sollen nun wichtige Themen- und Handlungsfelder einer zukunftsgerichteten Alterssozialpolitik aufgezeigt und nach solchen Bearbeitungsstrategien gefragt werden, die den o. g. Kriterien von „sozialer Innovation“ genügen. Dabei geht es nicht nur um aus sozialpolitischer Sicht fachlich angemessene Lösungen für jetzt evidente (alte und neue) soziale Alter(n)srisiken und -probleme, sondern auch um solche mit potenziell positiven Abstrahleffekten auf die Bewältigung anderer dringender zukunftsgerichteter Handlungserfordernisse in wichtigen übrigen Feldern der Sozial- und Gesellschaftspolitik.

4.1 Herausforderungen eines insgesamt schrumpfenden und alternden Erwerbspersonenpotenzials

Zu den zentralen Herausforderungen in der Arbeitswelt zählt die Gleichzeitigkeit von Schrumpfen und Altern des Erwerbspersonenpotenzials, das noch durch das allmähliche Aussteigen der „baby-boomer-Generation" überlagert wird und sich schon jetzt in vielen Branchen und Betrieben als Fachkräftemangel darstellt (Bundesministerium für Familie 2005, Heinze et al. 2011). Hinzu kommt eine noch immer weit verbreiteter Frühverrentungspraxis, die insbesondere für ältere Beschäftigte mit Migrationsgeschichte auffällig ist (Bundesministerium für Familie 2005, Brussig 2010, Heinze et al. 2011). Die offiziellen „Lösungsstrategien" konzentrieren sich bisher zum einen auf rentenrechtsinterne Anreize („Rente mit 67") und zum anderen auf arbeitsmarktpolitische Reintegrationsprogramme (z. B. „50plus"). Diese greifen jedoch zu kurz, um Ausweitung und/oder Verlängerung der (späten) Erwerbsphase für möglichst viele auch praktisch zu realisieren, da sie die betriebliche Ebene nicht explizit einbeziehen (Naegele 2010c). Sozial innovative Konzepte zielen in diesem Zusammenhang auf die lebenslaufbezogene Förderung der *Arbeits- und Beschäftigungsfähigkeit* (*Ilmarinen*) unter explizitem und strategischem Einbezug des sozial-privaten Umfelds und seiner Gestaltung (work life balance, Vereinbarkeitsproblematiken; Naegele 2010d), was weit über die (reaktive) alters- und alter*ns*gerechte Anpassung von Arbeitsbedingungen und -belastungen hinausgeht (Flüther-Hoffmann und Sporket 2013). Wichtigste Voraussetzungen dafür sind u. a. eine demografiesensible Unternehmenskultur sowie ein mehrdimensionales und zugleich *integriertes* betriebliches Age-Management (Naegele und Walker 2011).

In diesem Zusammenhang plädiert z. B. die sechste Bundesaltenberichtskommission für eine Abkehr von solchen Personalpolitikkonzepten, die sich primär am Lebensalter der Beschäftigten orientieren, und stattdessen für eine an Positionen im Lebenslauf (wobei hier verschiedene Lebenslaufregimes unterschieden werden) (Flüter-Hoffmann 2010) *lebenszyklusorientierte Personalpolitik* (Sachverständigenkommission zur Erstellung des Sechsten Altenberichts der Bundesregierung 2010) mit folgenden Bausteinen (Flüter-Hoffmann 2010, Sporket 2011, Sporket 2012): Nachwuchsförderung, Karriere- und Laufbahnplanung, Mobilitätsförderung, laufende/r Qualifikationssicherung und –ausbau, betriebliche Lebensarbeitszeitpolitik, Förderung der Vereinbarkeit von Beruf und Familie, Förderung des Wissenstransfers und Schaffung einer „Wissenskultur", präventiver Gesundheitsschutz, lebenslanges (betriebliches) Lernen, Schaffung einer neuen Alterskultur bzw. neuer Altersleitbilder. Neuere Ansätze mit „sozial-innovativem" Charakter beziehen sich auf die tarifpolitische Flankierung demografischer Prozesse in den Unternehmen selbst, z. B. durch Demografietarifverträge nach dem Muster der Eisen- und Stahlindustrie (Katenkamp et al. 2012).

4.2 (Alters)Armutsvermeidung und Bekämpfung

Trotz einer aktuell für die Mehrheit der heute Alten subjektiv zufriedenstellenden Einkommenssituation (Generali Zukunftsfond und Institut für Demoskopie 2012) und insgesamt unterdurchschnittlichen Armutsquoten Älterer – gemessen an der OECD-Skala – verweisen vorliegende Studien auf ein bereits in mittelfristiger Perspektive wieder steigendes Verarmungsrisiko bei bestimmten Gruppen älterer Menschen. Ursachen liegen in der parallelen (Fern)Wirkung der Rentenzahlbeträge wie -niveau senkenden, seit Beginn dieses Jahrtausends etablierten „neuen Alterssicherungspolitik" (Schmähl 2006), den Konsequenzen wachsender Betroffenheit von Rentenabschlägen bei nach wie vor hohen Raten an Frühverrentungen sowie zunehmender Entnormalisierung und Prekarisierung von Erwerbsarbeit. Letztere betreffen mittlerweile bereits rd. 8 Mio. Beschäftigte (Adamy 2012). Sonderprobleme sind zudem zu erwarten für die aktuell mit rd. 3,0 Mio. bezifferte Gruppe der nicht obligatorisch in einem öffentlich-rechtlichen Alterssicherungssystem abgesicherten Selbständigen, darunter viele „Pseudo-/Scheinselbständige" und andere „Kleinstselbständige", denen der Zugang zur GRV (immer noch) versperrt ist (Fachinger und Frankus 2011); sowie für ältere Menschen mit Migrationsgeschichte (Backes und Clemens 2008): Hier wirken nicht nur die lebensdurchschnittlich geringeren Einkommenspositionen, sondern häufig auch noch die fehlende Anerkennung von im Herkunftsland erzielten Alterssicherungsansprüchen nach (Bäcker et al. 2008b, Naegele et al. 2013).

Angemessene Lösungen liegen insbesondere in präventiven Armutsvermeidungskonzepten. Diese müssen sich zum einen beziehen auf eine armutsvermeidende Arbeits- und Beschäftigungspolitik (insbesondere Abbau der Arbeitslosigkeit, Förderung sozialversicherungspflichtiger Beschäftigung, lebenszyklusgerechte Arbeitsbedingungen incl. bessere Vereinbarkeitsmöglichkeiten, Förderung lebenslangen Lernens, Mindestlohnpolitik), zum anderen auf strukturelle Reformen innerhalb des Alterssicherungssystems (u. a. Stabilisierung des Rentenniveaus, Ausweitung des Versichertenkreises, eine bessere Absicherung von Sicherungslücken (z. B. bei Erwerbsminderungsrenten) sowie die Einführung von Mindestsicherungselementen, z. B. in Form einer modifizierten Weiterführung / Verlängerung der Rente nach Mindesteinkommen (Bäcker 2011).

Sie sind zu ergänzen um solche (sozial innovativen) Gestaltungskonzepte, die auf die Bekämpfung und Überwindung von prekären Lebensverhältnissen und -ereignissen in früheren Lebensphasen und jetzigen Armutslagen zugleich zielen (Naegele et al. 2013). Auf europäischer Ebene werden vor allem solche Konzepte diskutiert, die – so wie die 2007 von der EU-Kommission vorgelegten allgemeinen „gemeinsamen Grundsätze" für ein *Flexicurity-Konzept* – präventiv auf eine Absicherung von erwerbsbiografischer Diskontinuität abheben (Klammer 2010). Sozial innovativ ist auch die Weiterentwicklung der Arbeitslosenversicherung hin zu einer *Beschäftigungsversicherung*, die auf die soziale Sicherung von typischen erwerbsbiografischen Risiken im Kontext von Arbeitslosigkeit und riskanten Übergängen und damit zugleich auf die Eröffnung von Gelegenheitsstrukturen für neue berufliche Entwicklungsperspektiven einerseits sowie auf die Verbesserung von individuellen work-life-balance`s andererseits zielt (Schmid 2010).

4.3 Politik zur Förderung des lebenslangen Lernens

Aktuelle Forderungen nach Institutionalisierung von lebenslangem Lernen und von Erwachsenenbildung haben zunächst primär beschäftigungspolitische Hintergründe und zielen dabei schwerpunktmäßig auf ältere Arbeitnehmer/innen. Berufliche Bildung in Deutschland gilt Experten/innen als einseitig „frontlastig" (Bosch 2010). In der Konsequenz sind fehlende Schul- und Bildungsabschlüsse später kaum nachzuholen. Zudem gilt in der betrieblich verantworteten beruflichen Fort- und Weiterbildung noch immer vielerorts das „Matthäus-Prinzip" (Naegele 2010c), sind berufsbegleitende Weiterbildung(sstudiengänge) an Universitäten und Hochschulen die Ausnahme (Ehlers 2010). Vor diesem Hintergrund plädiert z. B. die 5. Bundesaltenberichtskommission für individuelle Rechtsansprüche auf Weiterbildung und für deren Absicherung und Finanzierung per Gesetz oder Tarifvertrag, d. h. für eine institutionalisierte Erwachsenbildungsförderung (z. B. Weiterbildungs-BAFöG), sowie insgesamt für den Ausbau der betrieblichen Weiterbildung. In der Diskussion sind Modelle des Bildungssparens, Bildungsschecks, Lernzeitkonten, Fondsmodelle oder mehr öffentliche Förderungen durch die Bundesagentur für Arbeit (BA) (Bundesministerium für Familie 2005, Naegele 2010c).

Als sozial innovatives Konzept in der Alterssozialpolitik darf sich lebenslanges Lernen aber nicht nur auf die frühen Phasen und/oder berufsbezogene Wissensvermittlung beziehen. „Neu" ist die explizite Ausrichtung auf höheres Alter und auf das Lernen dafür. Vor diesem Hintergrund sind bislang nicht primär beteiligte und/oder nicht-berufsbezogenen aufgestellte Erwachsenenbildungsanbieter gefragt (z. B. Vereine, Wohlfahrtsverbände, Kommunen, Freizeitanbieter). Ziel sollte die Etablierung einer eigenständigen Altenbildung (educational gerontology, Geragogik) sein, u. a. um individuelles Altern besser zu gestalten und Alter(n)srisiken präventiv zu begegnen. Aus sozialpolitischer Sicht wichtige Anknüpfungspunkte dafür sind individuelle Gesundheitsprävention oder Rehabilitationsbemühungen, die Beherrschung intelligenter Techniken zur Förderung der selbständigen Lebensführung oder Qualifizierung für bürgerschaftliches Engagement (Bundesministerium für Familie 2005). Nicht zuletzt erleichtert Bildung den individuellen Umgang mit alterstypischen Einschränkungen und Verlusten (Ehlers 2010).

4.4 Neue Wohn- und Lebensformen und Förderung der selbständigen Lebensführung

Wohnen ist bekanntlich mehr als nur „das Leben in den eigenen vier Wänden“. Dies gilt in ganz besonderer Weise für ältere Menschen, für die Tagesalltag zumeist auch zugleich Wohnalltag ist. Die weitaus meisten älteren Menschen wohnen heute in ihren eigenen Wohnungen und wollen dies auch so lange wie möglich tun – selbst bei erheblichen funktionellen Einschränkungen (Generali Zukunftsfond und Institut für Demoskopie 2012). Die angemessene und sachgerechte Ausgestaltung der Wohnbedingungen (als „alter(n)sgerecht“) ist somit von erheblicher Bedeutung nicht nur für Lebensqualität und gesellschaftliche Teilhabe, sondern auch für die individuelle Sichcrheit bei immateriellen Notlagen und die Aufrechterhaltung selbständiger Lebensführung. Dies gilt umso mehr angesichts einer stark wachsenden Zahl alleinlebender („Singularisierung“) zumeist sehr alter Menschen: Während von allen Älteren im Alter von 65 bis 74 gegenwärtig knapp 40 % in einem Ein-Personenhaushalt leben, sind es in der Altersgruppe 85 + immerhin bereits 60 %. Entsprechend nimmt die Zahl der Zwei-Personen-Altenhaushalte ab, und zwar von jetzt etwas über 50 % aller Altenhaushalte bei den 65 bis 74jährigen auf etwa 30 % bei den 75 +. Nicht nur die Wohnungswirtschaft, sondern insgesamt auch die sozialen Dienste stehen somit vor vielfältigen neuen sozial- und wohnungspolitischen Herausforderungen (Heinze et al. 2011).

Ganz besonders auf Wohnen im Alter trifft die Heterogenisierungsthese zu: Demnach sind Wohnwünsche und Wohninteressen älterer Menschen heute sehr viel variabler geworden, reflektieren u. a. den lebenslang gewohnten Wohnstil, sind abhängig vom sozialen Status und unterscheiden sich zudem deutlich je nach Lebensphase im Alter. Insofern verbieten sich in der Wohnpolitik für Ältere Standardlösungen. Zwar haben die großen Mietwohnungsbaugesellschaften vor allem in den Ballungszentren die damit für sie verbundenen neuen Herausforderungen in der Zwischenzeit längst erkannt. Es bestehen jedoch erhebliche Versorgungslücken zur Sicherung selbständigen Wohnens im Wohneigentum und hierbei insbesondere für den ländlichen Raum (Naegele 2011a).

Für die auf Ältere bezogene Wohnungswirtschaft und -politik bedeutet dies insgesamt, besonders aber beim (ländlichen) Wohneigentum, neben der Intensivierung („alter(n)sgerechter“) Wohnraumanpassungsmaßnahmen (Generali Zukunftsfond und Institut für Demoskopie 2012), die in vielen Fällen z. T. erheblichen Finanzbedarf und daher neue Finanzierungsmodelle jenseits der viel zu knapp bemessenen SGB XI-Leistungen voraussetzen (z. B reversed mortgage), auf örtlicher Ebene neue (sozial innovative) „strategische Allianzen“ zu organisieren, um die Sicherstellung des Wohnens im Alter als eine Gemeinschaftsaufgabe anzugehen (Heinze und Naegele 2012, Heinze et al. 2011, Naegele 2011a), so z. B. zwischen Haus- und Medizintechnik, Handwerk, Finanzdienstleistern, haushaltsbezogenen und/oder sozialen und/oder Dienstleistungsanbietern sowie nicht zuletzt – wegen der erforderlichen Sozialraumorientierung von Wohnen im Alter – von bürgerschaftlichem Engagement. Allerdings sind Ausgrenzungsrisiken zu beachten: „Neue“ (innovative) Wohnangebote und -modelle treffen häufig nur auf eine sozial selektiv verteilte (höhere Bildungsschichten) Nachfrage (Generali Zukunftsfond und Institut für Demoskopie 2012).

Besondere Bedeutung dürfte künftig dem *technikunterstützten Wohnen* zukommen. Im Falle von alterstypisch chronischen Erkrankungen oder von geriatrischer Rehabilitation belegen skandinavische Vorbilder hilfreiche Unterstützung durch telemedizinische Maßnahmen. Der private Haushalt Älterer gilt hier als neuer eigenständiger *dritter Gesundheitsstandort*. Allerdings sind derartige Fälle von sozialen Innovationen hierzulande kaum verbreitet, wobei neben – allerdings überbrückbaren Akzeptanzproblemen – vor allem fehlende Geschäftsmodelle im Idealfall basierend auf Refinanzierungsmöglichkeiten im Rahmen des fünften und elften Sozialgesetzbuches (Henke und Troppens 2010) beklagt werden (Heinze und Naegele 2010b, Heinze et al. 2011).

4.5 Paradigmenwechsel in der Gesundheitspolitik

Obwohl Alter(n) nicht generell mit Krankheit gleichzusetzen ist – es gibt keinen monokausalen Zusammenhang zwischen Alter und Krankheit –, steigt ganz generell mit dem (hohen) Alter die Wahrscheinlichkeit chronisch-degenerativer Erkrankungen und von Multimorbidität. Während die ersten Jahre nach Eintritt in den Ruhestand noch weit überwiegend in vergleichsweise guter Gesundheit verbracht werden, und dies scheint bei künftigen Kohorten Älterer sogar noch stärker der Fall zu sein, nimmt insbesondere jenseits von 80 die Prävalenz von Krankheit und funktionellen Einschränkungen zu. Als typisch „geriatrische Patienten“ gelten i. a. sehr alte Menschen, deren Zahl demografisch bedingt künftig stark wachsen wird. Somatische Erkrankungen im Alter sind zudem häufig überlagert von psychischen Erkrankungen („psychiatrische Ko-Morbidität“), darunter mit stark wachsender Bedeutung depressive Störungen sowie die mit sehr hohem Alter exponentiell steigenden Demenzerkrankungen (Kuhlmey 2008, Kuhlmey 2009, Wurm et al. 2010).

Vor dem Hintergrund des Alterns der Gesellschaft und alterstypischer Veränderungen in der Morbiditätsstruktur muss es in der *Gesundheitspolitik* künftig vor allem darum gehen, die bestehenden Versorgungssysteme sehr viel zielgenauer auf eine insgesamt alternde Patientenschaft auszurichten (Naegele 2013). Die in Deutschland bislang stark auf Diagnose, Kuration und Medikalisierung fokussierte gesundheitliche Versorgung der Bevölkerung gerät vor diesem Hintergrund an ihre Grenzen. Veränderte Ziele müssen insbesondere sein: Auf- und Ausbau von Gesundheitsförderung und Prävention für ältere Menschen, Überwindung der strukturellen Defizite in der geriatrischen Prävention und Rehabilitation, die Stärkung der „Chronikermedizin", die Ausweitung integrierter Versorgungsmodelle unter Einbezug der Pflege, Stärkung des dritten Gesundheitsstandortes „eigener Haushalt" (z. B. via Telecare und Telemedizin) (Heinze und Naegele 2010a, Heinze und Naegele 2010b), vernetztes Handeln der Institutionen und Professionen (Naegele 2011b) sowie insgesamt neue Altersbilder in der Medizin, Kranken- und Altenpflege (Sachverständigenkommission zur Erstellung des Sechsten Altenberichts der Bundesregierung 2010). Das 2009 vorgelegte Sondergutachten des Sachverständigenrates zur Begutachtung der Entwicklung im Gesundheitswesen zum Thema „Koordination und Integration – Gesundheitsversorgung in einer Gesellschaft des längeren Lebens" verweist insbesondere auf strukturelle Mängel in der Vernetzung einzelner Versorgungssysteme, mahnt (bislang weitgehend fehlende) Leitlinien und Standards zum Umgang mit Multimorbidität an und fordert eine bedarfsgerechte Arzneimittelversorgung im Alter mit dem Ziel der Überwindung von Polypharmazie (Sachverständigenrat zur Begutachtung der Entwicklung im Gesundheitswesen 2009).

4.6 Weiterentwicklung der Pflege(versicherungs)politik

Die (demografisch) steigenden Versorgungserfordernisse bei Alterspflegebedürftigkeit sind seit langem Gegenstand der sozialpolitischen Diskussion. Aus fachlicher Sicht kann die Mitte der 1990er Jahre eingeführte Pflegeversicherung als ein sozialpolitisches „Erfolgsmodell" gelten, das sich aber zunehmend als unterfinanziert erweist. Zudem stimmt gerade hier der Satz: „Nach der Reform ist vor der Reform!". So sind die strukturellen Defizite in der geriatrischen Rehabilitation, um Pflegebedürftigkeit präventiv zu vermeiden, abzubauen, gilt es das bestehende Leistungs- und Finanzierungsspektrum noch flexibler auf differenzierter gewordene Empfängergruppen und Bedarfssituationen (z. B. neue Wohn- und Lebensformen) auszurichten sowie den money-led-approach durch einen need-led-approach zu ersetzen (Igl et al. 2007, Schaeffer und Wingenfeld 2011).

Mehr als überfällig ist die Überwindung des engen verrichtungsbezogenen Konzepts der Pflegeversicherung durch ein erweitertes Pflegeverständnis und die Implementierung eines darauf ausgerichteten Begutachtungsverfahrens, um eine angemessene Versorgung demenziell erkrankter älterer Menschen zu ermöglichen (Bundesministerium für Gesundheit 2009). Wie es scheint, plant die Bundesregierung ein weiteres Mal dessen Hinausschiebung, wie ein Blick auf den aktuellen Entwurf des Pflegeneuausrichtungsgesetzes (PNG) zeigt (Deutscher Bundestag 2012; Stand April 2012). Weitgehend ungelöst ist auch die Lösung absehbarer Personalengpässe in der professionellen Pflege, zumal noch die häusliche Pflege zunehmend voraussetzungsvoller geworden ist und die Übernahmebereitschaft immer häufiger an verlässliche, fachlich angemessene und qualitativ hochwertige professionelle Unterstützung geknüpft wird (Deutscher Verein für öffentliche und private Fürsorge e.V. 2012). Die Verbesserung der pflegerischen Versorgung in einer alternden Gesellschaft setzt allerdings die Bereitschaft voraus, mehr Finanzmittel für die Pflege zur Verfügung zu stellen. Stärkere private Absicherungsformen, z. B. angeregt durch steuerliche Förderung, wie im neuen PNG angekündigt, führen zu extrem sozial selektiven Verteilungsmustern und erreichen die heute Pflegebedürftigen in der Fläche nicht.

4.7 Erkennen und Nutzen der gewachsenen Potenziale älterer Menschen - Vom Versorgungs- zum Aufforderungs- und Verpflichtungsparadigma – das Konzept des „active ageing"

Auch in der praktischen Altenpolitik und -arbeit im engeren Sinne, die vor allem auf örtlicher Ebene stattfindet, beginnt sich allmählich ein Paradigmenwechsel durchzusetzen, mit dem Ziel: Weg von der traditionellen „Ruhestandsorientierung" hin zur individuell wie gesellschaftlich nützlichen „Potenzialentfaltung und -nutzung" („Produktivitätsdiskurs"). Vor dem Hintergrund der demografischen Entwicklung wird es zunehmend als Ziel anerkannt, die Bereitschaft der Älteren zu steigern, selbst an der Sicherung des kleinen wie des großen Generationenvertrages beizutragen – selbst wenn man den neuen „Produktivitätsdiskus" rund um active ageing – zumindest in einer theoretischen Perspektive – als „neoliberalen Versuch" der Instrumentierung des Alters brandmarken könnte (Dyk und Lessenich 2009), was vielen in Anbetracht der Notwendigkeit (und auch bei den Alten selbst vorhandenen Bereitschaft (Generali Zukunftsfond und Institut für Demoskopie 2012), die Generationensolidarität auch in Richtung Alter auszudehnen, schwer fällt zu verstehen. Letztlich gilt es im Interesse sowohl des kleinen wie des großen Generationenvertrages, das überkommende Versorgungsparadigma zugunsten eines Aufforderungsparadigmas zu überwinden.

Das in diesem Zusammenhang am meisten überzeugende Konzept ist das des *„active ageing*", das aber oft einseitig auf den Arbeitsmarkt bezogen wird. Seine herausragenden Merkmale sind neben einer integrierten und lebenslaufbezogenen Konzeptualisierung insbesondere die Betonung von inter- und intragenerationeller Solidarität und gesellschaftlichem Nützlichkeitsbezug bei gleichzeitig bevorzugter Beachtung von Problemen sozial benachteiligter älterer Bevölkerungsgruppen. Speziell in der Verbindung des „Für-sich-etwas-Tun" und des „Für-andere-etwas-Tun" liegt die Kernidee des „active ageing" (Walker 2010, Naegele 2010d). Allerdings ist vor einer Überstrapazierung des Konzeptes selbst zu warnen: Es geht auch darum, die nicht zu den „Produktivitätsträgern" zählenden Älteren „mitzunehmen", sie womöglich sogar vor einer Überforderung zu schützen. Zu relativieren und zu kritisieren sind somit – was Reichweite, Erreichbarkeit und Förderstrategien betrifft – übersteigerte Potenzial- und Ressourcennutzungserwartungen (so bereits Dieck und Naegele 1993, Klös und Naegele 2013).

4.8 *Stärkung und Förderung von intergenerationeller Solidarität*

Letzteres verweist zugleich auf die Notwendigkeit einer Neujustierung beider Generationenverträge, des großen gesellschaftlichen Generationenvertrags im System der umlagefinanzierten Sozialversicherung ebenso wie des so genannten kleinen Generationenvertrags im familialen Umfeld. Gefordert ist eine neue *Generationensolidarität* vor dem Hintergrund des kollektiven Alterns der Bevölkerung, wobei darauf zu achten ist, dass die jeweiligen Generationen entsprechend ihrer je spezifischen Leistungsfähigkeit möglichst gleichmäßig belastet werden: Junge wie Alte stehen dabei gleichermaßen in der Verantwortung. Für beide gibt es nicht nur Rechte, sondern auch Pflichten. Die junge Generation sollte vor allem mehr Bildung und mehr Zukunftsinvestitionen erwarten können, muss sich aber im Gegenzug selbst auf mehr Lernen, neue Erwerbsmuster und mehr berufliche Mobilität und Flexibilität einstellen und nicht zuletzt auch mehr Bereitschaft für ein Leben mit Kindern aufbringen. Die ältere Generation wiederum darf sich nicht primär über tradierte Rollen als Rentenempfänger und „Ruheständler" definieren, sondern muss sehr viel stärker bereit sein, mehr Verantwortung für das eigene Leben („Selbstverantwortung") wie für das anderer sowie insbesondere der nachrückenden Generationen („Mitverantwortung") zu übernehmen (Naegele 2010a).

5 Kommunale Verantwortung – wichtiger denn je!

Zwar fallen viele der hier diskutierten Handlungserfordernisse in die Bundes- und Landeszuständigkeit, die klassischen immateriellen Problemlagen Älterer betreffen jedoch zuvorderst die Kommunen als auch verfassungsrechtlich (Art 28 II GG) gewollte hauptverantwortliche Instanz für die Sicherstellung der sozialen Daseinsvorsorge (Köppen 2008). Dem entspricht auch eine große Zustimmung der Älteren selbst zur Rolle der Kommunen für die Einlösung ihrer örtlich auftretenden sozialen Anliegen (Generali Zukunftsfond und Institut für Demoskopie 2012). Damit spiegelt sich auch wieder, dass Kommunen in besonderer Weise von den Folgen des Alterns der Bevölkerung betroffen sind. Viele von ihnen schrumpfen und altern zugleich, werden „bunter" und sozial heterogener und unterliegen zudem Prozessen der Singularisierung und Segregation. Wenn es darum geht, soziale Dienste den veränderten zumeist immateriellen Bedarfslagen und Bedürfnissen der Bevölkerung anzupassen und möglichst die örtliche Lage einbeziehende Lösungsansätze zu entwickeln, sind in erster Linie die Kommunen angesprochen. Dies gilt insbesondere für den ländlichen Raum und hier insbesondere für Ostdeutschland, wo Alterungs- und Schrumpfungsprozesse z. T. sehr viel dramatischer verlaufen und überdies noch durch Prozesse der Polarisierung in der Wirtschafts- und ökonomischen Gestaltungskraft überlagert werden.

Allerdings werden die Kommunen von ihren älteren Bürgern/innen heute nicht mehr nur als primär für die enge *Altenhilfe* verantwortlich, sondern auch als hauptzuständig für die gesamte „alter(n)sfreundliche" Gestaltung der alltäglichen Lebensverhältnisse adressiert (Generali Zukunftsfond und Institut für Demoskopie 2012). Damit geht die ältere Generation einen sich in der Zwischenzeit vollziehenden Paradigmenwechsel mit: Lange Zeit wurde in den Kommunen unter Altenpolitik entsprechend ihrer traditionellen Hilfeorientierung *Altenhilfepolitik* verstanden, und diese Sicht ist vielerorts immer noch weit verbreitet. Dennoch gibt es in wachsender Zahl Belege für eine *erweiterte* sozial- und gesellschaftspolitische Konzeptualisierung von Alter(n) und Altsein und für eine entsprechende „kommunale Demografiegestaltung" (Naegele 2010b, Bogumil et al. 2013).

Aktuell lässt sich die Rolle der Kommunen in der Altenpolitik wie folgt beschreiben: Zwischen traditioneller Hilfeorientierung und konzeptioneller, alle Lebenslagen im Alter einbeziehender Neuausrichtung. Diese doppelte Orientierung findet sich allerdings noch nicht hinreichend in den neueren Modellen der „Sozialraumorientierung", die zu stark auf die Organisation von Pflege abzuheben scheinen.

So ist zum einen auch künftig richtig, dass das „sozialpolitisch problematische Alter" von womöglich sogar noch wachsender Bedeutung ist (u. a. wegen Hochaltrigkeit, allgemeiner Veränderungen in den Wohn- und Lebensformen, zunehmendem Alleinleben, wachsender Probleme bei der Aufrechterhaltung der selbständigen Lebensführung, Zunahme von Pflegebedürftigkeit und Absicherung des wachsenden professionellen Pflegebedarfs, Förderung des sozial-bürgerschaftlichen Engagements und einer „neuen Kultur des Helfens", Sonderbedarfe bei älteren Menschen mit Migrationsgeschichte, wachsende soziale Ungleichheiten auch im Alter). Hier liegen die kommunalen Zuständigkeiten insbesondere in den Bereichen Moderieren, Begleiten, Vernetzen, Bündeln und Steuern, Abbau von Schnittstellenproblemen, Mitwirkung bei der integrierten gesundheitlichen Versorgung (wie auch im fünften Sozialgesetzbuch) postuliert, eigenständige kommunale Angebote zur/Förderung der Stützung und Absicherung der häuslichen Pflege, „Leuchtturmfunktion" der eigenen Dienste und –einrichtungen, Förderung so genannter „niederschwelliger" Angebote sowie allgemeine soziale Informations- und Beratungsaufgaben (Naegele 2010b).

Andererseits muss kommunale Altenpolitik künftig im Sinne der Daseinsvorsorge auf eine auf *alle* Lebenslagen im Alter einbeziehende kommunalpolitische Gesamtverantwortung zielen, d. h. letztlich auf die *soziale Gestaltung der Gesamtheit der Lebensverhältnisse einer insgesamt alternden Bevölkerung*, auf eine *soziale Politik für das Alter und für ein Leben im Alter*. Dies entspricht auch dem übergeordneten, d. h. über die klassische Risikoabsicherungs- und Schutzfunktionen hinausgehenden *gesellschaftspolitischen Gestaltungsauftrag* von Sozialpolitik. Im Fokus stehen dann kommunale Zuständigkeiten insbesondere im Umfeld von Arbeit und Beschäftigung, Vereinbarkeit von Pflege und Beruf, Freizeit und Kommunikation, Bildung, Altenbildung, Kultur und neue Medien, Gesundheit, Vorsorge, Gesundheitsförderung und Qualitätssicherung, Wohnen und Wohnumfeld, Verkehr und Mobilität, Unterstützung von Familien- und Generationenbeziehungen und anderer sozialer Netzwerke, Förderung der Wirtschaftskraft Alter, Partizipation und bürgerschaftliches Engagement sowie insgesamt Anstoßgeber für neue „strategische Allianzen“ vor Ort im Sinne sozialer Innovationen (Naegele 2010b).

Daraus ergeben sich u. a. folgende Konsequenzen für die künftige Organisation kommunaler Altenpolitik:

- Alter(n) und Altsein sind als *Querschnittsthemen* für Kommunalpolitik zu konzeptualisieren. Neu sind Versuche, kommunale Altenpolitik als Teil einer eigenständigen kommunalen Demografiepolitik zu konzeptualisieren (Bogumil et al. 2013); so übrigens auch die jüngst veröffentlichten Demografiestrategie der Bundesregierung (Bundesministerium des Innern 2011) („integrative Kommunal-/Stadtpolitik“). Neben der Alten- und Pflegepolitik sind darüber hinaus ebenfalls „demografiesensibel“ die Kinder-, Jugend- und Familienpolitik, die Bildungspolitik, die Bereiche Migrationspolitik, gesundheitliche Versorgung, Mobilität und Verkehr, Stadtentwicklungs- und Städtebaupolitik sowie lokale Arbeitsmarkt- und Wirtschafts(förderungs)politik (Hüther und Naegele 2013).
- Es werden neue Handlungskonzepte benötigt, die nicht mehr auf Einzelfallorientierung fokussieren, sondern stärker auf Gemeinwesenorientierung und Akteurs-/Trägervernetzung zielen müssen („neue strategische Allianzen“).
- Die zunehmende soziale Differenzierung des Alters verbietet die Suche nach „Standardlösungen“. Auch auf der Maßnahmenebene geht es um problemangemessene Heterogenität bei gleichzeitiger regionaler wie – mit Blick auf besonders benachteiligte Gruppen – inhaltlicher Schwerpunktsetzung.
- Die (allerdings demokratisch zu legitimierte) Mitwirkung der Betroffenen als „Experten“ in eigener Sache ist zu ermöglichen. Es gilt, Ältere als aktiven Teil der zivilgesellschaftlichen Bewältigung und Gestaltung der Alterung der Gesellschaft stärker selbst einzubeziehen (Klie 2013).

Dass die Kommunen entsprechend ausgestattet werden müssen, um die neuen Herausforderungen bewältigen zu können, steht außer Frage (Altrock 2008). Dazu zählt vor allem – und längst überfällig – ihre finanzielle Stärkung im Rahmen einer grundlegenden Finanzreform. Auf wichtige weitere Zusatzvoraussetzungen für eine erfolgreichen kommunalen Demografie*gestaltung* insbesondere im Falle der Schrumpfung – die weitgehend auch für den Fall der Alterung Gültigkeit haben dürften – weisen Bogumil et al. 2013 hin: Demnach wird u. a. eine Altersstrukturanalyse, unterstützt durch ein regelmäßiges kommunales Demografiemonitoring, für erforderlich gehalten, sollten die Kommunen um Attraktivitätssteigerungen (u. a. um Zuzüge anzulocken) bemüht sein, sollte vorhandenes bürgerschaftliches Engagement stärker genutzt werden und ist nicht zuletzt interkommunale Zusammenarbeit gefragt. Zur innerkommunalen institutionellen und personellen Absicherung werden schließlich wirksame Instrumente zur intrakommunalen Koordination sowie eine demografieorientierte Personalpolitik gefordert.

6 Ausblick

Zweifellos steht die Sozialpolitik vor dem Hintergrund des kollektiven Alterns der Bevölkerung vor neuen Herausforderungen. Allerdings sind weder „demografische Krisenszenarien" noch „Schönfärbereien" durch Überbetonung von Potenzialen und dergleichen fachlich angemessene Antworten. Ausgehend von ihrer „Gestaltungsfunktion" gilt es für die Sozialpolitik, das kollektive Altern der Gesellschaft als *gesellschaftspolitische Gestaltungsaufgabe* zu konzeptualisieren. Damit können nicht nur aktuelle alterssozialpolitisch relevante Probleme angemessen gelöst werden, sondern auch Weichen gestellt werden für eine zukunftsgerichtete Sozialpolitik, von der alle Generationen gleichermaßen profitieren können. Insofern versteht sich der hier vorgestellte Beitrag insgesamt auch als ein Beitrag zur Stärkung von Generationensolidarität in einer alternden Gesellschaft durch Sozialpolitik insgesamt.

7 Literatur

Adamy, W. (2012). Tickende Zeitbombe für künftige Altersarmut: Immer mehr (Vollzeit) Beschäftigte arbeiten für einen Niedriglohn. *Soziale Sicherheit. Zeitschrift für Arbeit und Soziales, 61*(10), 338-347.

Altrock, U. (2008). Urban Governance in Zeiten der Schrumpfung. In H. Heinelt, und A. Vetter (Hrsg.), *Lokale Politikforschung heute* (S. 301-326). Wiesbaden: VS Verlag für Sozialwissenschaften.

Bäcker, G. (2011). Strategien gegen Armut in Deutschland. In L. Leisering (Hrsg.), *Die Alten der Welt: neue Wege der Alterssicherung im globalen Norden und Süden* (S. 165-197). Frankfurt: Campus.

Bäcker, G., Naegele, G., Bispinck, R., Hofemann, K., und Neubauer, J. (2008a). *Sozialpolitik und soziale Lage in Deutschland. Band 1: Grundlagen, Arbeit, Einkommen und Finanzierung*. Wiesbaden: VS Verlag für Sozialwissenschaften / GWV Fachverlag.

Bäcker, G., Naegele, G., Bispinck, R., Hofemann, K., und Neubauer, J. (2008b). *Sozialpolitik und soziale Lage in Deutschland. Band 2: Gesundheit, Familie, Alter und Soziale Dienste*. Wiesbaden: VS Verlag für Sozialwissenschaften / GWV Fachverlag.

Backes, G. M., und Clemens, W. (2008). *Lebensphase Alter. Eine Einführung in die sozialwissenschaftliche Alternsforschung*. Weinheim und München: Juventa Verlag.

Bogumil, J., Gerber, S., und Schickentanz, M. (2013). Handlungsmöglichkeiten kommunaler Demografiepolitik. In M. Hüther, und G. Naegele (Hrsg.), *Demografiepolitik: Herausforderungen und Handlungsfelder* (S. 259-282). Wiesbaden: VS Verlag für Sozialwissenschaften.

Bosch, G. (2010). Lernen im Erwerbsverlauf: von der klassischen Jugendorientierung zu lebenslangem Lernen. In G. Naegele (Hrsg.), *Soziale Lebenslaufpolitik* (S. 352-370). Wiesbaden: VS Verlag für Sozialwissenschaften.

Brussig, M. (2010). Fast die Hälfte aller neuen Altersrenten mit Abschlägen – Quote weiterhin steigend *Altersübergangs-Report*. Düsseldorf u. a. O.: Hans-Böckler-Stiftung, Forschungsnetzwerk Alterssicherung und Institut Arbeit und Qualifikation (IAQ).

Bundesministerium des Innern (2011). *Demografiebericht. Bericht der Bundesregierung zur demografischen Lage und künftigen Entwicklung des Landes*. Berlin: Bundesministerium des Innern.

Bundesministerium für Familie, Senioren, Frauen und Jugend (2005). *Fünfter Bericht zur Lage der älteren Generation in der Bundesrepublik Deutschland. Potenziale des Alters in Wirtschaft und Gesellschaft. Der Beitrag älterer Menschen zum Zusammenhalt der Generationen. Bericht der Sachverständigenkommission*. Berlin: Bundesministerium für Familie, Senioren, Frauen und Jugend.

Bundesministerium für Gesundheit (2009). *Bericht des Beirats zur Überprüfung des Pflegebedürftigkeitsbegriffs*. Berlin: Bundesministerium für Gesundheit.

Deutscher Bundestag (2002). Schlussbericht der Enquête-Kommission „Demographischer Wandel – Herausforderungen unserer älter werdenden Gesellschaft an den Einzelnen und die Politik". *Bundestags-Drucksache* 14/8800. Berlin: Deutscher Bundestag.

Deutscher Bundestag (2012). Gesetzentwurf der Bundesregierung. Entwurf eines Gesetzes zur Neuausrichtung der Pflegeversicherung (Pflege-Neuausrichtungs-Gesetz – PNG). *Bundestags-Drucksache* 17/9369. Berlin: Deutscher Bundestag.

Deutscher Verein für öffentliche und private Fürsorge e.V. (2012). *Empfehlungen zur Fachkräftegewinnung in der Altenpflege*. Berlin: Deutscher Verein für öffentliche und private Fürsorge e.V.

Dieck, M., und Naegele, G. (1993). Neue Alte und alte soziale Ungleichheiten: Vernachlässigte Dimensionen in der Diskussion des Altersstrukturwandels. In G. Naegele, und H. P. Tews (Hrsg.), *Lebenslagen im Strukturwandel des Alters: alternde Gesellschaft – Folgen für die Politik* (S. 43-60). Opladen: Westdeutscher Verlag.

Dyk, S. v., und Lessenich, S. (2009). Ambivalenzen der (De-)Aktivierung: Altwerden im flexiblen Kapitalismus. *WSI Mitteilungen, 62*(10), 540-546.

Ehlers, A. (2010). Bildung im Alter – (k)ein politisches Thema? In G. Naegele (Hrsg.), *Soziale Lebenslaufpolitik* (S. 602-618). Wiesbaden: VS Verlag für Sozialwissenschaften GWV Fachverlage.

Enquete-Kommission Demographischer Wandel (2002). *Herausforderungen unserer älter werdenden Gesellschaft an den Einzelnen und die Politik.* Bonn: Deutscher Bundestag.

European Union (2010). *This is European Social Innovation.* Brussels: Social Innovation eXchange (SIX) at the Young Foundation, Euclid Network, and the Social Innovation Park, Bilbao.

Fachinger, U., und Frankus, A. (2011). *Sozialpolitische Probleme bei der Eingliederung von Selbständigen in die gesetzliche Rentenversicherung.* WISO Diskurs. Bonn: Abteilung Wirtschafts- und Sozialpolitik der Friedrich-Ebert-Stiftung

Flüter-Hoffmann, C. (2010). Der Weg aus der Demografie-Falle – Lebenszyklusorientierte Personalpolitik. In G. Naegele (Hrsg.), *Soziale Lebenslaufpolitik* (S. 411-428). Wiesbaden: VS Verlag für Sozialwissenschaften GWV Fachverlage.

Flüther-Hoffmann, C., und Sporket, M. (2013). Arbeit und Beschäftigung im demografischen Wandel. Konsequenzen für das strategische Personalmanagement. In M. Hüther, und G. Naegele (Hrsg.), *Demografiepolitik. Herausforderungen und Handlungsfelder* (S. 200-222). Wiesbaden: VS Verlag für Sozialwissenschaften.

Forschungsgesellschaft für Gerontologie (2008). *Der demografische Wandel und die Älteren in Nordrhein-Westfalen. Positionspapier des Instituts für Gerontologie.* Dortmund: Institut für Gerontologie.

Generali Zukunftsfond, und Institut für Demoskopie (2012). *Generali Altersstudie 2013: Wie ältere Menschen leben, denken und sich engagieren.* Frankfurt: Fischer.

Heinze, R. G. (2009). *Rückkehr des Staates? Politische Handlungsmöglichkeiten in unsicheren Zeiten.* Wiesbaden: VS Verlag für Sozialwissenschaften.

Heinze, R. G. (2012). Der Paradigmenwechsel als Gestaltungsaufgabe. In A. Kruse, T. Rentsch, und H.-P. Zimmermann (Hrsg.), *Gutes Leben im hohen Alter: das Altern in seinen Entwicklungsmöglichkeiten und Entwicklungsgrenzen verstehen* (S. 173-204). Heidelberg: Akademische Verlagsgesellschaft AKA.

Heinze, R. G., und Naegele, G. (2010a). Integration und Vernetzung. Soziale Innovationen im Bereich sozialer Dienste. In J. Howaldt, und H. Jacobsen (Hrsg.), *Soziale Innovation. Auf dem Weg zu einem postindustriellen Innovationsparadigma* (S. 297-313). Wiesbaden: VS Verlag für Sozialwissenschaften.

Heinze, R. G., und Naegele, G. (2010b). Intelligente Technik und „personal health" als Wachstumsfaktoren für die Seniorenwirtschaft. In U. Fachinger, und K.-D. Henke (Hrsg.), *Der private Haushalt als Gesundheitsstandort. Theoretische und empirische Analysen* (Vol. 31, S. 111-136, Europäische Schriften zu Staat und Wirtschaft). Baden-Baden: Nomos.

Heinze, R. G., und Naegele, G. (2012). Social Innovations in Ageing Societies. In H.-W. Franz, J. Hochgerner, und J. Howaldt (Hrsg.), *Challenge Social Innovation. Potentials for Business, Social Entrepreneurship, Welfare and Civil Society* (S. 153-167). Heidelberg: Springer.

Heinze, R. G., Naegele, G., und Schneiders, K. (2011). *Wirtschaftlichen Potenziale des Alter(n)s* (Grundriss Gerontologie). Stuttgart: Kohlhammer.

Henke, K.-D., und Troppens, S. (2010). Zur Finanzierung assistierender Technologien. In U. Fachinger, und K.-D. Henke (Hrsg.), *Der private Haushalt als Gesundheitsstandort. Theoretische und empirische Analysen* (Vol. 31, S. 137-148, Europäische Schriften zu Staat und Wirtschaft). Baden-Baden: Nomos.

Howaldt, J., Kopp, R., und Schwarz, M. (2008). Innovationen (forschend) gestalten - Zur neuen Rolle der Sozialwissenschaften. *WSI Mitteilungen, 61*(2), 63-69.

Hüther, M., und Naegele, G. (2013). Demografiepolitik: Warum und wozu? In M. Hüther, und G. Naegele (Hrsg.), *Demografiepolitik. Herausforderungen und Handlungsfelder* (S. 13-33). Wiesbaden: VS Verlag für Sozialwissenschaften.

Igl, G., Naegele, G., und Hamdorf, S. (2007). *Reform der Pflegeversicherung – Auswirkungen auf die Pflegebedürftigen und die Pflegepersonen* (Sozialrecht und Sozialpolitik in Europa). Münster u. a. O.: Lit-Verlag.

Katenkamp, O., Martens, H., Georg, A., Naegele, G., und Sporket, M. (2012). *Nicht zum alten Eisen! Die Praxis des Demographie-Tarifvertrags in der Eisen- und Stahlindustrie* (Vol. 138, Forschung aus der Hans-Böckler-Stiftung). Berlin: edition sigma.

Kaufmann, F.-X. (2005). *Schrumpfende Gesellschaft. Vom Bevölkerungsrückgang und seinen Folgen*. Frankfurt: Suhrkamp.

Klammer, U. (2010). Flexibilität und Sicherheit im individuellen (Erwerbs-) Lebensverlauf – Zentrale Ergebnisse und politische Empfehlungen aus der Lebenslaufforschung der European Foundation. In G. Naegele (Hrsg.), *Soziale Lebenlaufpolitik* (S. 675-710). Wiesbaden: VS Verlag für Sozialwissenschaften GWV Fachverlage GmbH.

Klie, T. (2013). Zivilgesellschaft und Aktivierung. In M. Hüther, und G. Naegele (Hrsg.), *Demografiepolitik. Herausforderungen und Handlungsfelder* (S. 344-378). Wiesbaden: VS Verlag für Sozialwissenschaften.

Klös, H.-P., und Naegele, G. (2013). Alter als „Ressource" – Befunde und verteilungspolitische Implikationen. In M. Hüther, und G. Naegele (Hrsg.), *Demografiepolitik. Herausforderungen und Handlungsfelder* (S. 123-141). Wiesbaden: VS Verlag für Sozialwissenschaften.

Köppen, B. (2008). Kommunen und demografischer Wandel in Deutschland – regionale Muster. In H. Heinelt, und A. Vetter (Hrsg.), *Lokale Politikforschung heute* (S. 271-281). Wiesbaden: VS Verlag für Sozialwissenschaften.

Kuhlmey, A. (2008). Altern: Gesundheit und Gesundheitseinbußen. In A. Kuhlmey, und D. Schaeffer (Hrsg.), *Alter, Gesundheit und Krankheit. Handbuch Gesundheitswissenschaften* (S. 85-96). Bern: Verlag Hans Huber.

Kuhlmey, A. (2009). Chronische Krankheit in der Lebensphase Alter. In D. Schaeffer (Hrsg.), *Bewältigung chronischer Krankheit im Lebenslauf* (S. 357-368). Bern: Verlag Hans Huber.

Lampert, H., und Althammer, J. (2007). *Lehrbuch der Sozialpolitik*. Berlin: Springer.

Naegele, G. (1999). Strukturen politischer Mitbestimmung älterer Menschen in Deutschland. *Theorie und Praxis der sozialen Arbeit* (4), 131-137.

Naegele, G. (2010a). Kollektives demografisches Altern und demografischer Wandel – Auswirkungen auf den „großen" und „kleinen" Generationenvertrag. In R. G. Heinze, und G. Naegele (Hrsg.), *EinBlick in die Zukunft : gesellschaftlicher Wandel und Zukunft des Alterns im Ruhrgebiet* (S. 384-405). Münster: LIT-Verlag.

Naegele, G. (2010b). Kommunen im demographischen Wandel. *Zeitschrift für Gerontologie und Geriatrie, 43*(2), 98-102.

Naegele, G. (2010c). Potenziale und berufliches Leistungsvermögen älterer Arbeitnehmer/innen vor alten und neuen Herausforderungen. In A. Kruse (Hrsg.), *Potenziale im Altern: Chancen und Aufgaben für Individuum und Gesellschaft* (S. 251-270). Heidelberg: Akademische Verlagsgesellschaft AKA.

Naegele, G. (2010d). Soziale Lebenslaufpolitik – Grundlagen, Analysen und Konzepte. In G. Naegele (Hrsg.), *Soziale Lebenslaufpolitik* (S. 27-85). Wiesbaden: VS Verlag für Sozialwissenschaften GWV Fachverlage.

Naegele, G. (2011a). Selbstbestimmt leben und wohnen im Alter – alte und neue Herausforderungen. *Theorie und Praxis der sozialen Arbeit* (5), 339-350.

Naegele, G. (2011b). Soziale Dienste für ältere Menschen. In A. Evers, R. G. Heinze, und T. Olk (Hrsg.), *Handbuch Soziale Dienste* (S. 404-424). Wiesbaden: VS Verlag der Sozialwissenschaften.

Naegele, G. (2012). Wissenschaftliche Politikberatung in der angewandten Gerontologie und Demografie in Deutschland. In R. Bispinck, G. Bosch, K. Hofemann, und G. Naegele (Hrsg.), *Sozialpolitik und Sozialstaat. Festschrift für Gerhard Bäcker* (S. 335-347). Wiesbaden: VS Verlag für Sozialwissenschaften, Springer Fachmedien.

Naegele, G. (2013). Gesundheitliche Versorgung in einer alternden Gesellschaft. In M. Hüther, und G. Naegele (Hrsg.), *Demografiepolitik. Herausforderungen und Handlungsfelder* (S. 245-258). Wiesbaden: VS Verlag für Sozialwissenschaften.

Naegele, G., Olbermann, E., und Bertermann, B. (2013). Altersarmut als Herausforderung für die Lebenslaufpolitik. In C. Vogel, und A. Motel-Klingebiel (Hrsg.), *Altern im sozialen Wandel: Rückkehr der Altersarmut?* (S. 447-462). Wiesbaden: VS Verlag für Sozialwissenschaften.

Naegele, G., und Walker, A. (2011). Age Management in Organisations in the European Union. In M. Malloch, L. Cairns, K. Evans, und B. N. O'Connor (Hrsg.), *The Sage Handbook of Workplace Learning* (S. 251-268). London: Sage.

Preller, L. (1962). *Sozialpolitik. Theoretische Ortung.* Tübingen: Mohr Siebeck.

Sachverständigenkommission zur Erstellung des Sechsten Altenberichts der Bundesregierung (2010). *Sechster Bericht zur Lage der älteren Generation in der Bundesrepublik Deutschland. Altersbilder in der Gesellschaft.* Berlin: Bundesministerium für Familie, Senioren, Frauen und Jugend.

Sachverständigenrat zur Begutachtung der Entwicklung im Gesundheitswesen (2009). *Koordination und Integration – Gesundheitsversorgung in einer Gesellschaft des längeren Lebens. Sondergutachten 2009. Kurzfassung.* Berlin: Sachverständigenrat zur Begutachtung der Entwicklung im Gesundheitswesen.

Schaeffer, D., Naegele, G., Löhken-Mehring, G., Bartholomeyczik, S., Wallrafen-Dreisow, H., Ziesche, F., et al. (2005). *Situation und Zukunft der Pflege in NRW. Bericht der Enquête-Kommission des Landtags von Nordrhein-Westfalen.* Düsseldorf: Präsident des Landtags Nordrhein-Westfalen und Enquête-Kommission „Situation und Zukunft der Pflege in NRW".

Schaeffer, D., und Wingenfeld, K. (2011). *Handbuch Pflegewissenschaft.* Weinheim und München: Juventa-Verlag.

Schmähl, W. (2006). Die neue deutsche Alterssicherungspolitik und die Gefahr steigender Altersarmut. *Soziale Sicherheit, 55*(12), 397-402.

Schmid, G. (2010). Von der aktiven zur lebenslauforientierten Arbeitsmarktpolitik. In G. Naegele (Hrsg.), *Soziale Lebenslaufpolitik* (S. 333-351). Wiesbaden: VS Verlag für Sozialwissenschaften GWV Fachverlage.

Schuon, K.-T. (1975). *Wissenschaft, Politik und wissenschaftliche Politik.* Köln: Pahl-Rugenstein.

Sporket, M. (2011). *Organisationen im demographischen Wandel. Alternsmanagement in der betrieblichen Praxis.* Wiesbaden: VS Verlag für Sozialwissenschaften.

Sporket, M. (2012). Positive organisationale Altersbilder - acht Beispiele einer guten Praxis im Altersmanagement. In F. Berner, J. Rossow, und K.-P. Schwitzer (Hrsg.), *Altersbilder in der Wirtschaft, im Gesundheitswesen und in der pflegerischen Versorgung. Expertisen zum sechsten Altenbericht der Bundesregierung* (S. 43-82). Wiesbaden: VS Verlag für Sozialwissenschaften.

Walker, A. (2010). The Emergence and Application of Active Aging in Europe. In G. Naegele (Hrsg.), *Soziale Lebenslaufpolitik* (S. 585-601). Wiesbaden: VS Verlag für Sozialwissenschaften GWV Fachverlage.

Walker, A., und Naegele, G. (1999). *The politics of old age in Europe.* London: Open University Press.

Wurm, S., Schöllgen, I., und Tesch-Römer, C. (2010). Gesundheit. In A. Motel-Kleingebiel, S. Wurm, und C. Tesch-Römer (Hrsg.), *Altern im Wandel: Befunde des Deutschen Alterssurveys (DEAS)* (S. 90-117). Stuttgart: Kohlhammer.

Zapf, W. (1989). Über soziale Innovationen. *Soziale Welt, 40*(1-2), 170-183.

Verzeichnis der Autorinnen und Autoren

Prof. Dr. Stephan Beetz, Hochschule Mittweida, Professor für Soziologie und Empirische Sozialforschung

Dipl.-Ing. Hendrik Bloem, Leibniz Universität Hannover, Wissenschaftlicher Mitarbeiter am Institut für Geschichte und Theorie der Architektur

Prof. Dr. Kai Brauer, Fachhochschule Kärnten, Professor für Soziale Arbeit mit dem Schwerpunkt Alter/Altern

Prof. Dr. Uwe Fachinger, Universität Vechta, Professor für Ökonomie und Demographischer Wandel

Dr. Stefan Gärtner, Institut Arbeit und Technik, Direktor des Forschungsschwerpunktes RAUMKAPITAL

Dipl.-Geogr. Ingrid Heineking, Leibniz Universität Hannover, Wissenschaftliche Mitarbeiterin am Institut für Geschichte und Theorie der Architektur

Prof. Dr. Harald Künemund, Universität Vechta, Professor für Empirische Alternsforschung und Forschungsmethoden

Prof. Dr. Maria Limbourg i. R., Universität Duisburg-Essen, Professorin für Erziehungswissenschaft mit den Schwerpunkten Verkehrspädagogik und Verkehrspsychologie

Prof. Dr. Gerhard Naegele, Technische Universität Dortmund, Professor für Soziale Gerontologie und Direktor des Instituts für Gerontologie.

Ljubica Nikolic, M. Sc., Hochschule Niederrhein, Wissenschaftliche Mitarbeiterin am Fachbereich Oecotrophologie

Prof. Dr. Claudia Neu, Hochschule Niederrhein, Professorin für Allgemeine Soziologie, insbesondere Methoden empirischer Sozial- und Marktforschung sowie Ernährungssoziologie

Dipl.-Ing. Petra Preuß, bis 2014 Leibniz Universität Hannover, Wissenschaftliche Mitarbeiterin am Institut für Geschichte und Theorie der Architektur

Prof. Dr. Javier Revilla Diez, Universität zu Köln, Professor für Humangeographie

Prof. Dr. Otto Rienhoff, Universitätsmedizin Göttingen, Professor für Medizinische Informatik

Annegret Saal, M. A., Hochschule Mittweida, Wissenschaftliche Mitarbeiterin an der Fakultät Soziale Arbeit

Dr. Claus Schlömer, Bundesinstitut für Bau-, Stadt- und Raumforschung, Referat I 1 - Raumentwicklung

Dipl.-Geogr. Franziska Sohns, Universität zu Köln, Wissenschaftliche Mitarbeiterin am Geographischen Institut

Prof. Dr. Hans-Werner Wahl, Universität Heidelberg, Professor für Psychologische Alternsforschung

Prof. Dr. Barbara Zibell, Leibniz Universität Hannover, Professorin für Architektursoziologie und Frauenforschung